中國危險化學品安全管理

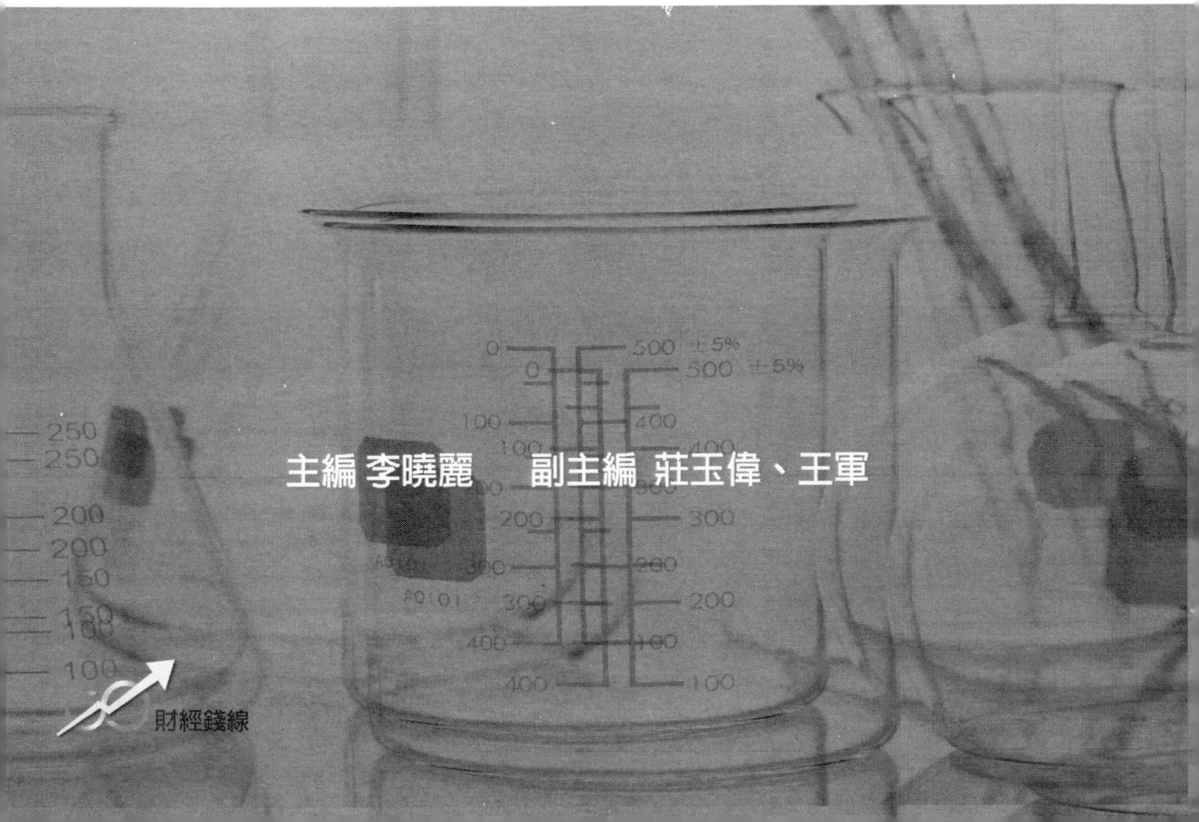

主編 李曉麗　　副主編 莊玉偉、王軍

前　言

　　安全生產是國民經濟和社會發展的前提和保障，是企業得以生存和發展的先決條件，也是人類社會永恆的主題。安全生產事關人民群眾的生命財產安全和社會穩定的大局。搞好安全生產、實現安全發展，是全社會的共同任務；是樹立和落實科學發展觀，轉變經濟增長方式的客觀需要；是構建社會主義和諧社會、建設「平安中國」的重要內容。

　　為了貫徹落實《危險化學品安全管理條例》（中華人民共和國國務院令第344號）和《危險化學品經營許可證管理辦法》（國家安全生產監督管理總局令第55號），我們結合目前危險化學品生產經營單位的實際，編寫了《危險化學品安全管理》，供相關單位在開展危險化學品生產經營安全管理培訓時使用。

　　本書以《中華人民共和國安全生產法》《中華人民共和國勞動法》《中華人民共和國消防法》和《危險化學品安全管理條例》等法律法規為依據，緊緊圍繞危險化學品生產經營單位的實際系統，講解了危險化學品的基礎知識和生產經營危險化學品的安全管理規定，旨在使危險化學品生產經營單位相關人員熟悉相應的法律、法規、規章和標準，掌握危險化學品的專業知識、安全管理內容，瞭解職業衛生防護和應急救援知識，不斷增強安全生產意識，提高安全生產技術水平，自覺履行安全生產義務，確保生命安全，減少職業危害，為推進「平安中國」建設和安全發展做出應有的貢獻。

　　本書適用於危險化學品生產經營單位的主要負責人、安全生產管理人員和業務人員的安全管理培訓。

　　本書由鄭州煤炭工業技師學院李曉麗任主編，河南省科學院高新技術研究中心莊玉偉和鄭州市諾欣生物科技有限公司王軍任副主編，安陽華潤燃氣有限公司張楠、河南化工技師學院康歡歡、洛陽石化工程設計有限公司常潔參加編寫。本書共分八章，第一章、第二章由李曉麗編寫，第三章由張楠編寫，第四章由莊玉偉編寫，第五章由康歡歡編寫，第六章由常潔編寫，第七章由王軍編寫，第八章由李曉麗、莊玉偉、張楠編寫。全書由李曉麗、王軍統稿。

　　由於編者水平有限，資料選取上存在一定的局限性，本書肯定存在很多不足，望讀者給予批評指正。

編者

目　錄

1　加強危險化學品安全管理的重要意義 / 1
　1.1　國外危險化學品安全管理概況 / 2
　1.2　國內危險化學品安全管理現狀 / 7
　1.3　加強危險化學品安全管理的重要意義 / 11

2　安全生產法律法規 / 15
　2.1　《中華人民共和國安全生產法》 / 15
　2.2　《中華人民共和國勞動法》相關內容 / 32
　2.3　《危險化學品安全管理條例》 / 34
　2.4　《使用有毒物品作業場所勞動保護條例》 / 55
　2.5　《危險化學品登記管理辦法》 / 69
　2.6　《危險化學品經營許可證管理辦法》 / 75

3　危險化學品的基本知識 / 84
　3.1　危險化學品的概念及分類 / 84
　3.2　爆炸品 / 86
　3.3　壓縮氣體和液化氣體 / 91
　3.4　易燃液體 / 95

3.5 易燃固體、自燃物品和遇濕易燃物品 / 98

3.6 氧化劑和有機過氧化物 / 102

3.7 有毒品 / 104

3.8 放射性物品 / 107

3.9 腐蝕品 / 108

4 危險化學品安全管理 / 111

4.1 危險化學品生產的安全管理 / 111

4.2 危險化學品經營的安全管理 / 117

4.3 危險化學品儲存的安全管理 / 120

4.4 危險化學品運輸、包裝的安全管理 / 125

4.5 危險化學品廢棄處置的安全管理 / 128

5 事故及事故預防 / 131

5.1 事故的基本概念 / 131

5.2 事故致因理論 / 134

5.3 事故調查及原因分析 / 138

5.4 事故預防與控制 / 146

6 防火防爆技術 / 153

6.1 燃燒 / 153

6.2 爆炸 / 157

6.3 防火防爆基本措施 / 160

6.4 火災撲救 / 168

7 電氣安全技術 / 174

7.1 電氣安全基礎知識 / 174
7.2 電氣防火防爆 / 179
7.3 靜電的危害及防護 / 182
7.4 雷電的危害及防護 / 185

8 安全生產資格考試題庫 / 188

參考答案 / 245

參考文獻 / 249

1 加強危險化學品安全管理的重要意義

化學品是指各種元素組成的純淨物和混合物，無論是天然的還是人造的，都屬於化學品。化學品已成為人類生產和生活不可缺少的一部分，隨著人類生產和生活的不斷發展，人類使用的化學品的品種、數量在迅速地增加。據美國《化學文摘》收錄的信息可知，全世界已有的化學品多達 700 萬種，其中已作為商品上市的有 10 萬余種，經常使用的有 7 萬多種，每年全世界新出現化學品 1,000 多種。

化學品的生產和消費極大地改善了人們的生活，但不少化學品固有的易燃、毒害、腐蝕、爆炸等危險特性還是給人類生存帶來了一定威脅。比如說，家庭中廣泛使用著的除蟲劑、消毒劑、洗滌劑、干洗劑等日用化學品，它們在方便人類生活的同時也在散發出有毒氣體；室內各種建築裝飾材料、複印機、打印機等都是主要的室內化學污染物，人們已從室內空氣中鑒定出 300 多種揮發性化學物質。醫學研究表明，上述污染可引發呼吸道、心血管疾病和癌症等。

在化學品的生產、經營、運輸、儲存及廢棄物的處置過程中，也會造成人員傷亡、財產毀損、生態環境污染等事件，如赤潮現象。赤潮是在特定的環境條件下，海水中某些浮遊植物、原生動物或細菌爆發性增殖或高度聚集而引起水體變色的一種有害生態現象。赤潮是人為因素造成的，主要原因是大量工農業廢水和生活污水排入海洋，特別是未經處理直接排入，導致近海、港灣富營養化程度不斷提高，赤潮生物的屍體在腐爛過程中會產生硫化氫等有害物質或生物毒素，它們會毒死海洋動物，或殘存於動物體內。人們誤食含有這些生物毒素的海產品，會中毒甚至死亡。大批魚蝦、貝類的腐爛，還會使赤潮發生的海域水質發臭，影響該地區旅遊業。可見，赤潮危及海洋漁業、海產品養殖業、海上旅遊業的發展與人類健康和生態平衡。

綜上所述，如何最大限度地加強危險化學品安全管理，保障危險化學品在生產、經營、儲存、運輸及廢棄物處置過程中的安全，降低其危害、污染的風險，已經引起世界各國的高度重視。

1.1 國外危險化學品安全管理概況

世界各國對危險化學品安全管理工作都非常重視，聯合國所屬機構以及國際勞工組織對危險化學品的國際管理也提供了有效的建議和準則。

一、危險化學品安全管理法規政策

美國、日本、歐盟等國家和組織都對化學品的管理制定了有關的法規和監管體系。以美國為例，與化學品有關的法規就有 16 部之多，對化學品從原料產出、使用到廢棄物處置實行全過程的監控管理，特別是在環境無害化管理方面作了許多規定。

1. UN RTDG

UN RTDG 是由聯合國經濟及社會理事會下設的危險品運輸專家委員會頒布的建議書，它是一個國際性的危險品運輸分類和標記體系，為危險貨物在世界各地的運輸提供了一套統一的管理框架。聯合國《關於危險貨物運輸的建議書·規章範本》（簡稱《規章範本》）是 UN RTDG 的附件，其內容包括：危險貨物的分類原則和各類別的定義、主要危險貨物的列表、一般包裝要求、試驗程序、標記、標籤或揭示牌、運輸單據。此外，與之配套的《關於危險貨物運輸的建議書·試驗和標準手冊》（又稱小桔皮書）介紹了聯合國關於某些類型危險品的分類方法，並闡述了對部分危險品進行分類的試驗方法和程序。2015 年發布了小桔皮書第 6 版，2015 年發布了《規章範本》第 19 修訂版。目前，中國有關危險品及包裝的部分檢驗檢疫行業標準及國家標準是依據《規章範本》和小桔皮書制定的。

2. GHS

《全球化學品統一分類和標籤制度》（Globally Harmonized System of Classification and Labelling of Chemicals），簡稱 GHS，是聯合國經濟及社會理事會下設的全球化學品統一分類和標籤制度專家委員會制定的，是指導各國控制化學品危害和保護人類與環境的規範性文件，主要是針對國際貿易中各國法規的危險性分類和標籤要求不同而提出的。GHS 制度提供了化學品危害性的統一分類和危害信息統一公示制度兩大部分內容，目的是最大限度地減少危險化學品對健康和環境造成的危害。GHS 制度涵蓋了所有的化學品，針對的目標對象包括消費者、工人、運輸工人以及應急人員。GHS 第 4 修訂版於 2011 年發布。

3. REACH

REACH 是歐盟法規《化學品的註冊、評估、授權和限制》（REGULATION concerning the Registration, Evaluation, Authorization and Restriction of Chemicals）

的簡稱，是歐盟建立的化學品監管體系，旨在保護人類健康和環境安全，保持和提高歐盟化學工業的競爭力，以及研發無毒無害化合物的創新能力，防止市場分裂，增加化學品使用透明度，促進非動物實驗，追求社會可持續發展等。REACH 指令要求凡進口和在歐洲境內生產的化學品必須通過註冊、評估、授權和限制等一組綜合程序，以更好更簡單地識別化學品的成分來達到確保環境和人體安全的目的。該指令主要有註冊、評估、授權、限制等幾大項內容。任何商品都必須有一個列明化學成分的登記檔案，並說明製造商如何使用這些化學成分以及毒性評估報告。所有信息將會輸入一個正在建設的數據庫中，數據庫由位於芬蘭赫爾辛基的一個歐盟新機構———歐洲化學品管理局來管理。該機構將評估每一個檔案，如果發現化學品對人體健康或環境有影響，他們就可能會採取更加嚴格的措施。根據對幾個因素的評估結果，化學品可能會被禁止使用或者需要經過批准後才能使用。2006 年 12 月 18 日，歐盟議會和歐盟理事會正式通過化學品註冊、評估、授權和限制法規（即 REACH 法規），對進入歐盟 28 個成員國市場的所有化學品進行預防性管理。該法規已於 2007 年 6 月 1 日正式生效，次年 6 月 1 日開始實施。主管機關是歐洲化學品管理局（ECHA）。

4. CLP 法規

歐盟 CLP 法規的全稱是：《歐盟物質和混合物的分類、標籤和包裝法規》。歐盟 CLP 法規是與聯合國的 GHS 制度一脈相承，同時又與歐盟 REACH 法規相輔相成的一部法規。它是針對歐盟化學品分類、標籤、包裝的最終文本，也是歐盟執行聯合國 GHS 有關化學品的分類和標籤規定的行動的組成部分。它對 REACH 法規起到了鞏固作用，為歐洲化學品管理局（ECHA）維護的註冊物質的分類和標籤數據庫的建立提供了相應規則。CLP 法規自 2010 年 12 月 1 日起實施，所有在市場上投放化學配製品的供應商應按 CLP 法規進行分類標記，CLP 法規取代了歐盟以前對危險物質和配製品的分類和標籤指令。

5. 國際危規

針對危險品及包裝的安全管理，有關國際組織分別制定了不同運輸方式下的技術規則，如適用於海運的《國際危規》等，這些技術規則是由 UN RTDG 衍生的，制定的依據便是 UN RTDG，並結合了不同運輸方式的具體特點。其技術內容中對危險品的分類、包裝和標籤的規定和 UN RTDG 基本一致，但是由於運輸方式和運載工具的不同，對於運輸作業程序的要求不同。包括《規章範本》在內的規則都是從運輸的角度對危險化學品進行管理。

二、各國的典型做法

1. 美國

美國早在 1908 年就頒布了第一部危險品安全運輸法，100 多年來，不斷

修正，逐漸形成一套相對嚴密與完善的管理機制。

據統計，20世紀80年代，美國的貨車承運危險貨物發生事故的比例高達23.4%。從1971年至1980年的10年間，共發生了11萬多起危險貨物運輸事故。到20世紀90年代，美國運輸部經國會授權，草擬並經國會立法通過49CFR，使危險貨物運輸的監管從立法到執法都更加完善，有毒有害物品導致的事故顯著降低。

49CFR規定，當外國的承運人在美國境內發生危險貨物運輸事故時，除向承運人所在國家的主管當局報告外，還必須向美國管道和危險材料安全管理局（簡稱PHMSA）報告。凡運往美國的危險貨物中包括爆炸品、放射性物質、氣瓶、氧氣發生器、自反應物質、有機過氧化物，以及打火機、鋰電池、電池等物品，必須事先徵得PHMSA的批准。進出美國或過境美國的危險貨物，在托運人的「危險貨物申報單」上，還必須顯示應急聯繫電話。諸如此類的特殊規定，承運進出美國的危險貨物的相關人員，都必須詳細瞭解，並嚴格遵守。

除運輸部外，危險物質法規的實施，還牽涉到環保及衛生、農業、國土安全部等機構、地方各州的政府及其相關執行機構。

此外，美國還設有化學安全委員會，作為一個獨立的聯邦機構專門負責調查化工事故。委員會成員全部是化學和機械專業人員、化工安全專家，由總統任命，並經過聯邦參議院批准。該委員會沒有執法權和監督權，不受其他政府部門管轄，其職責是檢討相關法規及監管執法的缺失，尋找事故發生的根本原因，包括管理及預防方面存在的問題、設備故障、人為失誤、不可預見的化學反應或其他危險等等。該委員會也對一些可能存在的事故隱患開展調查，尋找消除隱患的辦法。

2. 新加坡

新加坡對化工項目佈局有整體規劃，煉化設施大多集中在距主島不足兩千米的裕廊島以及附近一些島嶼。裕廊島是新加坡政府將本島南部的7個小群島，用填海方式連接而形成的人工島嶼，是新加坡的煉油中心。

根據新加坡政府的相關規定，新的工業設施必須位於合適的工業區內，並且符合污染控制標準。如果相關的工業設施要處理一定量的可能造成污染的化學品，則必須遠離人們的居住區域。

化工行業的企業，必須向政府有關部門提交量化風險分析報告，列明化學品的使用、存儲和運輸過程中所有可能存在的危險；對工廠的設計和營運也要提出安全方面的建議和措施，以使風險處於可以接受的範圍內。

在新加坡，危險化學品由不同部門監管。國家環境局負責對可能引起環境和健康問題的危險化學品的進口、存儲、使用和處置進行授權，民防部隊對石油和大宗易燃品的運輸和儲存進行管控，新加坡警察部隊對爆炸物及易爆危險品進行管控。

在具體的危險品存放上，新加坡規定，企業必須為所有有害的化學用品或者易燃易爆品建立合適的存放系統，要綜合考慮到化學物質的屬性，比如是否相容、需要遠離高溫以及能否被太陽直射等等。

為預防事故發生，裕廊島消防局將裕廊島分為6個區域，每個區域由一家較大的公司牽頭組織制定應急互助預案；要求各企業將生產危險性、災害特點和處置措施等，用文字、圖表和計劃書的形式提供給消防局和有關單位。

消防局每兩個月與企業進行一次演練；每年兩次高層建築火災撲救演練；兩年一次大型聯合演練；在島內力量明顯不足的情況下，有其他民防部隊力量和社會力量支援的預案。

同時，裕廊島在2014年設立了安全和風險管理中心，參與者包括負責消防等事務的民防部隊、人力部、國家環境局、經濟發展局和裕廊集團，安全和風險管理中心可以加強各部門之間在風險評估和安全管理上的協調。

3. 德國

危險化學品生產廠家或存儲倉庫有義務將危險品的種類、數量、存放位置等重要信息告知消防、環保等部門。危險品存儲情況發生任何變化，也必須立即報告最新信息。當出現火災時，消防員必須充分瞭解危險品信息才能採取有效的救災措施，否則很可能做出錯誤決定。

德國危險化學品的消防主要由企業雇用的廠區消防員負責，只有在災情特別嚴重時才會請求公共消防力量支援。廠區消防員雖不在公共消防序列，但與公共消防員接受相同標準的訓練，「編外」身分並不影響其專業素質。相反，由於這類消防員對企業的危險品生產和存放情況十分瞭解，且配備專用消防工具，在應對危險品火災時，他們能在第一時間趕到現場並做出適當應對，安全控制火情。目前德國共有大約1,000個廠區消防隊，大部分是企業基於自身利益考量而自願設立的。除在化工廠外，這類消防力量在鋼鐵廠、汽車及機械製造廠、醫院、機場等地方都較常見。

德國聯邦技術救援署署長布羅默說，在危險化學品存放方面，德國用上百條法規加以管理。化學品如何存放，最大儲存量多少等均需按規定行事，每家企業還須制定緊急救援方案並準備可能需要的滅火設備。相關企業必須嚴格遵守法律規定，並受到政府和保險公司監管。

對於災後處理，布羅默表示，首先，要劃定危險區、疏散居民。其次，要確定哪些區域因什麼化學品造成污染。接下來是清理工作，清除土壤、廢墟、水中存在的有害物質。清理土壤和廢墟時，需要挖出並運走被污染的土壤和廢墟，送至不會污染地下水、地表水以及海洋的地方暫時存放。銷毀時可使用溫度超過1,000攝氏度的焚燒爐在海上銷毀。

據介紹，20世紀80年代瑞士制藥企業山德士公司起火，大量受污染的消防用水直接流入萊茵河，將河流染紅，生態遭到破壞，大量河魚死亡。這一事

件也促使德國頒布法令，規定存放危險化學品超過100噸的地方，企業有義務建立受污染水收集裝置，防止水直接通過溝渠流入河流。

三、國外危險化學品安全管理特點

1. 高度自覺的企業管理

強化危險化學品企業的安全生產主體責任意識是保障企業安全生產的關鍵。在韓國，企業的安全自覺性和自我要求較高。項目開工后，企業自身要嚴格保證項目的安全生產。韓國PX（對二甲苯的英文簡寫）生產商三星道達爾公司制定的安全管理標準就高於政府規定，部分企業還會主動在官方網站上公開主要的安全生產信息和數據並即時更新。在日本，PX企業對安全生產的重視更加細緻。如位於日本千葉石化區中心位置的年產26萬噸PX的煉油廠專門設計了針對地震災害的「震感遮斷系統」緊急處理裝置，避免地震時更大災害的發生；自備各類消防車、泡沫噴灑裝置和消火栓，以應對各種火災事故；為防止石油向海上泄漏，設置了4,500多米長的海上攔油柵，並配備3艘作業船。得益於如此有針對性的安全生產措施，該工廠自1963年建成至今從未發生過重大安全事故。

2. 公開透明的監管過程

信息的公開透明使危險化學品項目全流程處於公眾監督之下，有利於項目的安全運行。在韓國，化工項目的立項、建設到生產過程都在公開、透明、民主的制度環境中進行，對石油化學產業的管理由五個部門聯合進行，有近十部法律對該產業進行規範。大型PX項目上馬之前，韓國政府會以街道為單位向市民詳細解釋項目的具體情況，並要求企業向政府和公眾證明項目的建設符合環保安全標準。在新加坡，政府對化工設施實行全流程監管和公開機制：從項目用地前期評估開始就由多部門共同參與，並引入公眾諮詢機制；項目上馬必須通過一套嚴格的流程，該流程尤其重視項目的安全評估；一旦發生生產事故，政府在積極妥善應對的同時盡可能多地向公眾披露足夠多的信息，及時給公眾交代，既緩解公眾對於安全的擔憂，也為其他化工企業敲響警鐘。

3. 健全嚴格的法律體系

國外環保、安全、風險控制法律體系健全而且嚴格。韓國是亞洲最大的PX生產國，政府要求PX工廠所有設備都要經過安全認證，同時需要企業定期進行安全檢查。如高壓燃氣安全管理法、能源利用合理化法、電氣事業法、產業安全保健法、消防法等8部法律都涉及石油化學企業，明確規定了各種設備的檢查週期和責任單位。日本為確保安全生產，嚴格規範工廠建設和生產流程環節，其細緻程度令企業很難從哪個環節中鑽空子。日本和新加坡還強制大型化工企業提交量化風險分析報告，報告必須包括化學品的使用、存儲和運輸過程中所有可能存在的危險和風險，不僅針對化工廠本身進行風險分析，還要

涵蓋周邊地區的安全風險，同時要求對工廠的安全營運提出建議和風險規避措施，降低風險水平，使風險可控。

1.2　國內危險化學品安全管理現狀

縱觀建國60多年以來中國安全生產狀況，可分成5個歷史階段：

（1）初創與「一五」發展期（1949~1952年和1953~1957年）。為中國安全生產工作初創期，為今后的發展奠定了重要基礎。

（2）「大躍進」挫折與之后的調整期（1958~1965年）。「大躍進」期間中國安全生產遭到非常嚴重的破壞，「大躍進」之后的調整期則出現了相對穩定的局面。

（3）「文化大革命」時期（1966~1976年）。給中國安全工作帶來災難性的后果。

（4）撥亂反正、恢復發展和改革開放時期（1977~1992年）。「六五」「七五」期間中國安全生產監察管理工作體制得到恢復和加強，「八五」和「九五」前期中國安全生產不斷取得進步。

（5）高速發展和開始建立社會主義市場經濟體制時期（1993年至今）。近20年來，尤其是2001年以來，黨中央、國務院對中國安全生產工作採取了一系列重大舉措。如：成立了國務院安全生產委員會，組建了國家安全生產監督管理局（國家煤礦安全監察局）；頒布了《中華人民共和國安全生產法》《國務院關於特大安全事故行政責任追究的規定》等法規；針對安全生產上的薄弱環節和突出問題，集中開展五項安全專項整治工作，特別是加大關閉整頓小煤礦和非法生產菸花爆竹的小廠（作坊）力度，使全國安全生產形勢開始趨於好轉。

目前中國安全生產狀況，尤其是危險化學品安全生產現狀呈現以下幾個特點：

一、黨和國家對安全生產工作越來越重視

安全生產是我們國家的一項重大政策，也是企業管理的重要原則之一。中國每年因安全生產事故死亡的人數是美國、英國、德國、日本等世界前50個發達國家安全生產事故死亡的人數合計的1.5倍。

2012年11月8日，胡錦濤總書記在黨的十八大報告第一部分《過去五年的工作和十年的基本總結》中指出「安全生產……方面關係群眾切身利益的問題仍然較多」。《在改善民生和創新社會管理中加強社會建設》中指出：「強化公共安全體系和企業安全生產基礎建設，遏制重特大安全事故。深化平安建

設，完善立體化社會治安防控體系，強化司法基本保障，依法防範和懲治違法犯罪活動，保障人民生命財產安全。」

最高人民法院、最高人民檢察院2007年下半年，聯合公布關於執行刑法確定罪名的補充規定（三），對適用刑法的部分罪名進行了補充或修改。這一補充規定依據刑法修正案（六）的規定，增加了「強令違章冒險作業罪」「大型群眾性活動重大安全事故罪」「不報、謊報安全事故罪」等新罪名。

圍繞危險化學品的安全管理，先后頒布了相關的法律、法規和標準，主要有：

1994年10月27日第八屆全國人大常委會第十次會議審議批准了國際《170公約》。為了有效地貫徹實施《170公約》，勞動部和化工部聯合頒布了《工作場所安全使用化學品規定》。

1997年國務院令第216號頒布了《農藥管理條例》，並於2001年11月進行了修訂。

2001年國家經貿委第30號公告發布《職業安全健康管理體系指導意見和職業安全健康管理體系審核規範》。

2002年1月26日國務院令第344號頒布了《危險化學品安全管理條例》，自2002年3月15日起施行。2011年2月16日國務院第144次常務會議修訂通過，自2011年12月1日起施行。2013年12月4日國務院第32次常務會議修訂通過，自2013年12月7日起施行。

2002年6月19日國務院第60次常務會議通過《中華人民共和國內河交通安全管理條例》，自2002年8月1日起施行。

2002年國務院令第352號頒布了《使用有毒物品作業場所勞動保護條例》。

2002年10月國家經貿委令第35號頒布了《危險化學品登記管理辦法》、第36號公布《危險化學品經營許可證管理辦法》、第37號頒布了《危險化學品包裝物、容器定點生產管理辦法》。

2000年國家經貿委令第17號頒布了《石油天然氣管道安全監督與管理暫行規定》。

2006年國家安全生產監督管理總局令第3號頒布了《生產經營單位安全培訓規定》、第4號頒布了《海洋石油安全生產規定》，第5號頒布了《非藥品類易制毒化學品生產、經營許可辦法》，第7號頒布了《菸花爆竹經營許可實施辦法》，第8號頒布了《危險化學品建設項目安全許可實施辦法》。

二、國際上越來越關注中國的安全生產

從國際關係上來看，中國於2001年12月11日加入世界貿易組織（World Trade Organization，簡稱WTO）。WTO是一個獨立於聯合國的永久性國際組織，

其前身為關稅與貿易總協定（GATT）。1994年4月在摩洛哥馬拉喀什舉行的關貿總協定部長級會議上正式決定成立世界貿易組織，1995年1月1日世界貿易組織正式開始運作，負責管理世界經濟和貿易秩序，總部設在日內瓦萊蒙湖畔的關貿總部大樓內。該組織的基本原則和宗旨是通過實施非歧視、關稅減讓以及透明公平的貿易政策，來達到推動世界貿易自由化的目標。世界貿易組織由部長級會議、總理事會、部長會議下設的專門委員和秘書處等機構組成。它管轄的範圍除傳統的和烏拉圭回合新確定的貨物貿易外，還包括長期遊離於關貿總協定外的知識產權、投資措施和非貨物貿易（服務貿易）等領域。世界貿易組織具有法人地位，它在調解成員爭端方面具有更高的權威性和有效性，在促進貿易自由化和經濟全球化方面起著巨大作用。WTO協議中第十五條「反傾銷」、第十六條「反補貼」和附則第二百四十二款「社會責任」，對安全生產方面都有規定。

國際標準化組織（International Organization for Standardization）簡稱ISO，是一個全球性的非政府組織，是國際標準化領域中一個十分重要的組織。該組織成立於1946年，負責目前絕大部分領域（包括軍工、石油、船舶等壟斷行業）的標準化活動，主要任務是制定國際標準，協調世界範圍內的標準化工作，與其他國際性組織合作研究有關標準化問題，以利於國際物資交流和互助，並擴大知識、科學、技術和經濟方面的合作。ISO現有117個成員，包括中國在內的117個國家和地區。ISO有9000（質量管理）、14000（環境管理）、18000（安全及職業衛生管理系統）三大認證，安全生產也成了影響進出口貿易的重要因素。

三、中國的安全生產形勢依然嚴峻

黨中央、國務院高度重視安全生產工作。黨的十八大和十八屆三中、四中全會把安全生產作為全面深化改革、實施依法治國的重要內容，提出了明確要求。習近平總書記多次主持中央政治局常委會研究安全生產工作，並曾於2013年親赴青島「11·22」事故現場指導搶險救援，還發表了重要講話，強調「發展決不能以犧牲人的生命為代價，這必須作為一條不可逾越的紅線」。李克強總理多次召開國務院常務會議研究解決影響安全生產的深層次矛盾和問題，強調安全生產是人命關天的大事，要牢固樹立以人為本、安全發展的理念，創新安全管理模式，經常性開展安全檢查，建立健全長效機制，築牢科學管理的安全防線。各地區、各部門認真貫徹落實黨中央、國務院的重要決策部署，按照國務院《關於進一步加強企業安全生產工作的通知》和《關於堅持科學發展安全發展促進安全生產形勢持續穩定好轉的意見》等要求，狠抓各項工作措施的落實，有力促進了安全生產形勢持續穩定好轉，實現了事故總量、重特大事故、主要相對指標大幅度下降，安全生產整體水平明顯提升。

2014年12月23日在第十二屆全國人民代表大會常務委員會第十二次會議上的《國務院關於安全生產工作情況的報告》中指出：「2013年與2008年相比，在國內生產總值增加25.5萬億元、增長82.1%的情況下，事故起數從41.4萬起降到30.9萬起、下降25.4%，死亡人數從9.1萬人降到6.9萬人、下降24.2%；重特大事故起數由96起降到49起，死亡人數由1,973人降到865人，分別下降49%和56.2%；億元GDP事故死亡率、工礦商貿從業人員10萬人事故死亡率、煤礦百萬噸死亡率、道路交通萬車死亡率分別下降60.3%、46.1%、75.6%、46.5%。今年以來，全國安全生產繼續保持良好態勢，至11月底，實現了『三個繼續下降、一個進一步好轉』：一是事故總量繼續下降，事故起數和死亡人數同比分別下降4.7%和6.1%。二是重特大事故繼續下降，起數和死亡人數同比分別下降24.5%和18.3%。三是重點行業領域事故繼續下降，煤礦事故起數和死亡人數同比分別下降12%和10.6%（連續20個月沒有發生特別重大事故），非煤礦山分別下降18.9%和16.8%（沒有發生重特大事故），道路交通分別下降3.2%和4.7%，化工和危險化學品、菸花爆竹、建築施工、鐵路交通、水上交通、民航、漁業船舶和消防等行業領域事故進一步下降。四是各地區安全生產狀況進一步好轉，32個省（區、市）事故在控制指標進度以內，其中21個實現事故起數和死亡人數『雙下降』、11個沒有發生重特大事故。」

安全生產工作雖然取得了一定成效，但形勢依然嚴峻。事故總量仍然較大，2013年全國發生安全事故30.9萬起、死亡6.9萬人，2014年全國發生安全事故29萬起、死亡6.6萬人。重特大事故時有發生，2013年全國發生重特大事故49起、死亡865人，2014年全國發生重特大事故41起、死亡708人。安全生產主要相對指標與發達國家仍相差5~8倍。職業危害因素增加，特別是中小企業粉塵等有毒有害物質嚴重威脅從業人員身體健康。安全生產工作的長期性、複雜性和反覆性依然突出，主要問題和原因集中在以下四個方面：

（1）安全基礎依然薄弱。當前中國正處於工業化、城鎮化和農業現代化加速推進階段，生產力發展水平不均衡，採掘業、重化工等高危行業在經濟結構中比重過大，與經濟社會持續健康發展的要求不相適應。全國不具備安全保障能力的小礦山、小化工、菸花爆竹作坊數量均占到80%以上，煤礦四類災害嚴重礦井（高瓦斯、衝擊地壓、煤與瓦斯突出、超深礦井）2,996座，公路沒有安全防護設施的急彎陡坡、臨水臨崖等危險路段有7.5萬處、6.5萬千米，全國危化品年道路運輸量2.5億噸，陸上油氣輸送管道中非法占壓、安全距離不夠、交叉穿越等重大隱患尚有6,992項，「多合一」等火災隱患360餘萬處。任何一個環節出了問題都可能釀成重大禍患。

（2）企業主體責任不落實。一些企業安全意識淡薄，安全責任制不落實或落實不到位。安全管理落後，規章制度形同虛設，隱患排查治理不及時、不

徹底。安全投入不足，技術裝備水平低。一些企業無應急救援預案、未開展相關演練，應對突發事件的能力弱。企業安全培訓不到位，從業人員安全技能素質低，目前全國900萬礦工、4,000萬建築工人、37萬菸花爆竹從業人員中80%以上為農民工，很多是初中以下文化程度，70%以上未接受正規安全培訓，在工作中違章指揮、違章作業、違反勞動紀律等「三違」現象突出，由此導致的事故頻頻發生。

（3）非法違法行為仍然突出。一些生產經營單位法治觀念淡漠，甚至無視國家法律法規，無視職工生命安全和健康，在經濟利益面前鋌而走險，以身試法，甚至暴力抗法，有的企業運用假證照、假圖紙等逃避安全監管，長期非法違法生產經營。2014年查處礦山案件中，無證和超層越界開採達3,840起。一些地方在調結構、轉方式過程中，對不符合安全生產條件的生產經營單位，整頓關閉態度不堅決，打非治違措施不得力。由非法違法導致的較大以上事故仍占43.9%，依然是影響安全生產的頑症痼疾。

（4）安全管理和監督不到位。一些地方對安全生產的認識有偏差，在招商引資中放鬆安全准入門檻，城鄉規劃、設計、建設忽視安全，工業園區安全把關不嚴、隱患治理不力，成為事故多發區。一些地方安全監管體制不健全，基層執法監管力量不足，目前全國尚有5個地市和98個縣沒有安全監管部門，17個地市和306個縣沒有建立執法機構，全國3,312個經濟開發區僅有54%設立安全監管機構。安全生產法規標準體系不完善，礦山安全法等法律法規的部分條款滯后，大部分安全標準標齡過長，針對性和約束性不強。一些地方執法監督不嚴，對一些食品和機械加工等非高危企業檢查不細緻、不深入，疏於防範，鄉、村辦的企業安全監管還有盲區，致使事故發生。

1.3 加強危險化學品安全管理的重要意義

如前所述，危險化學品存在著易燃、易爆、腐蝕、毒害、放射等危險特性，其危險特性決定了危險化學品在生產、經營、運輸、儲存、使用及廢棄處置的過程中存在不安全因素、極易引發各類事故。

生產過程中的典型事故：2013年5月20日10時45分許，位於山東省章丘市的保利民爆濟南科技有限公司乳化炸藥震源藥柱生產車間發生爆炸事故，造成33人死亡、19人受傷，經濟損失6,600余萬元。2014年8月2日上午7時37分許，江蘇昆山開發區中榮金屬製品有限公司汽車輪轂拋光車間在生產過程中發生粉塵爆炸，造成97人死亡，163人受傷，直接經濟損失3.51億元。2014年9月22日15時20分，湖南省株洲市醴陵市浦口鎮南陽出口鞭炮菸花廠發生爆炸事故，造成13人死亡、1人失蹤、33人受傷（其中4人重傷），4

棟包裝材料庫（每棟160平方米）、1棟筒子庫（200平方米）和1棟成品庫（300平方米）被炸毀。據初步調查分析，該廠超生產許可範圍、擅自改變工房用途，在包裝材料庫和筒子庫內違規組織生產直徑40毫米的小禮花。由於現場管理混亂、嚴重超員超量，導致人員傷亡擴大。

經營、儲存過程中的典型事故：一般而言，危險化學品經營、儲存場所因儲存的危險化學品的種類多、數量大，也是容易發生安全事故的場所。2008年3月15日18時許，重慶長壽區關口鑫騰爐料有限公司一存放化危品倉庫起火並發生劇烈爆炸，經消防官兵近3小時鏖戰，成功處置此次起火爆炸事故。2014年2月4日，河北滄州南大港工業園區一家煉油廠發生火災，7輛油罐車接連爆炸、起火，儲油罐泄漏導致廠院內一片火海。2015年8月12日22時50分，天津消防總隊接到報警，天津濱海新區港務集團瑞海物流危化品堆垛發生火災，天津消防總隊9個中隊和港務局碼頭3個專職隊趕赴現場撲救。23時34分6秒，火災現場發生爆炸，現場火光衝天。據多位市民反應，事發時十千米範圍內均有震感，抬頭可見蘑菇雲。30秒後，第二次更猛烈的爆炸發生了。國家地震臺網清晰記錄到了這兩起爆炸事故，從記錄結果看，第一次爆炸近震震級ML約2.3級，相當於3噸TNT（三硝基甲苯）；第二次爆炸發生在30秒後，近震震級ML約2.9級，相當於21噸TNT。有媒體做了等值換算，戰斧式巡航導彈的TNT當量約為454kg，即第一次爆炸相當於近7個戰斧式巡航導彈的能量，第二次爆炸的能量則接近於46個戰斧式巡航導彈落地爆炸。分管安全生產工作的天津市副市長何樹山在8月19日舉行的天津港危險化學品倉庫「8·12」瑞海公司爆炸事故第十場新聞發布會上介紹說，經過幾天的工作，目前已經掌握了爆炸倉庫裡的危化品種類和數量，大約有40種、2,500噸。這40種危化品主要是三大類，一個是氧化物，也就是硝酸銨、硝酸鉀，加起來1,300噸左右；第二大類是易燃物，主要品種是金屬鈉和金屬鎂，加起來大約500噸；第三類是劇毒物，以氰化鈉為主，大約是700噸。本次事故造成173人死亡，直接經濟損失或達700億元，隱形影響難以估計。

運輸過程中的典型事故：根據國家安監總局統計的數據顯示：2010~2014年，中國共發生危險化學品事故326起，導致死亡人數2,237人，77%的危化品事故發生在道路運輸過程中。僅2014年就發生了兩起一次死亡10人以上的危化品道路運輸事故。2014年3月1日，山西省晉城市境內的晉濟高速岩後隧道內兩輛甲醇車追尾相撞，導致前車甲醇泄漏，在司機處置過程中甲醇起火燃燒，800米的隧道內42輛汽車、1,500多噸煤炭燃燒，並引發液態天然氣車輛爆炸，大火燒了73小時才被撲滅。事故共造成40人死亡，直接經濟損失8,197萬元。經初步分析，事故暴露出肇事交通運輸企業安全生產主體責任不落實，內部管理混亂，掛而不管、以包代管；肇事的危化品運輸車輛駕駛員、押運員安全意識薄弱、不按操作規程操作；距隧道出口3.8千米處設置的煤檢

站不利於車輛在隧道內快速通過；有關地方政府及相關主管部門監督管理不力等問題。此外，也暴露出隧道事故應急處置工作存在一些薄弱環節。2014年7月19日凌晨3時，滬昆高速湖南省邵陽市境內，一輛載有6.52噸乙醇的貨車與一輛載有50多人的大客車追尾后，發生爆炸燃燒。造成1輛大客車、3輛貨車、1輛小客車燃燒，54人死亡，直接經濟損失5,300萬元。慘重的事故源於廂式小貨車的非法改裝。

使用及廢棄處置過程中的事故：2010年3月26日14點40分左右，青島海怡精細化工有限公司生物化工廠不銹鋼錐形混合機發生爆炸導致臨近倉庫發生火災。青島海怡精細化工有限公司生物化工廠位於青島李滄區，它的東邊近鄰是青島鋼鐵廠，西南邊幾百米的距離是青島石化基地，所處位置非常險要。青島海怡精細化工有限公司發生的爆炸引發臨近3,000多平方米的倉庫著火，燒掉橡膠300多噸和一些化學品。事故共造成6人死亡、4人受傷，直接經濟損失1,900餘萬元。2013年11月22日凌晨3點，位於山東省青島經濟技術開發區（即黃島區）秦皇島路與齋堂島路交匯處，中石化輸油儲運公司濰坊分公司輸油管線破裂。事故發生后，約3點15分關閉輸油，齋堂島路約1,000平方米路面被原油污染，部分原油沿著雨水管線進入膠州灣，海面過油面積約3,000平方米。黃島區立即組織在海面布設兩道圍油欄。在處置過程中，當日上午10點30分許，黃島區沿海河路和齋堂島路交匯處發生爆燃，同時在入海口被油污染的海面上發生爆燃。事故共造成62人遇難，136人受傷，直接經濟損失7.5億元。

加強危險化學品安全管理是企業自身發展的需要，是社會安定的需要，是走上國際市場的需要。如前所述，黨中央、國務院歷來重視安全生產工作，針對近些年來發生的安全事故，提出了一些嚴格要求，做出了一系列重要指示和工作部署。在全國整頓和規範市場經濟秩序工作中，要將加強危險化學品安全管理作為其中的一項重要內容，把危險化學品的安全管理擺上一個新高度。

加強危險化學品安全管理的重要意義有：

（1）增強安全意識。提高全社會特別是危險化學品從業人員的安全意識，提高危險化學品生產、經營、運輸、儲存、使用和廢棄物處置等各個環節的安全管理，整頓和規範市場經濟秩序，保障人民生命、財產安全，保護環境。

（2）提高企業安全管理水平。通過對危險化學品基本專業知識、各項法律法規的學習貫徹，提高企業在危險化學品生產、經營、運輸、儲存、使用和廢棄物處置等各個環節的安全管理能力，確保企業安全穩定。

（3）加強基礎環節的安全防範。按照國家危險化學品的法律法規和標準執行，實施對危險化學品生產經營單位主要負責人和從業人員的教育、培訓，促使危險化學品從業人員綜合素質不斷提升，實現對危險化學品基礎環節安全管理的落實和安全防範。

（4）強化監督管理。通過政府及相關部門的監管、協調，加強危險化學品的管理，使危險化學品管理部門及企業對危險化學品安全管理中的新情況、新特點和規律的認識更加深化，實現中國總體管理水平的不斷提升，保障國民經濟的可持續發展。

2 安全生產法律法規

2.1 《中華人民共和國安全生產法》

本法由 2002 年 6 月 29 日第九屆全國人民代表大會常務委員會第二十八次會議通過，自 2002 年 11 月 1 日起施行。根據 2014 年 8 月 31 日第十二屆全國人民代表大會常務委員會關於修改《中華人民共和國安全生產法》的決定修正。

第一章　總則

第一條　為了加強安全生產工作，防止和減少生產安全事故，保障人民群眾生命和財產安全，促進經濟社會持續健康發展，制定本法。

第二條　在中華人民共和國領域內從事生產經營活動的單位（以下統稱生產經營單位）的安全生產，適用本法；有關法律、行政法規對消防安全和道路交通安全、鐵路交通安全、水上交通安全、民用航空安全以及核與輻射安全、特種設備安全另有規定的，適用其規定。

第三條　安全生產工作應當以人為本，堅持安全發展，堅持安全第一、預防為主、綜合治理的方針，強化和落實生產經營單位的主體責任，建立生產經營單位負責、職工參與、政府監管、行業自律和社會監督的機制。

第四條　生產經營單位必須遵守本法和其他有關安全生產的法律、法規，加強安全生產管理，建立、健全安全生產責任制和安全生產規章制度，改善安全生產條件，推進安全生產標準化建設，提高安全生產水平，確保安全生產。

第五條　生產經營單位的主要負責人對本單位的安全生產工作全面負責。

第六條　生產經營單位的從業人員有依法獲得安全生產保障的權利，並應當依法履行安全生產方面的義務。

第七條　工會依法對安全生產工作進行監督。

生產經營單位的工會依法組織職工參加本單位安全生產工作的民主管理和

民主監督，維護職工在安全生產方面的合法權益。生產經營單位制定或者修改有關安全生產的規章制度，應當聽取工會的意見。

第八條　國務院和縣級以上地方各級人民政府應當根據國民經濟和社會發展規劃制定安全生產規劃，並組織實施。安全生產規劃應當與城鄉規劃相銜接。

國務院和縣級以上地方各級人民政府應當加強對安全生產工作的領導，支持、督促各有關部門依法履行安全生產監督管理職責，建立健全安全生產工作協調機制，及時協調、解決安全生產監督管理中存在的重大問題。

鄉、鎮人民政府以及街道辦事處、開發區管理機構等地方人民政府的派出機關應當按照職責，加強對本行政區域內生產經營單位安全生產狀況的監督檢查，協助上級人民政府有關部門依法履行安全生產監督管理職責。

第九條　國務院安全生產監督管理部門依照本法，對全國安全生產工作實施綜合監督管理；縣級以上地方各級人民政府安全生產監督管理部門依照本法，對本行政區域內安全生產工作實施綜合監督管理。

國務院有關部門依照本法和其他有關法律、行政法規的規定，在各自的職責範圍內對有關行業、領域的安全生產工作實施監督管理；縣級以上地方各級人民政府有關部門依照本法和其他有關法律、法規的規定，在各自的職責範圍內對有關行業、領域的安全生產工作實施監督管理。

安全生產監督管理部門和對有關行業、領域的安全生產工作實施監督管理的部門，統稱負有安全生產監督管理職責的部門。

第十條　國務院有關部門應當按照保障安全生產的要求，依法及時制定有關的國家標準或者行業標準，並根據科技進步和經濟發展適時修訂。

生產經營單位必須執行依法制定的保障安全生產的國家標準或者行業標準。

第十一條　各級人民政府及其有關部門應當採取多種形式，加強對有關安全生產的法律、法規和安全生產知識的宣傳，增強全社會的安全生產意識。

第十二條　有關協會組織依照法律、行政法規和章程，為生產經營單位提供安全生產方面的信息、培訓等服務，發揮自律作用，促進生產經營單位加強安全生產管理。

第十三條　依法設立的為安全生產提供技術、管理服務的機構，依照法律、行政法規和執業準則，接受生產經營單位的委託為其安全生產工作提供技術、管理服務。

生產經營單位委託前款規定的機構提供安全生產技術、管理服務的，保證安全生產的責任仍由本單位負責。

第十四條　國家實行生產安全事故責任追究制度，依照本法和有關法律、法規的規定，追究生產安全事故責任人員的法律責任。

第十五條　國家鼓勵和支持安全生產科學技術研究和安全生產先進技術的推廣應用，提高安全生產水平。

第十六條　國家對在改善安全生產條件、防止生產安全事故、參加搶險救護等方面取得顯著成績的單位和個人，給予獎勵。

第二章　生產經營單位的安全生產保障

第十七條　生產經營單位應當具備本法和有關法律、行政法規和國家標準或者行業標準規定的安全生產條件；不具備安全生產條件的，不得從事生產經營活動。

第十八條　生產經營單位的主要負責人對本單位安全生產工作負有下列職責：

（一）建立、健全本單位安全生產責任制；
（二）組織制定本單位安全生產規章制度和操作規程；
（三）組織制定並實施本單位安全生產教育和培訓計劃；
（四）保證本單位安全生產投入的有效實施；
（五）督促、檢查本單位的安全生產工作，及時消除生產安全事故隱患；
（六）組織制定並實施本單位的生產安全事故應急救援預案；
（七）及時、如實報告生產安全事故。

第十九條　生產經營單位的安全生產責任制應當明確各崗位的責任人員、責任範圍和考核標準等內容。

生產經營單位應當建立相應的機制，加強對安全生產責任制落實情況的監督考核，保證安全生產責任制的落實。

第二十條　生產經營單位應當具備的安全生產條件所必需的資金投入，由生產經營單位的決策機構、主要負責人或者個人經營的投資人予以保證，並對由於安全生產所必需的資金投入不足導致的后果承擔責任。

有關生產經營單位應當按照規定提取和使用安全生產費用，專門用於改善安全生產條件。安全生產費用在成本中據實列支。安全生產費用提取、使用和監督管理的具體辦法由國務院財政部門會同國務院安全生產監督管理部門徵求國務院有關部門意見后制定。

第二十一條　礦山、金屬冶煉、建築施工、道路運輸單位和危險物品的生產、經營、儲存單位，應當設置安全生產管理機構或者配備專職安全生產管理人員。

前款規定以外的其他生產經營單位，從業人員超過一百人的，應當設置安全生產管理機構或者配備專職安全生產管理人員；從業人員在一百人以下的，應當配備專職或者兼職的安全生產管理人員。

第二十二條　生產經營單位的安全生產管理機構以及安全生產管理人員履行下列職責：

（一）組織或者參與擬訂本單位安全生產規章制度、操作規程和生產安全事故應急救援預案；

（二）組織或者參與本單位安全生產教育和培訓，如實記錄安全生產教育和培訓情況；

（三）督促落實本單位重大危險源的安全管理措施；

（四）組織或者參與本單位應急救援演練；

（五）檢查本單位的安全生產狀況，及時排查生產安全事故隱患，提出改進安全生產管理的建議；

（六）制止和糾正違章指揮、強令冒險作業、違反操作規程的行為；

（七）督促落實本單位安全生產整改措施。

第二十三條　生產經營單位的安全生產管理機構以及安全生產管理人員應當恪盡職守，依法履行職責。

生產經營單位作出涉及安全生產的經營決策，應當聽取安全生產管理機構以及安全生產管理人員的意見。

生產經營單位不得因安全生產管理人員依法履行職責而降低其工資、福利等待遇或者解除與其訂立的勞動合同。

危險物品的生產、儲存單位以及礦山、金屬冶煉單位的安全生產管理人員的任免，應當告知主管的負有安全生產監督管理職責的部門。

第二十四條　生產經營單位的主要負責人和安全生產管理人員必須具備與本單位所從事的生產經營活動相應的安全生產知識和管理能力。

危險物品的生產、經營、儲存單位以及礦山、金屬冶煉、建築施工、道路運輸單位的主要負責人和安全生產管理人員，應當由主管的負有安全生產監督管理職責的部門對其安全生產知識和管理能力考核合格。考核不得收費。

危險物品的生產、儲存單位以及礦山、金屬冶煉單位應當有註冊安全工程師從事安全生產管理工作。鼓勵其他生產經營單位聘用註冊安全工程師從事安全生產管理工作。註冊安全工程師按專業分類管理，具體辦法由國務院人力資源和社會保障部門、國務院安全生產監督管理部門會同國務院有關部門制定。

第二十五條　生產經營單位應當對從業人員進行安全生產教育和培訓，保證從業人員具備必要的安全生產知識，熟悉有關的安全生產規章制度和安全操作規程，掌握本崗位的安全操作技能，瞭解事故應急處理措施，知悉自身在安全生產方面的權利和義務。未經安全生產教育和培訓合格的從業人員，不得上崗作業。

生產經營單位使用被派遣勞動者的，應當將被派遣勞動者納入本單位從業人員統一管理，對被派遣勞動者進行崗位安全操作規程和安全操作技能的教育

和培訓。勞務派遣單位應當對被派遣勞動者進行必要的安全生產教育和培訓。

生產經營單位接收中等職業學校、高等學校學生實習的，應當對實習學生進行相應的安全生產教育和培訓，提供必要的勞動防護用品。學校應當協助生產經營單位對實習學生進行安全生產教育和培訓。

生產經營單位應當建立安全生產教育和培訓檔案，如實記錄安全生產教育和培訓的時間、內容、參加人員以及考核結果等情況。

第二十六條　生產經營單位採用新工藝、新技術、新材料或者使用新設備，必須瞭解、掌握其安全技術特性，採取有效的安全防護措施，並對從業人員進行專門的安全生產教育和培訓。

第二十七條　生產經營單位的特種作業人員必須按照國家有關規定經專門的安全作業培訓，取得相應資格，方可上崗作業。

特種作業人員的範圍由國務院安全生產監督管理部門會同國務院有關部門確定。

第二十八條　生產經營單位新建、改建、擴建工程項目（以下統稱建設項目）的安全設施，必須與主體工程同時設計、同時施工、同時投入生產和使用。安全設施投資應當納入建設項目概算。

第二十九條　礦山、金屬冶煉建設項目和用於生產、儲存、裝卸危險物品的建設項目，應當按照國家有關規定進行安全評價。

第三十條　建設項目安全設施的設計人、設計單位應當對安全設施設計負責。

礦山、金屬冶煉建設項目和用於生產、儲存、裝卸危險物品的建設項目的安全設施設計應當按照國家有關規定報經有關部門審查，審查部門及其負責審查的人員對審查結果負責。

第三十一條　礦山、金屬冶煉建設項目和用於生產、儲存、裝卸危險物品的建設項目的施工單位必須按照批准的安全設施設計施工，並對安全設施的工程質量負責。

礦山、金屬冶煉建設項目和用於生產、儲存危險物品的建設項目竣工投入生產或者使用前，應當由建設單位負責組織對安全設施進行驗收；驗收合格后，方可投入生產和使用。安全生產監督管理部門應當加強對建設單位驗收活動和驗收結果的監督核查。

第三十二條　生產經營單位應當在有較大危險因素的生產經營場所和有關設施、設備上，設置明顯的安全警示標志。

第三十三條　安全設備的設計、製造、安裝、使用、檢測、維修、改造和報廢，應當符合國家標準或者行業標準。

生產經營單位必須對安全設備進行經常性維護、保養，並定期檢測，保證正常運轉。維護、保養、檢測應當作好記錄，並由有關人員簽字。

第三十四條　生產經營單位使用的危險物品的容器、運輸工具，以及涉及人身安全、危險性較大的海洋石油開採特種設備和礦山井下特種設備，必須按照國家有關規定，由專業生產單位生產，並經具有專業資質的檢測、檢驗機構檢測、檢驗合格，取得安全使用證或者安全標志，方可投入使用。檢測、檢驗機構對檢測、檢驗結果負責。

第三十五條　國家對嚴重危及生產安全的工藝、設備實行淘汰制度，具體目錄由國務院安全生產監督管理部門會同國務院有關部門制定並公布。法律、行政法規對目錄的制定另有規定的，適用其規定。

省、自治區、直轄市人民政府可以根據本地區實際情況制定並公布具體目錄，對前款規定以外的危及生產安全的工藝、設備予以淘汰。

生產經營單位不得使用應當淘汰的危及生產安全的工藝、設備。

第三十六條　生產、經營、運輸、儲存、使用危險物品或者處置廢棄危險物品的，由有關主管部門依照有關法律、法規的規定和國家標準或者行業標準審批並實施監督管理。

生產經營單位生產、經營、運輸、儲存、使用危險物品或者處置廢棄危險物品，必須執行有關法律、法規和國家標準或者行業標準，建立專門的安全管理制度，採取可靠的安全措施，接受有關主管部門依法實施的監督管理。

第三十七條　生產經營單位對重大危險源應當登記建檔，進行定期檢測、評估、監控，並制定應急預案，告知從業人員和相關人員在緊急情況下應當採取的應急措施。

生產經營單位應當按照國家有關規定將本單位重大危險源及有關安全措施、應急措施報有關地方人民政府安全生產監督管理部門和有關部門備案。

第三十八條　生產經營單位應當建立健全生產安全事故隱患排查治理制度，採取技術、管理措施，及時發現並消除事故隱患。事故隱患排查治理情況應當如實記錄，並向從業人員通報。

縣級以上地方各級人民政府負有安全生產監督管理職責的部門應當建立健全重大事故隱患治理督辦制度，督促生產經營單位消除重大事故隱患。

第三十九條　生產、經營、儲存、使用危險物品的車間、商店、倉庫不得與員工宿舍在同一座建築物內，並應當與員工宿舍保持安全距離。

生產經營場所和員工宿舍應當設有符合緊急疏散要求、標志明顯、保持暢通的出口。禁止鎖閉、封堵生產經營場所或者員工宿舍的出口。

第四十條　生產經營單位進行爆破、吊裝以及國務院安全生產監督管理部門會同國務院有關部門規定的其他危險作業，應當安排專門人員進行現場安全管理，確保操作規程的遵守和安全措施的落實。

第四十一條　生產經營單位應當教育和督促從業人員嚴格執行本單位的安全生產規章制度和安全操作規程；並向從業人員如實告知作業場所和工作崗位

存在的危險因素、防範措施以及事故應急措施。

第四十二條　生產經營單位必須為從業人員提供符合國家標準或者行業標準的勞動防護用品，並監督、教育從業人員按照使用規則佩戴、使用。

第四十三條　生產經營單位的安全生產管理人員應當根據本單位的生產經營特點，對安全生產狀況進行經常性檢查；對檢查中發現的安全問題，應當立即處理；不能處理的，應當及時報告本單位有關負責人，有關負責人應當及時處理。檢查及處理情況應當如實記錄在案。

生產經營單位的安全生產管理人員在檢查中發現重大事故隱患，依照前款規定向本單位有關負責人報告，有關負責人不及時處理的，安全生產管理人員可以向主管的負有安全生產監督管理職責的部門報告，接到報告的部門應當依法及時處理。

第四十四條　生產經營單位應當安排用於配備勞動防護用品、進行安全生產培訓的經費。

第四十五條　兩個以上生產經營單位在同一作業區域內進行生產經營活動，可能危及對方生產安全的，應當簽訂安全生產管理協議，明確各自的安全生產管理職責和應當採取的安全措施，並指定專職安全生產管理人員進行安全檢查與協調。

第四十六條　生產經營單位不得將生產經營項目、場所、設備發包或者出租給不具備安全生產條件或者相應資質的單位或者個人。

生產經營項目、場所發包或者出租給其他單位的，生產經營單位應當與承包單位、承租單位簽訂專門的安全生產管理協議，或者在承包合同、租賃合同中約定各自的安全生產管理職責；生產經營單位對承包單位、承租單位的安全生產工作統一協調、管理，定期進行安全檢查，發現安全問題的，應當及時督促整改。

第四十七條　生產經營單位發生生產安全事故時，單位的主要負責人應當立即組織搶救，並不得在事故調查處理期間擅離職守。

第四十八條　生產經營單位必須依法參加工傷保險，為從業人員繳納保險費。

國家鼓勵生產經營單位投保安全生產責任保險。

第三章　從業人員的安全生產權利義務

第四十九條　生產經營單位與從業人員訂立的勞動合同，應當載明有關保障從業人員勞動安全、防止職業危害的事項，以及依法為從業人員辦理工傷保險的事項。

生產經營單位不得以任何形式與從業人員訂立協議，免除或者減輕其對從

業人員因生產安全事故傷亡依法應承擔的責任。

第五十條 生產經營單位的從業人員有權瞭解其作業場所和工作崗位存在的危險因素、防範措施及事故應急措施，有權對本單位的安全生產工作提出建議。

第五十一條 從業人員有權對本單位安全生產工作中存在的問題提出批評、檢舉、控告；有權拒絕違章指揮和強令冒險作業。

生產經營單位不得因從業人員對本單位安全生產工作提出批評、檢舉、控告或者拒絕違章指揮、強令冒險作業而降低其工資、福利等待遇或者解除與其訂立的勞動合同。

第五十二條 從業人員發現直接危及人身安全的緊急情況時，有權停止作業或者在採取可能的應急措施後撤離作業場所。

生產經營單位不得因從業人員在前款緊急情況下停止作業或者採取緊急撤離措施而降低其工資、福利等待遇或者解除與其訂立的勞動合同。

第五十三條 因生產安全事故受到損害的從業人員，除依法享有工傷保險外，依照有關民事法律尚有獲得賠償的權利的，有權向本單位提出賠償要求。

第五十四條 從業人員在作業過程中，應當嚴格遵守本單位的安全生產規章制度和操作規程，服從管理，正確佩戴和使用勞動防護用品。

第五十五條 從業人員應當接受安全生產教育和培訓，掌握本職工作所需的安全生產知識，提高安全生產技能，增強事故預防和應急處理能力。

第五十六條 從業人員發現事故隱患或者其他不安全因素，應當立即向現場安全生產管理人員或者本單位負責人報告；接到報告的人員應當及時予以處理。

第五十七條 工會有權對建設項目的安全設施與主體工程同時設計、同時施工、同時投入生產和使用進行監督，提出意見。

工會對生產經營單位違反安全生產法律、法規，侵犯從業人員合法權益的行為，有權要求糾正；發現生產經營單位違章指揮、強令冒險作業或者發現事故隱患時，有權提出解決的建議，生產經營單位應當及時研究答覆；發現危及從業人員生命安全的情況時，有權向生產經營單位建議組織從業人員撤離危險場所，生產經營單位必須立即做出處理。

工會有權依法參加事故調查，向有關部門提出處理意見，並要求追究有關人員的責任。

第五十八條 生產經營單位使用被派遣勞動者的，被派遣勞動者享有本法規定的從業人員的權利，並應當履行本法規定的從業人員的義務。

第四章　安全生產的監督管理

第五十九條　縣級以上地方各級人民政府應當根據本行政區域內的安全生產狀況，組織有關部門按照職責分工，對本行政區域內容易發生重大生產安全事故的生產經營單位進行嚴格檢查。

安全生產監督管理部門應當按照分類分級監督管理的要求，制定安全生產年度監督檢查計劃，並按照年度監督檢查計劃進行監督檢查，發現事故隱患，應當及時處理。

第六十條　負有安全生產監督管理職責的部門依照有關法律、法規的規定，對涉及安全生產的事項需要審查批准（包括批准、核准、許可、註冊、認證、頒發證照等，下同）或者驗收的，必須嚴格依照有關法律、法規和國家標準或者行業標準規定的安全生產條件和程序進行審查；不符合有關法律、法規和國家標準或者行業標準規定的安全生產條件的，不得批准或者驗收通過。對未依法取得批准或者驗收合格的單位擅自從事有關活動的，負責行政審批的部門發現或者接到舉報後應當立即予以取締，並依法予以處理。對已經依法取得批准的單位，負責行政審批的部門發現其不再具備安全生產條件的，應當撤銷原批准。

第六十一條　負有安全生產監督管理職責的部門對涉及安全生產的事項進行審查、驗收，不得收取費用；不得要求接受審查、驗收的單位購買其指定品牌或者指定生產、銷售單位的安全設備、器材或其他產品。

第六十二條　安全生產監督管理部門和其他負有安全生產監督管理職責的部門依法開展安全生產行政執法工作，對生產經營單位執行有關安全生產的法律、法規和國家標準或者行業標準的情況進行監督檢查，行使以下職權：

（一）進入生產經營單位進行檢查，調閱有關資料，向有關單位和人員瞭解情況；

（二）對檢查中發現的安全生產違法行為，當場予以糾正或者要求限期改正；對依法應當給予行政處罰的行為，依照本法和其他有關法律、行政法規的規定做出行政處罰決定；

（三）對檢查中發現的事故隱患，應當責令立即排除；重大事故隱患排除前或者排除過程中無法保證安全的，應當責令從危險區域內撤出作業人員，責令暫時停產停業或者停止使用相關設施、設備；重大事故隱患排除後，經審查同意，方可恢復生產經營和使用；

（四）對有根據認為不符合保障安全生產的國家標準或者行業標準的設施、設備、器材以及違法生產、儲存、使用、經營、運輸的危險物品予以查封或者扣押，對違法生產、儲存、使用、經營危險物品的作業場所予以查封，並

依法做出處理決定。

監督檢查不得影響被檢查單位的正常生產經營活動。

第六十三條 生產經營單位對負有安全生產監督管理職責的部門的監督檢查人員（以下統稱安全生產監督檢查人員）依法履行監督檢查職責，應當予以配合，不得拒絕、阻撓。

第六十四條 安全生產監督檢查人員應當忠於職守，堅持原則，秉公執法。

安全生產監督檢查人員執行監督檢查任務時，必須出示有效的監督執法證件；對涉及被檢查單位的技術秘密和業務秘密，應當為其保密。

第六十五條 安全生產監督檢查人員應當將檢查的時間、地點、內容、發現的問題及其處理情況，做出書面記錄，並由檢查人員和被檢查單位的負責人簽字；被檢查單位的負責人拒絕簽字的，檢查人員應當將情況記錄在案，並向負有安全生產監督管理職責的部門報告。

第六十六條 負有安全生產監督管理職責的部門在監督檢查中，應當互相配合，實行聯合檢查；確需分別進行檢查的，應當互通情況，發現存在的安全問題應當由其他有關部門進行處理的，應當及時移送其他有關部門並形成記錄備查，接受移送的部門應當及時進行處理。

第六十七條 負有安全生產監督管理職責的部門依法對存在重大事故隱患的生產經營單位作出停產停業、停止施工、停止使用相關設施或者設備的決定，生產經營單位應當依法執行，及時消除事故隱患。生產經營單位拒不執行，有發生生產安全事故的現實危險的，在保證安全的前提下，經本部門主要負責人批准，負有安全生產監督管理職責的部門可以採取通知有關單位停止供電、停止供應民用爆炸物品等措施，強制生產經營單位履行決定。通知應當採用書面形式，有關單位應當予以配合。

負有安全生產監督管理職責的部門依照前款規定採取停止供電措施，除有危及生產安全的緊急情形外，應當提前二十四小時通知生產經營單位。生產經營單位依法履行行政決定、採取相應措施消除事故隱患的，負有安全生產監督管理職責的部門應當及時解除前款規定的措施。

第六十八條 監察機關依照行政監察法的規定，對負有安全生產監督管理職責的部門及其工作人員履行安全生產監督管理職責實施監察。

第六十九條 承擔安全評價、認證、檢測、檢驗的機構應當具備國家規定的資質條件，並對其作出的安全評價、認證、檢測、檢驗的結果負責。

第七十條 負有安全生產監督管理職責的部門應當建立舉報制度，公開舉報電話、信箱或者電子郵件地址，受理有關安全生產的舉報；受理的舉報事項經調查核實後，應當形成書面材料；需要落實整改措施的，報經有關負責人簽字並督促落實。

第七十一條　任何單位或者個人對事故隱患或者安全生產違法行為，均有權向負有安全生產監督管理職責的部門報告或者舉報。

第七十二條　居民委員會、村民委員會發現其所在區域內的生產經營單位存在事故隱患或者安全生產違法行為時，應當向當地人民政府或者有關部門報告。

第七十三條　縣級以上各級人民政府及其有關部門對報告重大事故隱患或者舉報安全生產違法行為的有功人員，給予獎勵。具體獎勵辦法由國務院安全生產監督管理部門會同國務院財政部門制定。

第七十四條　新聞、出版、廣播、電影、電視等單位有進行安全生產公益宣傳教育的義務，有對違反安全生產法律、法規的行為進行輿論監督的權利。

第七十五條　負有安全生產監督管理職責的部門應當建立安全生產違法行為信息庫，如實記錄生產經營單位的安全生產違法行為信息；對違法行為情節嚴重的生產經營單位，應當向社會公告，並通報行業主管部門、投資主管部門、國土資源主管部門、證券監督管理機構以及有關金融機構。

第五章　生產安全事故的應急救援與調查處理

第七十六條　國家加強生產安全事故應急能力建設，在重點行業、領域建立應急救援基地和應急救援隊伍，鼓勵生產經營單位和其他社會力量建立應急救援隊伍，配備相應的應急救援裝備和物資，提高應急救援的專業化水平。

國務院安全生產監督管理部門建立全國統一的生產安全事故應急救援信息系統，國務院有關部門建立健全相關行業、領域的生產安全事故應急救援信息系統。

第七十七條　縣級以上地方各級人民政府應當組織有關部門制定本行政區域內生產安全事故應急救援預案，建立應急救援體系。

第七十八條　生產經營單位應當制定本單位生產安全事故應急救援預案，與所在地縣級以上地方人民政府組織制定的生產安全事故應急救援預案相銜接，並定期組織演練。

第七十九條　危險物品的生產、經營、儲存單位以及礦山、金屬冶煉、城市軌道交通營運、建築施工單位應當建立應急救援組織；生產經營規模較小的，可以不建立應急救援組織，但應當指定兼職的應急救援人員。

危險物品的生產、經營、儲存、運輸單位以及礦山、金屬冶煉、城市軌道交通營運、建築施工單位應當配備必要的應急救援器材、設備和物資，並進行經常性維護、保養，保證正常運轉。

第八十條　生產經營單位發生生產安全事故后，事故現場有關人員應當立即報告本單位負責人。

單位負責人接到事故報告后，應當迅速採取有效措施，組織搶救，防止事故擴大，減少人員傷亡和財產損失，並按照國家有關規定立即如實報告當地負有安全生產監督管理職責的部門，不得隱瞞不報、謊報或者遲報，不得故意破壞事故現場、毀滅有關證據。

第八十一條　負有安全生產監督管理職責的部門接到事故報告后，應當立即按照國家有關規定上報事故情況。負有安全生產監督管理職責的部門和有關地方人民政府對事故情況不得隱瞞不報、謊報或者遲報。

第八十二條　有關地方人民政府和負有安全生產監督管理職責的部門的負責人接到生產安全事故報告后，應當按照生產安全事故應急救援預案的要求立即趕到事故現場，組織事故搶救。

參與事故搶救的部門和單位應當服從統一指揮，加強協同聯動，採取有效的應急救援措施，並根據事故救援的需要採取警戒、疏散等措施，防止事故擴大和次生災害的發生，減少人員傷亡和財產損失。

事故搶救過程中應當採取必要措施，避免或者減少對環境造成的危害。

任何單位和個人都應當支持、配合事故搶救，並提供一切便利條件。

第八十三條　事故調查處理應當按照科學嚴謹、依法依規、實事求是、注重實效的原則，及時、準確地查清事故原因，查明事故性質和責任，總結事故教訓，提出整改措施，並對事故責任者提出處理意見。事故調查報告應當依法及時向社會公布。事故調查和處理的具體辦法由國務院制定。

事故發生單位應當及時全面落實整改措施，負有安全生產監督管理職責的部門應當加強監督檢查。

第八十四條　生產經營單位發生生產安全事故，經調查確定為責任事故的，除了應當查明事故單位的責任並依法予以追究外，還應當查明對安全生產的有關事項負有審查批准和監督職責的行政部門的責任，對有失職、瀆職行為的，依照本法第八十七條的規定追究法律責任。

第八十五條　任何單位和個人不得阻撓和干涉對事故的依法調查處理。

第八十六條　縣級以上地方各級人民政府安全生產監督管理部門應當定期統計分析本行政區域內發生生產安全事故的情況，並定期向社會公布。

第六章　法律責任

第八十七條　負有安全生產監督管理職責的部門的工作人員，有下列行為之一的，給予降級或者撤職的處分；構成犯罪的，依照刑法有關規定追究刑事責任：

（一）對不符合法定安全生產條件的涉及安全生產的事項予以批准或者驗收通過的；

（二）發現未依法取得批准、驗收的單位擅自從事有關活動或者接到舉報後不予取締或者不依法予以處理的；

（三）對已經依法取得批准的單位不履行監督管理職責，發現其不再具備安全生產條件而不撤銷原批准或者發現安全生產違法行為不予查處的；

（四）在監督檢查中發現重大事故隱患，不依法及時處理的。

負有安全生產監督管理職責的部門的工作人員有前款規定以外的濫用職權、玩忽職守、徇私舞弊行為的，依法給予處分；構成犯罪的，依照刑法有關規定追究刑事責任。

第八十八條　負有安全生產監督管理職責的部門，要求被審查、驗收的單位購買其指定的安全設備、器材或者其他產品的，在對安全生產事項的審查、驗收中收取費用的，由其上級機關或者監察機關責令改正，責令退還收取的費用；情節嚴重的，對直接負責的主管人員和其他直接責任人員依法給予處分。

第八十九條　承擔安全評價、認證、檢測、檢驗工作的機構，出具虛假證明的，沒收違法所得；違法所得在十萬元以上的，並處違法所得二倍以上五倍以下的罰款；沒有違法所得或者違法所得不足十萬元的，單處或者並處十萬元以上二十萬元以下的罰款；對其直接負責的主管人員和其他直接責任人員處二萬元以上五萬元以下的罰款；給他人造成損害的，與生產經營單位承擔連帶賠償責任；構成犯罪的，依照刑法有關規定追究刑事責任。

對有前款違法行為的機構，吊銷其相應資質。

第九十條　生產經營單位的決策機構、主要負責人或者個人經營的投資人不依照本法規定保證安全生產所必需的資金投入，致使生產經營單位不具備安全生產條件的，責令限期改正，提供必需的資金；逾期未改正的，責令生產經營單位停產停業整頓。

有前款違法行為，導致發生生產安全事故的，對生產經營單位的主要負責人給予撤職處分，對個人經營的投資人處二萬元以上二十萬元以下的罰款；構成犯罪的，依照刑法有關規定追究刑事責任。

第九十一條　生產經營單位的主要負責人未履行本法規定的安全生產管理職責的，責令限期改正；逾期未改正的，處二萬元以上五萬元以下的罰款，責令生產經營單位停產停業整頓。

生產經營單位的主要負責人有前款違法行為，導致發生生產安全事故的，給予撤職處分；構成犯罪的，依照刑法有關規定追究刑事責任。

生產經營單位的主要負責人依照前款規定受刑事處罰或者撤職處分的，自刑罰執行完畢或者受處分之日起，五年內不得擔任任何生產經營單位的主要負責人；對重大、特別重大生產安全事故負有責任的，終身不得擔任本行業生產經營單位的主要負責人。

第九十二條　生產經營單位的主要負責人未履行本法規定的安全生產管理

職責，導致發生生產安全事故的，由安全生產監督管理部門依照下列規定處以罰款：

（一）發生一般事故的，處上一年年收入百分之三十的罰款；

（二）發生較大事故的，處上一年年收入百分之四十的罰款；

（三）發生重大事故的，處上一年年收入百分之六十的罰款；

（四）發生特別重大事故的，處上一年年收入百分之八十的罰款。

第九十三條 生產經營單位的安全生產管理人員未履行本法規定的安全生產管理職責的，責令限期改正；導致發生生產安全事故的，暫停或者撤銷其與安全生產有關的資格；構成犯罪的，依照刑法有關規定追究刑事責任。

第九十四條 生產經營單位有下列行為之一的，責令限期改正，可以處五萬元以下的罰款；逾期未改正的，責令停產停業整頓，並處五萬元以上十萬元以下的罰款，對其直接負責的主管人員和其他直接責任人員處一萬元以上二萬元以下的罰款：

（一）未按照規定設置安全生產管理機構或者配備安全生產管理人員的；

（二）危險物品的生產、經營、儲存單位以及礦山、金屬冶煉、建築施工、道路運輸單位的主要負責人和安全生產管理人員未按照規定經考核合格的；

（三）未按照規定對從業人員、被派遣勞動者、實習學生進行安全生產教育和培訓，或者未按照規定如實告知有關的安全生產事項的；

（四）未如實記錄安全生產教育和培訓情況的；

（五）未將事故隱患排查治理情況如實記錄或者未向從業人員通報的；

（六）未按照規定制定生產安全事故應急救援預案或者未定期組織演練的；

（七）特種作業人員未按照規定經專門的安全作業培訓並取得相應資格，上崗作業的。

第九十五條 生產經營單位有下列行為之一的，責令停止建設或者停產停業整頓，限期改正；逾期未改正的，處五十萬元以上一百萬元以下的罰款，對其直接負責的主管人員和其他直接責任人員處二萬元以上五萬元以下的罰款；構成犯罪的，依照刑法有關規定追究刑事責任：

（一）未按照規定對礦山、金屬冶煉建設項目或者用於生產、儲存、裝卸危險物品的建設項目進行安全評價的；

（二）礦山、金屬冶煉建設項目或者用於生產、儲存、裝卸危險物品的建設項目沒有安全設施設計或者安全設施設計未按照規定報經有關部門審查同意的；

（三）礦山、金屬冶煉建設項目或者用於生產、儲存、裝卸危險物品的建設項目的施工單位未按照批准的安全設施設計施工的；

（四）礦山、金屬冶煉建設項目或者用於生產、儲存危險物品的建設項目竣工投入生產或者使用前，安全設施未經驗收合格的。

第九十六條　生產經營單位有下列行為之一的，責令限期改正，可以處五萬元以下的罰款；逾期未改正的，處五萬元以上二十萬元以下的罰款，對其直接負責的主管人員和其他直接責任人員處一萬元以上二萬元以下的罰款；情節嚴重的，責令停產停業整頓；構成犯罪的，依照刑法有關規定追究刑事責任：

（一）未在有較大危險因素的生產經營場所和有關設施、設備上設置明顯的安全警示標志的；

（二）安全設備的安裝、使用、檢測、改造和報廢不符合國家標準或者行業標準的；

（三）未對安全設備進行經常性維護、保養和定期檢測的；

（四）未為從業人員提供符合國家標準或者行業標準的勞動防護用品的；

（五）危險物品的容器、運輸工具，以及涉及人身安全、危險性較大的海洋石油開採特種設備和礦山井下特種設備未經具有專業資質的機構檢測、檢驗合格，取得安全使用證或者安全標志，投入使用的；

（六）使用應當淘汰的危及生產安全的工藝、設備的。

第九十七條　未經依法批准，擅自生產、經營、運輸、儲存、使用危險物品或者處置廢棄危險物品的，依照有關危險物品安全管理的法律、行政法規的規定予以處罰；構成犯罪的，依照刑法有關規定追究刑事責任。

第九十八條　生產經營單位有下列行為之一的，責令限期改正，可以處十萬元以下的罰款；逾期未改正的，責令停產停業整頓，並處十萬元以上二十萬元以下的罰款，對其直接負責的主管人員和其他直接責任人員處二萬元以上五萬元以下的罰款；構成犯罪的，依照刑法有關規定追究刑事責任：

（一）生產、經營、運輸、儲存、使用危險物品或者處置廢棄危險物品，未建立專門安全管理制度、未採取可靠的安全措施的；

（二）對重大危險源未登記建檔，或者未進行評估、監控，或者未制定應急預案的；

（三）進行爆破、吊裝以及國務院安全生產監督管理部門會同國務院有關部門規定的其他危險作業，未安排專門人員進行現場安全管理的；

（四）未建立事故隱患排查治理制度的。

第九十九條　生產經營單位未採取措施消除事故隱患的，責令立即消除或者限期消除；生產經營單位拒不執行的，責令停產停業整頓，並處十萬元以上五十萬元以下的罰款，對其直接負責的主管人員和其他直接責任人員處二萬元以上五萬元以下的罰款。

第一百條　生產經營單位將生產經營項目、場所、設備發包或者出租給不具備安全生產條件或者相應資質的單位或者個人的，責令限期改正，沒收違法

所得；違法所得十萬元以上的，並處違法所得二倍以上五倍以下的罰款；沒有違法所得或者違法所得不足十萬元的，單處或者並處十萬元以上二十萬元以下的罰款；對其直接負責的主管人員和其他直接責任人員處一萬元以上二萬元以下的罰款；導致發生生產安全事故給他人造成損害的，與承包方、承租方承擔連帶賠償責任。

生產經營單位未與承包單位、承租單位簽訂專門的安全生產管理協議或者未在承包合同、租賃合同中明確各自的安全生產管理職責，或者未對承包單位、承租單位的安全生產統一協調、管理的，責令限期改正，可以處五萬元以下的罰款，對其直接負責的主管人員和其他直接責任人員可以處一萬元以下的罰款；逾期未改正的，責令停產停業整頓。

第一百零一條 兩個以上生產經營單位在同一作業區域內進行可能危及對方安全生產的生產經營活動，未簽訂安全生產管理協議或者未指定專職安全生產管理人員進行安全檢查與協調的，責令限期改正，可以處五萬元以下的罰款，對其直接負責的主管人員和其他直接責任人員可以處一萬元以下的罰款；逾期未改正的，責令停產停業。

第一百零二條 生產經營單位有下列行為之一的，責令限期改正，可以處五萬元以下的罰款，對其直接負責的主管人員和其他直接責任人員可以處一萬元以下的罰款；逾期未改正的，責令停產停業整頓；構成犯罪的，依照刑法有關規定追究刑事責任：

（一）生產、經營、儲存、使用危險物品的車間、商店、倉庫與員工宿舍在同一座建築內，或者與員工宿舍的距離不符合安全要求的；

（二）生產經營場所和員工宿舍未設有符合緊急疏散需要、標志明顯、保持暢通的出口，或者鎖閉、封堵生產經營場所或者員工宿舍出口的。

第一百零三條 生產經營單位與從業人員訂立協議，免除或者減輕其對從業人員因生產安全事故傷亡依法應承擔的責任的，該協議無效；對生產經營單位的主要負責人、個人經營的投資人處二萬元以上十萬元以下的罰款。

第一百零四條 生產經營單位的從業人員不服從管理，違反安全生產規章制度或者操作規程的，由生產經營單位給予批評教育，依照有關規章制度給予處分；構成犯罪的，依照刑法有關規定追究刑事責任。

第一百零五條 違反本法規定，生產經營單位拒絕、阻礙負有安全生產監督管理職責的部門依法實施監督檢查的，責令改正；拒不改正的，處二萬元以上二十萬元以下的罰款；對其直接負責的主管人員和其他直接責任人員處一萬元以上二萬元以下的罰款；構成犯罪的，依照刑法有關規定追究刑事責任。

第一百零六條 生產經營單位的主要負責人在本單位發生生產安全事故時，不立即組織搶救或者在事故調查處理期間擅離職守或者逃匿的，給予降級、撤職的處分，並由安全生產監督管理部門處上一年年收入百分之六十至百

分之一百的罰款；對逃匿的處十五日以下拘留；構成犯罪的，依照刑法有關規定追究刑事責任。

生產經營單位的主要負責人對生產安全事故隱瞞不報、謊報或者遲報的，依照前款規定處罰。

第一百零七條 有關地方人民政府、負有安全生產監督管理職責的部門，對生產安全事故隱瞞不報、謊報或者遲報的，對直接負責的主管人員和其他直接責任人員依法給予處分；構成犯罪的，依照刑法有關規定追究刑事責任。

第一百零八條 生產經營單位不具備本法和其他有關法律、行政法規和國家標準或者行業標準規定的安全生產條件，經停產停業整頓仍不具備安全生產條件的，予以關閉；有關部門應當依法吊銷其有關證照。

第一百零九條 發生生產安全事故，對負有責任的生產經營單位除要求其依法承擔相應的賠償等責任外，由安全生產監督管理部門依照下列規定處以罰款：

（一）發生一般事故的，處二十萬元以上五十萬元以下的罰款；
（二）發生較大事故的，處五十萬元以上一百萬元以下的罰款；
（三）發生重大事故的，處一百萬元以上五百萬元以下的罰款；
（四）發生特別重大事故的，處五百萬元以上一千萬元以下的罰款；情節特別嚴重的，處一千萬元以上二千萬元以下的罰款。

第一百一十條 本法規定的行政處罰，由安全生產監督管理部門和其他負有安全生產監督管理職責的部門按照職責分工決定。予以關閉的行政處罰由負有安全生產監督管理職責的部門報請縣級以上人民政府按照國務院規定的權限決定；給予拘留的行政處罰由公安機關依照治安管理處罰法的規定決定。

第一百一十一條 生產經營單位發生生產安全事故造成人員傷亡、他人財產損失的，應當依法承擔賠償責任；拒不承擔或者其負責人逃匿的，由人民法院依法強制執行。

生產安全事故的責任人未依法承擔賠償責任，經人民法院依法採取執行措施后，仍不能對受害人給予足額賠償的，應當繼續履行賠償義務；受害人發現責任人有其他財產的，可以隨時請求人民法院執行。

第七章　附則

第一百一十二條 本法下列用語的含義：

危險物品，是指易燃易爆物品、危險化學品、放射性物品等能夠危及人身安全和財產安全的物品。

重大危險源，是指長期地或者臨時地生產、搬運、使用或者儲存危險物品，且危險物品的數量等於或者超過臨界量的單元（包括場所和設施）。

第一百一十三條　本法規定的生產安全一般事故、較大事故、重大事故、特別重大事故的劃分標準由國務院規定。

國務院安全生產監督管理部門和其他負有安全生產監督管理職責的部門應當根據各自的職責分工，制定相關行業、領域重大事故隱患的判定標準。

第一百一十四條　本法自 2014 年 12 月 1 日起施行。

2.2　《中華人民共和國勞動法》相關內容

本法由 1994 年 7 月 5 日第八屆全國人民代表大會常務委員會第八次會議通過；2009 年 8 月 27 日第十一屆全國人民代表大會常務委員會第十次會議通過修改決定。

一、關於工作時間和休息放假的規定

《勞動法》第四章為工作時間方面的條款。

第三十六條　國家實行勞動者每日工作時間不超過八小時、平均每週工作時間不超過四十四小時的工時制度。

第三十七條　對實行計件工作的勞動者，用人單位應當根據本法第三十六條規定的工時制度合理確定其勞動定額和計件報酬標準。

第三十八條　用人單位應當保證勞動者每週至少休息一日。

第三十九條　企業因生產特點不能實行本法第三十六條、第三十八條規定的，經勞動行政部門批准，可以實行其他工作和休息辦法。

第四十條　用人單位在下列節日期間應當依法安排勞動者休假：

（一）元旦；

（二）春節；

（三）國際勞動節；

（四）國慶節；

（五）法律、法規規定的其他休假節日。

第四十一條　用人單位由於生產經營需要，經與工會和勞動者協商後可以延長工作時間，一般每日不得超過一小時；因特殊原因需要延長工作時間的，在保障勞動者身體健康的條件下延長工作時間每日不得超過三小時，但是每月不得超過三十六小時。

第四十二條　有下列情形之一的，延長工作時間不受本法第四十一條規定的限制：

（一）發生自然災害、事故或者因其他原因，威脅勞動者生命健康和財產安全，需要緊急處理的；

（二）生產設備、交通運輸線路、公共設施發生故障，影響生產和公眾利益，必須及時搶修的；

（三）法律、行政法規規定的其他情形。

第四十三條　用人單位不得違反本法規定延長勞動者的工作時間。

二、關於勞動安全衛生的規定

《勞動法》第六章為勞動安全衛生方面的條款。

第五十二條　用人單位必須建立、健全勞動安全衛生制度，嚴格執行國家勞動安全衛生規程和標準，對勞動者進行勞動安全衛生教育，防止勞動過程中的事故，減少職業危害。

第五十三條　勞動安全衛生設施必須符合國家規定的標準。

新建、改建、擴建工程的勞動安全衛生設施必須與主體工程同時設計、同時施工、同時投入生產和使用。

第五十四條　用人單位必須為勞動者提供符合國家規定的勞動安全衛生條件和必要的勞動防護用品，對從事有職業危害作業的勞動者應當定期進行健康檢查。

第五十五條　從事特種作業的勞動者必須經過專門培訓並取得特種作業資格。

第五十六條　勞動者在勞動過程中必須嚴格遵守安全操作規程。

勞動者對用人單位管理人員違章指揮、強令冒險作業，有權拒絕執行；對危害生命安全和身體健康的行為，有權提出批評、檢舉和控告。

第五十七條　國家建立傷亡事故和職業病統計報告和處理制度。縣級以上各級人民政府勞動行政部門、有關部門和用人單位應當依法對勞動者在勞動過程中發生的傷亡事故和勞動者的職業病狀況，進行統計、報告和處理。

三、關於女職工和未成年工的特殊勞動保護

第五十八條　國家對女職工和未成年工實行特殊勞動保護。

未成年工是指年滿十六周歲未滿十八周歲的勞動者。

第五十九條　禁止安排女職工從事礦山井下、國家規定的第四級體力勞動強度的勞動和其他禁忌從事的勞動。

第六十條　不得安排女職工在經期從事高處、低溫、冷水作業和國家規定的第三級體力勞動強度的勞動。

第六十一條　不得安排女職工在懷孕期間從事國家規定的第三級體力勞動強度的勞動和孕期禁忌從事的活動。對懷孕七個月以上的女職工，不得安排其延長工作時間和夜班勞動。

第六十二條　女職工生育享受不少於九十天的產假。

第六十三條 不得安排女職工在哺乳未滿一週歲的嬰兒期間從事國家規定的第三級體力勞動強度的勞動和哺乳期禁忌從事的其他勞動，不得安排其延長工作時間和夜班勞動。

第六十四條 不得安排未成年工從事礦山井下、有毒有害、國家規定的第四級體力勞動強度的勞動和其他禁忌從事的勞動。

第六十五條 用人單位應當對未成年工定期進行健康檢查。

2.3 《危險化學品安全管理條例》

2002年1月26日中華人民共和國國務院令第344號公布，2011年2月16日國務院第144次常務會議修訂通過，2013年12月4日國務院第32次常務會議修訂通過。

第一章 總則

第一條 為了加強危險化學品的安全管理，預防和減少危險化學品事故，保障人民群眾生命財產安全，保護環境，制定本條例。

第二條 危險化學品生產、儲存、使用、經營和運輸的安全管理，適用本條例。

廢棄危險化學品的處置，依照有關環境保護的法律、行政法規和國家有關規定執行。

第三條 本條例所稱危險化學品，是指具有毒害、腐蝕、爆炸、燃燒、助燃等性質，對人體、設施、環境具有危害的劇毒化學品和其他化學品。

危險化學品目錄，由國務院安監部門會同國務院工信、公安、環保、衛生、質檢、交通、鐵路、民航、農業部門，根據化學品危險特性的鑑別和分類標準確定、公布，並適時調整。

第四條 危險化學品安全管理，應當堅持安全第一、預防為主、綜合治理的方針，強化和落實企業的主體責任。

生產、儲存、使用、經營、運輸危險化學品的單位（以下統稱危險化學品單位）的主要負責人對本單位的危險化學品安全管理工作全面負責。

危險化學品單位應當具備法律、行政法規規定和國家標準、行業標準要求的安全條件，建立、健全安全管理規章制度和崗位安全責任制度，對從業人員進行安全教育、法制教育和崗位技術培訓。從業人員應當接受教育和培訓，考核合格后上崗作業；對有資格要求的崗位，應當配備依法取得相應資格的人員。

第五條 任何單位和個人不得生產、經營、使用國家禁止生產、經營、使用的危險化學品。

國家對危險化學品的使用有限制性規定的，任何單位和個人不得違反限制性規定使用危險化學品。

第六條 對危險化學品的生產、儲存、使用、經營、運輸實施安全監督管理的有關部門（以下統稱負有危險化學品安全監督管理職責的部門），依照下列規定履行職責：

（一）安監部門負責危險化學品安全監督管理綜合工作，組織確定、公布、調整危險化學品目錄，對新建、改建、擴建生產、儲存危險化學品（包括使用長輸管道輸送危險化學品，下同）的建設項目進行安全條件審查，核發危險化學品安全生產許可證、危險化學品安全使用許可證和危險化學品經營許可證，並負責危險化學品登記工作。

（二）公安機關負責危險化學品的公共安全管理，核發劇毒化學品購買許可證、劇毒化學品道路運輸通行證，並負責危險化學品運輸車輛的道路交通安全管理。

（三）質檢部門負責核發危險化學品及其包裝物、容器（不包括儲存危險化學品的固定式大型儲罐，下同）生產企業的工業產品生產許可證，並依法對其產品質量實施監督，負責對進出口危險化學品及其包裝實施檢驗。

（四）環保部門負責廢棄危險化學品處置的監督管理，組織危險化學品的環境危害性鑒定和環境風險程度評估，確定實施重點環境管理的危險化學品，負責危險化學品環境管理登記和新化學物質環境管理登記；依照職責分工調查相關危險化學品環境污染事故和生態破壞事件，負責危險化學品事故現場的應急環境監測。

（五）交通部門負責危險化學品道路運輸、水路運輸的許可以及運輸工具的安全管理，對危險化學品水路運輸安全實施監督，負責危險化學品道路運輸企業、水路運輸企業駕駛人員、船員、裝卸管理人員、押運人員、申報人員、集裝箱裝箱現場檢查員的資格認定。鐵路監管部門負責危險化學品鐵路運輸及其運輸工具的安全管理。民航部門負責危險化學品航空運輸以及航空運輸企業及其運輸工具的安全管理。

（六）衛生部門負責危險化學品毒性鑒定的管理，負責組織、協調危險化學品事故受傷人員的醫療衛生救援工作。

（七）工商行政部門依據有關部門的許可證件，核發危險化學品生產、儲存、經營、運輸企業營業執照，查處危險化學品經營企業違法採購危險化學品的行為。

（八）郵政部門負責依法查處寄遞危險化學品的行為。

第七條 負有危險化學品安全監督管理職責的部門依法進行監督檢查，可

以採取下列措施：

（一）進入危險化學品作業場所實施現場檢查，向有關單位和人員瞭解情況，查閱、複製有關文件、資料；

（二）發現危險化學品事故隱患，責令立即消除或者限期消除；

（三）對不符合法律、行政法規、規章規定或者國家標準、行業標準要求的設施、設備、裝置、器材、運輸工具，責令立即停止使用；

（四）經本部門主要負責人批准，查封違法生產、儲存、使用、經營危險化學品的場所，扣押違法生產、儲存、使用、經營、運輸的危險化學品以及用於違法生產、使用、運輸危險化學品的原材料、設備、運輸工具；

（五）發現影響危險化學品安全的違法行為，當場予以糾正或者責令限期改正。

負有危險化學品安全監督管理職責的部門依法進行監督檢查，監督檢查人員不得少於 2 人，並應當出示執法證件；有關單位和個人對依法進行的監督檢查應當予以配合，不得拒絕、阻礙。

第八條　縣級以上人民政府應當建立危險化學品安全監督管理工作協調機制，支持、督促負有危險化學品安全監督管理職責的部門依法履行職責，協調、解決危險化學品安全監督管理工作中的重大問題。

負有危險化學品安全監督管理職責的部門應當相互配合、密切協作，依法加強對危險化學品的安全監督管理。

第九條　任何單位和個人對違反本條例規定的行為，有權向負有危險化學品安全監督管理職責的部門舉報。負有危險化學品安全監督管理職責的部門接到舉報，應當及時依法處理；對不屬於本部門職責的，應當及時移送有關部門處理。

第十條　國家鼓勵危險化學品生產企業和使用危險化學品從事生產的企業採用有利於提高安全保障水平的先進技術、工藝、設備以及自動控制系統，鼓勵對危險化學品實行專門儲存、統一配送、集中銷售。

第二章　生產、儲存安全

第十一條　國家對危險化學品的生產、儲存實行統籌規劃、合理佈局。

國務院工信部門以及國務院其他有關部門依據各自職責，負責危險化學品生產、儲存的行業規劃和佈局。

地方人民政府組織編製城鄉規劃，應當根據本地區的實際情況，按照確保安全的原則，規劃適當區域專門用於危險化學品的生產、儲存。

第十二條　新建、改建、擴建生產、儲存危險化學品的建設項目（以下簡稱建設項目），應當由安監部門進行安全條件審查。

建設單位應當對建設項目進行安全條件論證，委託具備國家規定的資質條件的機構對建設項目進行安全評價，並將安全條件論證和安全評價的情況報告報建設項目所在地設區的市級以上人民政府安監部門；安監部門應當自收到報告之日起 45 日內作出審查決定，並書面通知建設單位。具體辦法由國務院安監部門制定。

新建、改建、擴建儲存、裝卸危險化學品的港口建設項目，由港口部門按照國務院交通部門的規定進行安全條件審查。

第十三條　生產、儲存危險化學品的單位，應當對其鋪設的危險化學品管道設置明顯標志，並對危險化學品管道定期檢查、檢測。

進行可能危及危險化學品管道安全的施工作業，施工單位應當在開工的 7 日前書面通知管道所屬單位，並與管道所屬單位共同制定應急預案，採取相應的安全防護措施。管道所屬單位應當指派專門人員到現場進行管道安全保護指導。

第十四條　危險化學品生產企業進行生產前，應當依照《安全生產許可證條例》的規定，取得危險化學品安全生產許可證。

生產列入國家實行生產許可證制度的工業產品目錄的危險化學品的企業，應當依照《工業產品生產許可證管理條例》的規定，取得工業產品生產許可證。

負責頒發危險化學品安全生產許可證、工業產品生產許可證的部門，應當將其頒發許可證的情況及時向同級工信部門、環保部門和公安機關通報。

第十五條　危險化學品生產企業應當提供與其生產的危險化學品相符的化學品安全技術說明書，並在危險化學品包裝（包括外包裝件）上粘貼或者拴掛與包裝內危險化學品相符的化學品安全標籤。化學品安全技術說明書和化學品安全標籤所載明的內容應當符合國家標準的要求。

危險化學品生產企業發現其生產的危險化學品有新的危險特性的，應當立即公告，並及時修訂其化學品安全技術說明書和化學品安全標籤。

第十六條　生產實施重點環境管理的危險化學品的企業，應當按照國務院環保部門的規定，將該危險化學品向環境中釋放等相關信息向環保部門報告。環保部門可以根據情況採取相應的環境風險控制措施。

第十七條　危險化學品的包裝應當符合法律、行政法規、規章的規定以及國家標準、行業標準的要求。

危險化學品包裝物、容器的材質以及危險化學品包裝的型式、規格、方法和單件質量（重量），應當與所包裝的危險化學品的性質和用途相適應。

第十八條　生產列入國家實行生產許可證制度的工業產品目錄的危險化學品包裝物、容器的企業，應當依照《工業產品生產許可證管理條例》的規定，取得工業產品生產許可證；其生產的危險化學品包裝物、容器經國務院質檢部

門認定的檢驗機構檢驗合格，方可出廠銷售。

運輸危險化學品的船舶及其配載的容器，應當按照國家船舶檢驗規範進行生產，並經海事機構認定的船舶檢驗機構檢驗合格，方可投入使用。

對重複使用的危險化學品包裝物、容器，使用單位在重複使用前應當進行檢查；發現存在安全隱患的，應當維修或者更換。使用單位應當對檢查情況作出記錄，記錄的保存期限不得少於2年。

第十九條 危險化學品生產裝置或者儲存數量構成重大危險源的危險化學品儲存設施（運輸工具加油站、加氣站除外），與下列場所、設施、區域的距離應當符合國家有關規定：

（一）居住區以及商業中心、公園等人員密集場所；

（二）學校、醫院、影劇院、體育場（館）等公共設施；

（三）飲用水源、水廠以及水源保護區；

（四）車站、碼頭（依法經許可從事危險化學品裝卸作業的除外）、機場以及通信干線、通信樞紐、鐵路線路、道路交通干線、水路交通干線、地鐵風亭以及地鐵站出入口；

（五）基本農田保護區、基本草原、畜禽遺傳資源保護區、畜禽規模化養殖場（養殖小區）、漁業水域以及種子、種畜禽、水產苗種生產基地；

（六）河流、湖泊、風景名勝區、自然保護區；

（七）軍事禁區、軍事管理區；

（八）法律、行政法規規定的其他場所、設施、區域。

已建的危險化學品生產裝置或者儲存數量構成重大危險源的危險化學品儲存設施不符合前款規定的，由所在地設區的市級人民政府安監部門會同有關部門監督其所屬單位在規定期限內進行整改；需要轉產、停產、搬遷、關閉的，由本級人民政府決定並組織實施。

儲存數量構成重大危險源的危險化學品儲存設施的選址，應當避開地震活動斷層和容易發生洪災、地質災害的區域。

本條例所稱重大危險源，是指生產、儲存、使用或者搬運危險化學品，且危險化學品的數量等於或者超過臨界量的單元（包括場所和設施）。

第二十條 生產、儲存危險化學品的單位，應當根據其生產、儲存的危險化學品的種類和危險特性，在作業場所設置相應的監測、監控、通風、防曬、調溫、防火、滅火、防爆、泄壓、防毒、中和、防潮、防雷、防靜電、防腐、防泄漏以及防護圍堤或者隔離操作等安全設施、設備，並按照國家標準、行業標準或者國家有關規定對安全設施、設備進行經常性維護、保養，保證安全設施、設備的正常使用。

生產、儲存危險化學品的單位，應當在其作業場所和安全設施、設備上設置明顯的安全警示標志。

第二十一條　生產、儲存危險化學品的單位，應當在其作業場所設置通信、報警裝置，並保證處於適用狀態。

第二十二條　生產、儲存危險化學品的企業，應當委託具備國家規定的資質條件的機構，對本企業的安全生產條件每3年進行一次安全評價，提出安全評價報告。安全評價報告的內容應當包括對安全生產條件存在的問題進行整改的方案。

生產、儲存危險化學品的企業，應當將安全評價報告以及整改方案的落實情況報所在地縣級安監部門備案。在港區內儲存危險化學品的企業，應當將安全評價報告以及整改方案的落實情況報港口部門備案。

第二十三條　生產、儲存劇毒化學品或者國務院公安部門規定的可用於製造爆炸物品的危險化學品（以下簡稱易制爆危險化學品）的單位，應當如實記錄其生產、儲存的劇毒化學品、易制爆危險化學品的數量、流向，並採取必要的安全防範措施，防止劇毒化學品、易制爆危險化學品丟失或者被盜；發現劇毒化學品、易制爆危險化學品丟失或者被盜的，應當立即向當地公安機關報告。

生產、儲存劇毒化學品、易制爆危險化學品的單位，應當設置治安保衛機構，配備專職治安保衛人員。

第二十四條　危險化學品應當儲存在專用倉庫、專用場地或者專用儲存室（以下統稱專用倉庫）內，並由專人負責管理；劇毒化學品以及儲存數量構成重大危險源的其他危險化學品，應當在專用倉庫內單獨存放，並實行雙人收發、雙人保管制度。

危險化學品的儲存方式、方法以及儲存數量應當符合國家標準或者國家有關規定。

第二十五條　儲存危險化學品的單位應當建立危險化學品出入庫核查、登記制度。

對劇毒化學品以及儲存數量構成重大危險源的其他危險化學品，儲存單位應當將其儲存數量、儲存地點以及管理人員的情況，報所在地縣級安監部門（在港區內儲存的，報港口部門）和公安機關備案。

第二十六條　危險化學品專用倉庫應當符合國家標準、行業標準的要求，並設置明顯的標志。儲存劇毒化學品、易制爆危險化學品的專用倉庫，應當按照國家有關規定設置相應的技術防範設施。

儲存危險化學品的單位應當對其危險化學品專用倉庫的安全設施、設備定期進行檢測、檢驗。

第二十七條　生產、儲存危險化學品的單位轉產、停產、停業或者解散的，應當採取有效措施，及時、妥善處置其危險化學品生產裝置、儲存設施以及庫存的危險化學品，不得丟棄危險化學品；處置方案應當報所在地縣級安監

部門、工信部門、環保部門和公安機關備案。安監部門應當會同環保部門和公安機關對處置情況進行監督檢查，發現未依照規定處置的，應當責令其立即處置。

第三章　使用安全

第二十八條　使用危險化學品的單位，其使用條件（包括工藝）應當符合法律、行政法規的規定和國家標準、行業標準的要求，並根據所使用的危險化學品的種類、危險特性以及使用量和使用方式，建立、健全使用危險化學品的安全管理規章制度和安全操作規程，保證危險化學品的安全使用。

第二十九條　使用危險化學品從事生產並且使用量達到規定數量的化工企業（屬於危險化學品生產企業的除外，下同），應當依照本條例的規定取得危險化學品安全使用許可證。

前款規定的危險化學品使用量的數量標準，由國務院安監部門會同國務院公安部門、農業部門確定並公布。

第三十條　申請危險化學品安全使用許可證的化工企業，除應當符合本條例第二十八條的規定外，還應當具備下列條件：

（一）有與所使用的危險化學品相適應的專業技術人員；

（二）有安全管理機構和專職安全管理人員；

（三）有符合國家規定的危險化學品事故應急預案和必要的應急救援器材、設備；

（四）依法進行了安全評價。

第三十一條　申請危險化學品安全使用許可證的化工企業，應當向所在地設區的市級人民政府安監部門提出申請，並提交其符合本條例第三十條規定條件的證明材料。設區的市級人民政府安監部門應當依法進行審查，自收到證明材料之日起 45 日內作出批准或者不予批准的決定。予以批准的，頒發危險化學品安全使用許可證；不予批准的，書面通知申請人並說明理由。

安監部門應當將其頒發危險化學品安全使用許可證的情況及時向同級環保部門和公安機關通報。

第三十二條　本條例第十六條關於生產實施重點環境管理的危險化學品的企業的規定，適用於使用實施重點環境管理的危險化學品從事生產的企業；第二十條、第二十一條、第二十三條第一款、第二十七條關於生產、儲存危險化學品的單位的規定，適用於使用危險化學品的單位；第二十二條關於生產、儲存危險化學品的企業的規定，適用於使用危險化學品從事生產的企業。

第四章 經營安全

第三十三條 國家對危險化學品經營（包括倉儲經營，下同）實行許可制度。未經許可，任何單位和個人不得經營危險化學品。

依法設立的危險化學品生產企業在其廠區範圍內銷售本企業生產的危險化學品，不需要取得危險化學品經營許可。

依照《港口法》的規定取得港口經營許可證的港口經營人，在港區內從事危險化學品倉儲經營，不需要取得危險化學品經營許可。

第三十四條 從事危險化學品經營的企業應當具備下列條件：

（一）有符合國家標準、行業標準的經營場所，儲存危險化學品的，還應當有符合國家標準、行業標準的儲存設施；

（二）從業人員經過專業技術培訓並經考核合格；

（三）有健全的安全管理規章制度；

（四）有專職安全管理人員；

（五）有符合國家規定的危險化學品事故應急預案和必要的應急救援器材、設備；

（六）法律、法規規定的其他條件。

第三十五條 從事劇毒化學品、易制爆危險化學品經營的企業，應當向所在地設區的市級人民政府安監部門提出申請，從事其他危險化學品經營的企業，應當向所在地縣級安監部門提出申請（有儲存設施的，應當向所在地設區的市級人民政府安監部門提出申請）。申請人應當提交其符合本條例第三十四條規定條件的證明材料。設區的市級人民政府安監部門或者縣級安監部門應當依法進行審查，並對申請人的經營場所、儲存設施進行現場核查，自收到證明材料之日起 30 日內作出批准或者不予批准的決定。予以批准的，頒發危險化學品經營許可證；不予批准的，書面通知申請人並說明理由。

設區的市級人民政府安監部門和縣級安監部門應當將其頒發危險化學品經營許可證的情況及時向同級環保部門和公安機關通報。

申請人持危險化學品經營許可證向工商行政部門辦理登記手續後，方可從事危險化學品經營活動。法律、行政法規或者國務院規定經營危險化學品還需要經其他有關部門許可的，申請人向工商行政部門辦理登記手續時還應當持相應的許可證件。

第三十六條 危險化學品經營企業儲存危險化學品的，應當遵守本條例第二章關於儲存危險化學品的規定。危險化學品商店內只能存放民用小包裝的危險化學品。

第三十七條 危險化學品經營企業不得向未經許可從事危險化學品生產、

經營活動的企業採購危險化學品，不得經營沒有化學品安全技術說明書或者化學品安全標籤的危險化學品。

第三十八條 依法取得危險化學品安全生產許可證、危險化學品安全使用許可證、危險化學品經營許可證的企業，憑相應的許可證件購買劇毒化學品、易制爆危險化學品。民用爆炸物品生產企業憑民用爆炸物品生產許可證購買易制爆危險化學品。

前款規定以外的單位購買劇毒化學品的，應當向所在地縣級公安機關申請取得劇毒化學品購買許可證；購買易制爆危險化學品的，應當持本單位出具的合法用途說明。

個人不得購買劇毒化學品（屬於劇毒化學品的農藥除外）和易制爆危險化學品。

第三十九條 申請取得劇毒化學品購買許可證，申請人應當向所在地縣級公安機關提交下列材料：

（一）營業執照或者法人證書（登記證書）的複印件；
（二）擬購買的劇毒化學品品種、數量的說明；
（三）購買劇毒化學品用途的說明；
（四）經辦人的身分證明。

縣級公安機關應當自收到前款規定的材料之日起3日內，作出批准或者不予批准的決定。予以批准的，頒發劇毒化學品購買許可證；不予批准的，書面通知申請人並說明理由。

劇毒化學品購買許可證管理辦法由國務院公安部門制定。

第四十條 危險化學品生產企業、經營企業銷售劇毒化學品、易制爆危險化學品，應當查驗本條例第三十八條第一款、第二款規定的相關許可證件或者證明文件，不得向不具有相關許可證件或者證明文件的單位銷售劇毒化學品、易制爆危險化學品。對持劇毒化學品購買許可證購買劇毒化學品的，應當按照許可證載明的品種、數量銷售。

禁止向個人銷售劇毒化學品（屬於劇毒化學品的農藥除外）和易制爆危險化學品。

第四十一條 危險化學品生產企業、經營企業銷售劇毒化學品、易制爆危險化學品，應當如實記錄購買單位的名稱、地址、經辦人的姓名、身分證號碼以及所購買的劇毒化學品、易制爆危險化學品的品種、數量、用途。銷售記錄以及經辦人的身分證明複印件、相關許可證件複印件或者證明文件的保存期限不得少於1年。

劇毒化學品、易制爆危險化學品的銷售企業、購買單位應當在銷售、購買后5日內，將所銷售、購買的劇毒化學品、易制爆危險化學品的品種、數量以及流向信息報所在地縣級公安機關備案，並輸入計算機系統。

第四十二條 使用劇毒化學品、易制爆危險化學品的單位不得出借、轉讓其購買的劇毒化學品、易制爆危險化學品；因轉產、停產、搬遷、關閉等確需轉讓的，應當向具有本條例第三十八條第一款、第二款規定的相關許可證件或者證明文件的單位轉讓，並在轉讓后將有關情況及時向所在地縣級公安機關報告。

第五章　運輸安全

第四十三條 從事危險化學品道路運輸、水路運輸的，應當分別依照有關道路運輸、水路運輸的法律、行政法規的規定，取得危險貨物道路運輸許可、危險貨物水路運輸許可，並向工商行政部門辦理登記手續。

危險化學品道路運輸企業、水路運輸企業應當配備專職安全管理人員。

第四十四條 危險化學品道路運輸企業、水路運輸企業的駕駛人員、船員、裝卸管理人員、押運人員、申報人員、集裝箱裝箱現場檢查員應當經交通部門考核合格，取得從業資格。具體辦法由國務院交通部門制定。

危險化學品的裝卸作業應當遵守安全作業標準、規程和制度，並在裝卸管理人員的現場指揮或者監控下進行。水路運輸危險化學品的集裝箱裝箱作業應當在集裝箱裝箱現場檢查員的指揮或者監控下進行，並符合積載、隔離的規範和要求；裝箱作業完畢后，集裝箱裝箱現場檢查員應當簽署裝箱證明書。

第四十五條 運輸危險化學品，應當根據危險化學品的危險特性採取相應的安全防護措施，並配備必要的防護用品和應急救援器材。

用於運輸危險化學品的槽罐以及其他容器應當封口嚴密，能夠防止危險化學品在運輸過程中因溫度、濕度或者壓力的變化發生滲漏、灑漏；槽罐以及其他容器的溢流和泄壓裝置應當設置準確、起閉靈活。

運輸危險化學品的駕駛人員、船員、裝卸管理人員、押運人員、申報人員、集裝箱裝箱現場檢查員，應當瞭解所運輸的危險化學品的危險特性及其包裝物、容器的使用要求和出現危險情況時的應急處置方法。

第四十六條 通過道路運輸危險化學品的，托運人應當委託依法取得危險貨物道路運輸許可的企業承運。

第四十七條 通過道路運輸危險化學品的，應當按照運輸車輛的核定載質量裝載危險化學品，不得超載。

危險化學品運輸車輛應當符合國家標準要求的安全技術條件，並按照國家有關規定定期進行安全技術檢驗。

危險化學品運輸車輛應當懸掛或者噴塗符合國家標準要求的警示標志。

第四十八條 通過道路運輸危險化學品的，應當配備押運人員，並保證所運輸的危險化學品處於押運人員的監控之下。

運輸危險化學品途中因住宿或者發生影響正常運輸的情況，需要較長時間停車的，駕駛人員、押運人員應當採取相應的安全防範措施；運輸劇毒化學品或者易制爆危險化學品的，還應當向當地公安機關報告。

第四十九條　未經公安機關批准，運輸危險化學品的車輛不得進入危險化學品運輸車輛限制通行的區域。危險化學品運輸車輛限制通行的區域由縣級公安機關劃定，並設置明顯的標誌。

第五十條　通過道路運輸劇毒化學品的，托運人應當向運輸始發地或者目的地縣級公安機關申請劇毒化學品道路運輸通行證。

申請劇毒化學品道路運輸通行證，托運人應當向縣級公安機關提交下列材料：

（一）擬運輸的劇毒化學品品種、數量的說明；

（二）運輸始發地、目的地、運輸時間和運輸路線的說明；

（三）承運人取得危險貨物道路運輸許可、運輸車輛取得營運證以及駕駛人員、押運人員取得上崗資格的證明文件；

（四）本條例第三十八條第一款、第二款規定的購買劇毒化學品的相關許可證件，或者海關出具的進出口證明文件。

縣級公安機關應當自收到前款規定的材料之日起7日內，作出批准或者不予批准的決定。予以批准的，頒發劇毒化學品道路運輸通行證；不予批准的，書面通知申請人並說明理由。

劇毒化學品道路運輸通行證管理辦法由國務院公安部門制定。

第五十一條　劇毒化學品、易制爆危險化學品在道路運輸途中丟失、被盜、被搶或者出現流散、泄漏等情況的，駕駛人員、押運人員應當立即採取相應的警示措施和安全措施，並向當地公安機關報告。公安機關接到報告後，應當根據實際情況立即向安監部門、環保部門、衛生部門通報。有關部門應當採取必要的應急處置措施。

第五十二條　通過水路運輸危險化學品的，應當遵守法律、行政法規以及國務院交通部門關於危險貨物水路運輸安全的規定。

第五十三條　海事機構應當根據危險化學品的種類和危險特性，確定船舶運輸危險化學品的相關安全運輸條件。

擬交付船舶運輸的化學品的相關安全運輸條件不明確的，貨物所有人或者代理人應當委託相關技術機構進行評估，明確相關安全運輸條件並經海事機構確認后，方可交付船舶運輸。

第五十四條　禁止通過內河封閉水域運輸劇毒化學品以及國家規定禁止通過內河運輸的其他危險化學品。

前款規定以外的內河水域，禁止運輸國家規定禁止通過內河運輸的劇毒化學品以及其他危險化學品。

禁止通過內河運輸的劇毒化學品以及其他危險化學品的範圍，由國務院交通部門會同國務院環保部門、工信部門、安監部門，根據危險化學品的危險特性、危險化學品對人體和水環境的危害程度以及消除危害後果的難易程度等因素規定並公布。

第五十五條　國務院交通部門應當根據危險化學品的危險特性，對通過內河運輸本條例第五十四條規定以外的危險化學品（以下簡稱通過內河運輸危險化學品）實行分類管理，對各類危險化學品的運輸方式、包裝規範和安全防護措施等分別作出規定並監督實施。

第五十六條　通過內河運輸危險化學品，應當由依法取得危險貨物水路運輸許可的水路運輸企業承運，其他單位和個人不得承運。托運人應當委託依法取得危險貨物水路運輸許可的水路運輸企業承運，不得委託其他單位和個人承運。

第五十七條　通過內河運輸危險化學品，應當使用依法取得危險貨物適裝證書的運輸船舶。水路運輸企業應當針對所運輸的危險化學品的危險特性，制定運輸船舶危險化學品事故應急救援預案，並為運輸船舶配備充足、有效的應急救援器材和設備。

通過內河運輸危險化學品的船舶，其所有人或者經營人應當取得船舶污染損害責任保險證書或者財務擔保證明。船舶污染損害責任保險證書或者財務擔保證明的副本應當隨船攜帶。

第五十八條　通過內河運輸危險化學品，危險化學品包裝物的材質、型式、強度以及包裝方法應當符合水路運輸危險化學品包裝規範的要求。國務院交通部門對單船運輸的危險化學品數量有限制性規定的，承運人應當按照規定安排運輸數量。

第五十九條　用於危險化學品運輸作業的內河碼頭、泊位應當符合國家有關安全規範，與飲用水取水口保持國家規定的距離。有關管理單位應當制定碼頭、泊位危險化學品事故應急預案，並為碼頭、泊位配備充足、有效的應急救援器材和設備。

用於危險化學品運輸作業的內河碼頭、泊位，經交通部門按照國家有關規定驗收合格後方可投入使用。

第六十條　船舶載運危險化學品進出內河港口，應當將危險化學品的名稱、危險特性、包裝以及進出港時間等事項，事先報告海事機構。海事機構接到報告後，應當在國務院交通部門規定的時間內作出是否同意的決定，通知報告人，同時通報港口部門。定船舶、定航線、定貨種的船舶可以定期報告。

在內河港口內進行危險化學品的裝卸、過駁作業，應當將危險化學品的名稱、危險特性、包裝和作業的時間、地點等事項報告港口部門。港口部門接到報告後，應當在國務院交通部門規定的時間內作出是否同意的決定，通知報告

人，同時通報海事機構。

載運危險化學品的船舶在內河航行，通過過船建築物的，應當提前向交通部門申報，並接受交通部門的管理。

第六十一條 載運危險化學品的船舶在內河航行、裝卸或者停泊，應當懸掛專用的警示標志，按照規定顯示專用信號。

載運危險化學品的船舶在內河航行，按照國務院交通部門的規定需要引航的，應當申請引航。

第六十二條 載運危險化學品的船舶在內河航行，應當遵守法律、行政法規和國家其他有關飲用水水源保護的規定。內河航道發展規劃應當與依法經批准的飲用水水源保護區劃定方案相協調。

第六十三條 托運危險化學品的，托運人應當向承運人說明所托運的危險化學品的種類、數量、危險特性以及發生危險情況的應急處置措施，並按照國家有關規定對所托運的危險化學品妥善包裝，在外包裝上設置相應的標志。

運輸危險化學品需要添加抑制劑或者穩定劑的，托運人應當添加，並將有關情況告知承運人。

第六十四條 托運人不得在托運的普通貨物中夾帶危險化學品，不得將危險化學品匿報或者謊報為普通貨物托運。

任何單位和個人不得交寄危險化學品或者在郵件、快件內夾帶危險化學品，不得將危險化學品匿報或者謊報為普通物品交寄。郵政企業、快遞企業不得收寄危險化學品。

對涉嫌違反本條第一款、第二款規定的，交通部門、郵政部門可以依法開拆查驗。

第六十五條 通過鐵路、航空運輸危險化學品的安全管理，依照有關鐵路、航空運輸的法律、行政法規、規章的規定執行。

第六章　危險化學品登記與事故應急救援

第六十六條 國家實行危險化學品登記制度，為危險化學品安全管理以及危險化學品事故預防和應急救援提供技術、信息支持。

第六十七條 危險化學品生產企業、進口企業，應當向國務院安監部門負責危險化學品登記的機構（以下簡稱危險化學品登記機構）辦理危險化學品登記。

危險化學品登記包括下列內容：

（一）分類和標籤信息；

（二）物理、化學性質；

（三）主要用途；

（四）危險特性；

（五）儲存、使用、運輸的安全要求；

（六）出現危險情況的應急處置措施。

對同一企業生產、進口的同一品種的危險化學品，不進行重複登記。危險化學品生產企業、進口企業發現其生產、進口的危險化學品有新的危險特性的，應當及時向危險化學品登記機構辦理登記內容變更手續。

危險化學品登記的具體辦法由國務院安監部門制定。

第六十八條　危險化學品登記機構應當定期向工信、環保、公安、衛生、交通、鐵路、質檢等部門提供危險化學品登記的有關信息和資料。

第六十九條　縣級以上地方人民政府安監部門應當會同工信、環保、公安、衛生、交通、鐵路、質檢等部門，根據本地區實際情況，制定危險化學品事故應急預案，報本級人民政府批准。

第七十條　危險化學品單位應當制定本單位危險化學品事故應急預案，配備應急救援人員和必要的應急救援器材、設備，並定期組織應急救援演練。

危險化學品單位應當將其危險化學品事故應急預案報所在地設區的市級人民政府安監部門備案。

第七十一條　發生危險化學品事故，事故單位主要負責人應當立即按照本單位危險化學品應急預案組織救援，並向當地安監部門和環保、公安、衛生部門報告；道路運輸、水路運輸過程中發生危險化學品事故的，駕駛人員、船員或者押運人員還應當向事故發生地交通部門報告。

第七十二條　發生危險化學品事故，有關地方人民政府應當立即組織安全生產監督管理、環保、公安、衛生、交通等有關部門，按照本地區危險化學品事故應急預案組織實施救援，不得拖延、推諉。

有關地方人民政府及其有關部門應當按照下列規定，採取必要的應急處置措施，減少事故損失，防止事故蔓延、擴大：

（一）立即組織營救和救治受害人員，疏散、撤離或者採取其他措施保護危害區域內的其他人員；

（二）迅速控制危害源，測定危險化學品的性質、事故的危害區域及危害程度；

（三）針對事故對人體、動植物、土壤、水源、大氣造成的現實危害和可能產生的危害，迅速採取封閉、隔離、洗消等措施；

（四）對危險化學品事故造成的環境污染和生態破壞狀況進行監測、評估，並採取相應的環境污染治理和生態修復措施。

第七十三條　有關危險化學品單位應當為危險化學品事故應急救援提供技術指導和必要的協助。

第七十四條　危險化學品事故造成環境污染的，由設區的市級以上人民政

府環保部門統一發布有關信息。

第七章　法律責任

第七十五條　生產、經營、使用國家禁止生產、經營、使用的危險化學品的，由安監部門責令停止生產、經營、使用活動，處 20 萬元以上 50 萬元以下的罰款，有違法所得的，沒收違法所得；構成犯罪的，依法追究刑事責任。

有前款規定行為的，安監部門還應當責令其對所生產、經營、使用的危險化學品進行無害化處理。

違反國家關於危險化學品使用的限制性規定使用危險化學品的，依照本條第一款的規定處理。

第七十六條　未經安全條件審查，新建、改建、擴建生產、儲存危險化學品的建設項目的，由安監部門責令停止建設，限期改正；逾期不改正的，處 50 萬元以上 100 萬元以下的罰款；構成犯罪的，依法追究刑事責任。

未經安全條件審查，新建、改建、擴建儲存、裝卸危險化學品的港口建設項目的，由港口部門依照前款規定予以處罰。

第七十七條　未依法取得危險化學品安全生產許可證從事危險化學品生產，或者未依法取得工業產品生產許可證從事危險化學品及其包裝物、容器生產的，分別依照《安全生產許可證條例》《工業產品生產許可證管理條例》的規定處罰。

違反本條例規定，化工企業未取得危險化學品安全使用許可證，使用危險化學品從事生產的，由安監部門責令限期改正，處 10 萬元以上 20 萬元以下的罰款；逾期不改正的，責令停產整頓。

違反本條例規定，未取得危險化學品經營許可證從事危險化學品經營的，由安監部門責令停止經營活動，沒收違法經營的危險化學品以及違法所得，並處 10 萬元以上 20 萬元以下的罰款；構成犯罪的，依法追究刑事責任。

第七十八條　有下列情形之一的，由安監部門責令改正，可以處 5 萬元以下的罰款；拒不改正的，處 5 萬元以上 10 萬元以下的罰款；情節嚴重的，責令停產停業整頓：

（一）生產、儲存危險化學品的單位未對其鋪設的危險化學品管道設置明顯的標志，或者未對危險化學品管道定期檢查、檢測的；

（二）進行可能危及危險化學品管道安全的施工作業，施工單位未按照規定書面通知管道所屬單位，或者未與管道所屬單位共同制定應急預案、採取相應的安全防護措施，或者管道所屬單位未指派專門人員到現場進行管道安全保護指導的；

（三）危險化學品生產企業未提供化學品安全技術說明書，或者未在包裝

（包括外包裝件）上粘貼、拴掛化學品安全標籤的；

（四）危險化學品生產企業提供的化學品安全技術說明書與其生產的危險化學品不相符，或者在包裝（包括外包裝件）粘貼、拴掛的化學品安全標籤與包裝內危險化學品不相符，或者化學品安全技術說明書、化學品安全標籤所載明的內容不符合國家標準要求的；

（五）危險化學品生產企業發現其生產的危險化學品有新的危險特性不立即公告，或者不及時修訂其化學品安全技術說明書和化學品安全標籤的；

（六）危險化學品經營企業經營沒有化學品安全技術說明書和化學品安全標籤的危險化學品的；

（七）危險化學品包裝物、容器的材質以及包裝的型式、規格、方法和單件質量（重量）與所包裝的危險化學品的性質和用途不相適應的；

（八）生產、儲存危險化學品的單位未在作業場所和安全設施、設備上設置明顯的安全警示標志，或者未在作業場所設置通信、報警裝置的；

（九）危險化學品專用倉庫未設專人負責管理，或者對儲存的劇毒化學品以及儲存數量構成重大危險源的其他危險化學品未實行雙人收發、雙人保管制度的；

（十）儲存危險化學品的單位未建立危險化學品出入庫核查、登記制度的；

（十一）危險化學品專用倉庫未設置明顯標志的；

（十二）危險化學品生產企業、進口企業不辦理危險化學品登記，或者發現其生產、進口的危險化學品有新的危險特性不辦理危險化學品登記內容變更手續的。

從事危險化學品倉儲經營的港口經營人有前款規定情形的，由港口部門依照前款規定予以處罰。儲存劇毒化學品、易制爆危險化學品的專用倉庫未按照國家有關規定設置相應的技術防範設施的，由公安機關依照前款規定予以處罰。

生產、儲存劇毒化學品、易制爆危險化學品的單位未設置治安保衛機構、配備專職治安保衛人員的，依照《企業事業單位內部治安保衛條例》的規定處罰。

第七十九條 危險化學品包裝物、容器生產企業銷售未經檢驗或者經檢驗不合格的危險化學品包裝物、容器的，由質檢部門責令改正，處10萬元以上20萬元以下的罰款，有違法所得的，沒收違法所得；拒不改正的，責令停產停業整頓；構成犯罪的，依法追究刑事責任。

將未經檢驗合格的運輸危險化學品的船舶及其配載的容器投入使用的，由海事機構依照前款規定予以處罰。

第八十條 生產、儲存、使用危險化學品的單位有下列情形之一的，由安

監部門責令改正，處 5 萬元以上 10 萬元以下的罰款；拒不改正的，責令停產停業整頓直至由原發證機關吊銷其相關許可證件，並由工商行政部門責令其辦理經營範圍變更登記或者吊銷其營業執照；有關責任人員構成犯罪的，依法追究刑事責任：

（一）對重複使用的危險化學品包裝物、容器，在重複使用前不進行檢查的；

（二）未根據其生產、儲存的危險化學品的種類和危險特性，在作業場所設置相關安全設施、設備，或者未按照國家標準、行業標準或者國家有關規定對安全設施、設備進行經常性維護、保養的；

（三）未依照本條例規定對其安全生產條件定期進行安全評價的；

（四）未將危險化學品儲存在專用倉庫內，或者未將劇毒化學品以及儲存數量構成重大危險源的其他危險化學品在專用倉庫內單獨存放的；

（五）危險化學品的儲存方式、方法或者儲存數量不符合國家標準或者國家有關規定的；

（六）危險化學品專用倉庫不符合國家標準、行業標準的要求的；

（七）未對危險化學品專用倉庫的安全設施、設備定期進行檢測、檢驗的。

從事危險化學品倉儲經營的港口經營人有前款規定情形的，由港口部門依照前款規定予以處罰。

第八十一條　有下列情形之一的，由公安機關責令改正，可以處 1 萬元以下的罰款；拒不改正的，處 1 萬元以上 5 萬元以下的罰款：

（一）生產、儲存、使用劇毒化學品、易制爆危險化學品的單位不如實記錄生產、儲存、使用的劇毒化學品、易制爆危險化學品的數量、流向的；

（二）生產、儲存、使用劇毒化學品、易制爆危險化學品的單位發現劇毒化學品、易制爆危險化學品丟失或者被盜，不立即向公安機關報告的；

（三）儲存劇毒化學品的單位未將劇毒化學品的儲存數量、儲存地點以及管理人員的情況報所在地縣級公安機關備案的；

（四）危險化學品生產企業、經營企業不如實記錄劇毒化學品、易制爆危險化學品購買單位的名稱、地址、經辦人的姓名、身分證號碼以及所購買的劇毒化學品、易制爆危險化學品的品種、數量、用途，或者保存銷售記錄和相關材料的時間少於 1 年的；

（五）劇毒化學品、易制爆危險化學品的銷售企業、購買單位未在規定的時限內將所銷售、購買的劇毒化學品、易制爆危險化學品的品種、數量以及流向信息報所在地縣級公安機關備案的；

（六）使用劇毒化學品、易制爆危險化學品的單位依照本條例規定轉讓其購買的劇毒化學品、易制爆危險化學品，未將有關情況向所在地縣級公安機關

報告的。

生產、儲存危險化學品的企業或者使用危險化學品從事生產的企業未按照本條例規定將安全評價報告以及整改方案的落實情況報安監部門或者港口部門備案，或者儲存危險化學品的單位未將其劇毒化學品以及儲存數量構成重大危險源的其他危險化學品的儲存數量、儲存地點以及管理人員的情況報安監部門或者港口部門備案的，分別由安監部門或者港口部門依照前款規定予以處罰。

生產實施重點環境管理的危險化學品的企業或者使用實施重點環境管理的危險化學品從事生產的企業未按照規定將相關信息向環保部門報告的，由環保部門依照本條第一款的規定予以處罰。

第八十二條　生產、儲存、使用危險化學品的單位轉產、停產、停業或者解散，未採取有效措施及時、妥善處置其危險化學品生產裝置、儲存設施以及庫存的危險化學品，或者丟棄危險化學品的，由安監部門責令改正，處5萬元以上10萬元以下的罰款；構成犯罪的，依法追究刑事責任。

生產、儲存、使用危險化學品的單位轉產、停產、停業或者解散，未依照本條例規定將其危險化學品生產裝置、儲存設施以及庫存危險化學品的處置方案報有關部門備案的，分別由有關部門責令改正，可以處1萬元以下的罰款；拒不改正的，處1萬元以上5萬元以下的罰款。

第八十三條　危險化學品經營企業向未經許可違法從事危險化學品生產、經營活動的企業採購危險化學品的，由工商行政部門責令改正，處10萬元以上20萬元以下的罰款；拒不改正的，責令停業整頓直至由原發證機關吊銷其危險化學品經營許可證，並由工商行政部門責令其辦理經營範圍變更登記或者吊銷其營業執照。

第八十四條　危險化學品生產企業、經營企業有下列情形之一的，由安監部門責令改正，沒收違法所得，並處10萬元以上20萬元以下的罰款；拒不改正的，責令停產停業整頓直至吊銷其危險化學品安全生產許可證、危險化學品經營許可證，並由工商行政部門責令其辦理經營範圍變更登記或者吊銷其營業執照：

（一）向不具有本條例第三十八條第一款、第二款規定的相關許可證件或者證明文件的單位銷售劇毒化學品、易制爆危險化學品的；

（二）不按照劇毒化學品購買許可證載明的品種、數量銷售劇毒化學品的；

（三）向個人銷售劇毒化學品（屬於劇毒化學品的農藥除外）、易制爆危險化學品的。

不具有本條例第三十八條第一款、第二款規定的相關許可證件或者證明文件的單位購買劇毒化學品、易制爆危險化學品，或者個人購買劇毒化學品（屬於劇毒化學品的農藥除外）、易制爆危險化學品的，由公安機關沒收所購

買的劇毒化學品、易制爆危險化學品，可以並處5,000元以下的罰款。

　　使用劇毒化學品、易制爆危險化學品的單位出借或者向不具有本條例第三十八條第一款、第二款規定的相關許可證件的單位轉讓其購買的劇毒化學品、易制爆危險化學品，或者向個人轉讓其購買的劇毒化學品（屬於劇毒化學品的農藥除外）、易制爆危險化學品的，由公安機關責令改正，處10萬元以上20萬元以下的罰款；拒不改正的，責令停產停業整頓。

　　第八十五條　未依法取得危險貨物道路運輸許可、危險貨物水路運輸許可，從事危險化學品道路運輸、水路運輸的，分別依照有關道路運輸、水路運輸的法律、行政法規的規定處罰。

　　第八十六條　有下列情形之一的，由交通部門責令改正，處5萬元以上10萬元以下的罰款；拒不改正的，責令停產停業整頓；構成犯罪的，依法追究刑事責任：

　　（一）危險化學品道路運輸企業、水路運輸企業的駕駛人員、船員、裝卸管理人員、押運人員、申報人員、集裝箱裝箱現場檢查員未取得從業資格上崗作業的；

　　（二）運輸危險化學品，未根據危險化學品的危險特性採取相應的安全防護措施，或者未配備必要的防護用品和應急救援器材的；

　　（三）使用未依法取得危險貨物適裝證書的船舶，通過內河運輸危險化學品的；

　　（四）通過內河運輸危險化學品的承運人違反國務院交通部門對單船運輸的危險化學品數量的限制性規定運輸危險化學品的；

　　（五）用於危險化學品運輸作業的內河碼頭、泊位不符合國家有關安全規範，或者未與飲用水取水口保持國家規定的安全距離，或者未經交通部門驗收合格投入使用的；

　　（六）托運人不向承運人說明所托運的危險化學品的種類、數量、危險特性以及發生危險情況的應急處置措施，或者未按照國家有關規定對所托運的危險化學品妥善包裝並在外包裝上設置相應標志的；

　　（七）運輸危險化學品需要添加抑制劑或者穩定劑，托運人未添加或者未將有關情況告知承運人的。

　　第八十七條　有下列情形之一的，由交通部門責令改正，處10萬元以上20萬元以下的罰款，有違法所得的，沒收違法所得；拒不改正的，責令停產停業整頓；構成犯罪的，依法追究刑事責任：

　　（一）委託未依法取得危險貨物道路運輸許可、危險貨物水路運輸許可的企業承運危險化學品的；

　　（二）通過內河封閉水域運輸劇毒化學品以及國家規定禁止通過內河運輸的其他危險化學品的；

（三）通過內河運輸國家規定禁止通過內河運輸的劇毒化學品以及其他危險化學品的；

（四）在托運的普通貨物中夾帶危險化學品，或者將危險化學品謊報或者匿報為普通貨物托運的。

在郵件、快件內夾帶危險化學品，或者將危險化學品謊報為普通物品交寄的，依法給予治安管理處罰；構成犯罪的，依法追究刑事責任。

郵政企業、快遞企業收寄危險化學品的，依照《郵政法》的規定處罰。

第八十八條　有下列情形之一的，由公安機關責令改正，處 5 萬元以上 10 萬元以下的罰款；構成違反治安管理行為的，依法給予治安管理處罰；構成犯罪的，依法追究刑事責任：

（一）超過運輸車輛的核定載質量裝載危險化學品的；

（二）使用安全技術條件不符合國家標準要求的車輛運輸危險化學品的；

（三）運輸危險化學品的車輛未經公安機關批准進入危險化學品運輸車輛限制通行的區域的；

（四）未取得劇毒化學品道路運輸通行證，通過道路運輸劇毒化學品的。

第八十九條　有下列情形之一的，由公安機關責令改正，處 1 萬元以上 5 萬元以下的罰款；構成違反治安管理行為的，依法給予治安管理處罰：

（一）危險化學品運輸車輛未懸掛或者噴塗警示標志，或者懸掛或者噴塗的警示標志不符合國家標準要求的；

（二）通過道路運輸危險化學品，不配備押運人員的；

（三）運輸劇毒化學品或者易制爆危險化學品途中需要較長時間停車，駕駛人員、押運人員不向當地公安機關報告的；

（四）劇毒化學品、易制爆危險化學品在道路運輸途中丟失、被盜、被搶或者發生流散、洩露等情況，駕駛人員、押運人員不採取必要的警示措施和安全措施，或者不向當地公安機關報告的。

第九十條　對發生交通事故負有全部責任或者主要責任的危險化學品道路運輸企業，由公安機關責令消除安全隱患，未消除安全隱患的危險化學品運輸車輛，禁止上道路行駛。

第九十一條　有下列情形之一的，由交通部門責令改正，可以處 1 萬元以下的罰款；拒不改正的，處 1 萬元以上 5 萬元以下的罰款：

（一）危險化學品道路運輸企業、水路運輸企業未配備專職安全管理人員的；

（二）用於危險化學品運輸作業的內河碼頭、泊位的管理單位未制定碼頭、泊位危險化學品事故應急救援預案，或者未為碼頭、泊位配備充足、有效的應急救援器材和設備的。

第九十二條　有下列情形之一的，依照《內河交通安全管理條例》的規

定處罰：

（一）通過內河運輸危險化學品的水路運輸企業未制定運輸船舶危險化學品事故應急救援預案，或者未為運輸船舶配備充足、有效的應急救援器材和設備的；

（二）通過內河運輸危險化學品的船舶的所有人或者經營人未取得船舶污染損害責任保險證書或者財務擔保證明的；

（三）船舶載運危險化學品進出內河港口，未將有關事項事先報告海事機構並經其同意的；

（四）載運危險化學品的船舶在內河航行、裝卸或者停泊，未懸掛專用的警示標志，或者未按照規定顯示專用信號，或者未按照規定申請引航的。

未向港口部門報告並經其同意，在港口內進行危險化學品的裝卸、過駁作業的，依照《港口法》的規定處罰。

第九十三條 偽造、變造或者出租、出借、轉讓危險化學品安全生產許可證、工業產品生產許可證，或者使用偽造、變造的危險化學品安全生產許可證、工業產品生產許可證的，分別依照《安全生產許可證條例》、《工業產品生產許可證管理條例》的規定處罰。

偽造、變造或者出租、出借、轉讓本條例規定的其他許可證，或者使用偽造、變造的本條例規定的其他許可證的，分別由相關許可證的頒發管理機關處10萬元以上20萬元以下的罰款，有違法所得的，沒收違法所得；構成違反治安管理行為的，依法給予治安管理處罰；構成犯罪的，依法追究刑事責任。

第九十四條 危險化學品單位發生危險化學品事故，其主要負責人不立即組織救援或者不立即向有關部門報告的，依照《生產安全事故報告和調查處理條例》的規定處罰。

危險化學品單位發生危險化學品事故，造成他人人身傷害或者財產損失的，依法承擔賠償責任。

第九十五條 發生危險化學品事故，有關地方人民政府及其有關部門不立即組織實施救援，或者不採取必要的應急處置措施減少事故損失、防止事故蔓延、擴大的，對直接負責的主管人員和其他直接責任人員依法給予處分；構成犯罪的，依法追究刑事責任。

第九十六條 負有危險化學品安全監督管理職責的部門的工作人員，在危險化學品安全監督管理工作中濫用職權、玩忽職守、徇私舞弊，構成犯罪的，依法追究刑事責任；尚不構成犯罪的，依法給予處分。

第八章 附則

第九十七條 監控化學品、屬於危險化學品的藥品和農藥的安全管理，依

照本條例的規定執行；法律、行政法規另有規定的，依照其規定。

民用爆炸物品、菸花爆竹、放射性物品、核能物質以及用於國防科研生產的危險化學品的安全管理，不適用本條例。

法律、行政法規對燃氣的安全管理另有規定的，依照其規定。

危險化學品容器屬於特種設備的，其安全管理依照有關特種設備安全的法律、行政法規的規定執行。

第九十八條　危險化學品的進出口管理，依照有關對外貿易的法律、行政法規、規章的規定執行；進口的危險化學品的儲存、使用、經營、運輸的安全管理，依照本條例的規定執行。

危險化學品環境管理登記和新化學物質環境管理登記，依照有關環保的法律、行政法規、規章的規定執行。危險化學品環境管理登記，按照國家有關規定收取費用。

第九十九條　公眾發現、撿拾的無主危險化學品，由公安機關接收。公安機關接收或者有關部門依法沒收的危險化學品，需要進行無害化處理的，交由環保部門組織其認定的專業單位進行處理，或者交由有關危險化學品生產企業進行處理。處理所需費用由國家財政負擔。

第一百條　化學品的危險特性尚未確定的，由國務院安監部門、國務院環保部門、國務院衛生部門分別負責組織對該化學品的物理危險性、環境危害性、毒理特性進行鑒定。根據鑒定結果，需要調整危險化學品目錄的，依照本條例第三條第二款的規定辦理。

第一百零一條　本條例施行前已經使用危險化學品從事生產的化工企業，依照本條例規定需要取得危險化學品安全使用許可證的，應當在國務院安監部門規定的期限內，申請取得危險化學品安全使用許可證。

第一百零二條　本條例自 2011 年 12 月 1 日起施行。

2.4　《使用有毒物品作業場所勞動保護條例》

2002 年 4 月 30 日由國務院第 57 次常務會議通過。

第一章　總則

第一條　根據職業病防治法和其他有關法律、行政法規的規定，制定本條例。

第二條　作業場所使用有毒物品可能產生職業中毒危害的勞動保護，適用本條例。

第三條　按照有毒物品產生的職業中毒危害程度，有毒物品分為一般有毒物品和高毒物品。國家對作業場所使用高毒物品實行特殊管理。

一般有毒物品目錄、高毒物品目錄由國務院衛生行政部門會同有關部門依據國家標準制定、調整並公布。

第四條　從事使用有毒物品作業的用人單位（以下簡稱用人單位）應當使用符合國家標準的有毒物品，不得在作業場所使用國家明令禁止使用的有毒物品或者使用不符合國家標準的有毒物品。

用人單位應當盡可能使用無毒物品；需要使用有毒物品的，應當優先選擇使用低毒物品。

第五條　用人單位應當依照本條例和其他有關法律、行政法規的規定，採取有效的防護措施，預防職業中毒事故的發生，依法參加工傷保險，保障勞動者的生命安全和身體健康。

第六條　國家鼓勵研製、開發、推廣、應用有利於預防、控制、消除職業中毒危害和保護勞動者健康的新技術、新工藝、新材料；限制使用或者淘汰有關職業中毒危害嚴重的技術、工藝、材料；加強對有關職業病的機理和發生規律的基礎研究，提高有關職業病防治科學技術水平。

第七條　禁止使用童工。

用人單位不得安排未成年人和孕期、哺乳期的女職工從事使用有毒物品的作業。

第八條　工會組織應當督促並協助用人單位開展職業衛生宣傳教育和培訓，對用人單位的職業衛生工作提出意見和建議，與用人單位就勞動者反應的職業病防治問題進行協調並督促解決。

工會組織對用人單位違反法律、法規，侵犯勞動者合法權益的行為，有權要求糾正；產生嚴重職業中毒危害時，有權要求用人單位採取防護措施，或者向政府有關部門建議採取強制性措施；發生職業中毒事故時，有權參與事故調查處理；發現危及勞動者生命、健康的情形時，有權建議用人單位組織勞動者撤離危險現場，用人單位應當立即作出處理。

第九條　縣級以上人民政府衛生行政部門及其他有關行政部門應當依據各自的職責，監督用人單位嚴格遵守本條例和其他有關法律、法規的規定，加強作業場所使用有毒物品的勞動保護，防止職業中毒事故發生，確保勞動者依法享有的權利。

第十條　各級人民政府應當加強對使用有毒物品作業場所職業衛生安全及相關勞動保護工作的領導，督促、支持衛生行政部門及其他有關行政部門依法履行監督檢查職責，及時協調、解決有關重大問題；在發生職業中毒事故時，應當採取有效措施，控制事故危害的蔓延並消除事故危害，並妥善處理有關善後工作。

第二章　作業場所的預防措施

第十一條　用人單位的設立，應當符合有關法律、行政法規規定的設立條件，並依法辦理有關手續，取得營業執照。

用人單位的使用有毒物品作業場所，除應當符合職業病防治法規定的職業衛生要求外，還必須符合下列要求：

（一）作業場所與生活場所分開，作業場所不得住人；

（二）有害作業與無害作業分開，高毒作業場所與其他作業場所隔離；

（三）設置有效的通風裝置；可能突然泄漏大量有毒物品或者易造成急性中毒的作業場所，設置自動報警裝置和事故通風設施；

（四）高毒作業場所設置應急撤離通道和必要的泄險區。

用人單位及其作業場所符合前兩款規定的，由衛生行政部門發給職業衛生安全許可證，方可從事使用有毒物品的作業。（作者註：但是，根據2005年、2008年國務院關於國家安全生產監督管理總局和衛生部有關職業衛生監督管理職責調整的規定，作業場所職業衛生的監督檢查和職業衛生安全許可證頒發的職責由國家安全生產監督管理總局負責。）

第十二條　使用有毒物品作業場所應當設置黃色區域警示線、警示標示和中文警示說明。警示說明應當載明產生職業中毒危害的種類、后果、預防以及應急救治措施等內容。

高毒作業場所應當設置紅色區域警示線、警示標示和中文警示說明，並設置通訊報警設備。

第十三條　新建、擴建、改建的建設項目和技術改造、技術引進項目（以下統稱建設項目），可能產生職業中毒危害的，應當依照職業病防治法的規定進行職業中毒危害預評價，並經衛生行政部門審核同意；可能產生職業中毒危害的建設項目的職業中毒危害防護設施應當與主體工程同時設計，同時施工，同時投入生產和使用；建設項目竣工，應當進行職業中毒危害控制效果評價，並經衛生行政部門驗收合格。

存在高毒作業的建設項目的職業中毒危害防護設施設計，應當經衛生行政部門進行衛生審查；經審查，符合國家職業衛生標準和衛生要求的，方可施工。

第十四條　用人單位應當按照國務院衛生行政部門的規定，向衛生行政部門及時、如實申報存在職業中毒危害項目。

從事使用高毒物品作業的用人單位，在申報使用高毒物品作業項目時，應當向衛生行政部門提交下列有關資料：

（一）職業中毒危害控制效果評價報告；

(二) 職業衛生管理制度和操作規程等材料；

(三) 職業中毒事故應急救援預案。

從事使用高毒物品作業的用人單位變更所使用的高毒物品品種的，應當依照前款規定向原受理申報的衛生行政部門重新申報。

第十五條 用人單位變更名稱、法定代表人或者負責人的，應當向原受理申報的衛生行政部門備案。

第十六條 從事使用高毒物品作業的用人單位，應當配備應急救援人員和必要的應急救援器材、設備，制定事故應急救援預案，並根據實際情況變化對應急救援預案適時進行修訂，定期組織演練。事故應急救援預案和演練記錄應當報當地衛生行政部門、安全生產監督管理部門和公安部門備案。

第三章　勞動過程的防護

第十七條 用人單位應當依照職業病防治法的有關規定，採取有效的職業衛生防護管理措施，加強勞動過程中的防護與管理。

從事使用高毒物品作業的用人單位，應當配備專職的或者兼職的職業衛生醫師和護士；不具備配備專職的或者兼職的職業衛生醫師和護士條件的，應當與依法取得資質認證的職業衛生技術服務機構簽訂合同，由其提供職業衛生服務。

第十八條 用人單位應當與勞動者訂立勞動合同，將工作過程中可能產生的職業中毒危害及其后果、職業中毒危害防護措施和待遇等如實告知勞動者，並在勞動合同中寫明，不得隱瞞或者欺騙。

勞動者在已訂立勞動合同期間因工作崗位或者工作內容變更，從事勞動合同中未告知的存在職業中毒危害的作業時，用人單位應當依照前款規定，如實告知勞動者，並協商變更原勞動合同有關條款。

用人單位違反前兩款規定的，勞動者有權拒絕從事存在職業中毒危害的作業，用人單位不得因此單方面解除或者終止與勞動者所訂立的勞動合同。

第十九條 用人單位有關管理人員應當熟悉有關職業病防治的法律、法規以及確保勞動者安全使用有毒物品作業的知識。

用人單位應當對勞動者進行上崗前的職業衛生培訓和在崗期間的定期職業衛生培訓，普及有關職業衛生知識，督促勞動者遵守有關法律、法規和操作規程，指導勞動者正確使用職業中毒危害防護設備和個人使用的職業中毒危害防護用品。

勞動者經培訓考核合格，方可上崗作業。

第二十條 用人單位應當確保職業中毒危害防護設備、應急救援設施、通訊報警裝置處於正常適用狀態，不得擅自拆除或者停止運行。

用人單位應當對前款所列設施進行經常性的維護、檢修，定期檢測其性能和效果，確保其處於良好運行狀態。

職業中毒危害防護設備、應急救援設施和通訊報警裝置處於不正常狀態時，用人單位應當立即停止使用有毒物品作業；恢復正常狀態後，方可重新作業。

第二十一條　用人單位應當為從事使用有毒物品作業的勞動者提供符合國家職業衛生標準的防護用品，並確保勞動者正確使用。

第二十二條　有毒物品必須附具說明書，如實載明產品特性、主要成分、存在的職業中毒危害因素、可能產生的危害後果、安全使用注意事項、職業中毒危害防護以及應急救治措施等內容；沒有說明書或者說明書不符合要求的，不得向用人單位銷售。

用人單位有權向生產、經營有毒物品的單位索取說明書。

第二十三條　有毒物品的包裝應當符合國家標準，並以易於勞動者理解的方式加貼或者拴掛有毒物品安全標籤。有毒物品的包裝必須有醒目的警示標示和中文警示說明。

經營、使用有毒物品的單位，不得經營、使用沒有安全標籤、警示標示和中文警示說明的有毒物品。

第二十四條　用人單位維護、檢修存在高毒物品的生產裝置，必須事先制訂維護、檢修方案，明確職業中毒危害防護措施，確保維護、檢修人員的生命安全和身體健康。

維護、檢修存在高毒物品的生產裝置，必須嚴格按照維護、檢修方案和操作規程進行。維護、檢修現場應當有專人監護，並設置警示標志。

第二十五條　需要進入存在高毒物品的設備、容器或者狹窄封閉場所作業時，用人單位應當事先採取下列措施：

（一）保持作業場所良好的通風狀態，確保作業場所職業中毒危害因素濃度符合國家職業衛生標準；

（二）為勞動者配備符合國家職業衛生標準的防護用品；

（三）設置現場監護人員和現場救援設備。

未採取前款規定措施或者採取的措施不符合要求的，用人單位不得安排勞動者進入存在高毒物品的設備、容器或者狹窄封閉場所作業。

第二十六條　用人單位應當按照國務院衛生行政部門的規定，定期對使用有毒物品作業場所職業中毒危害因素進行檢測、評價。檢測、評價結果存入用人單位職業衛生檔案，定期向所在地衛生行政部門報告並向勞動者公布。

從事使用高毒物品作業的用人單位應當至少每一個月對高毒作業場所進行一次職業中毒危害因素檢測；至少每半年進行一次職業中毒危害控制效果評價。

高毒作業場所職業中毒危害因素不符合國家職業衛生標準和衛生要求時，用人單位必須立即停止高毒作業，並採取相應的治理措施；經治理，職業中毒危害因素符合國家職業衛生標準和衛生要求的，方可重新作業。

第二十七條　從事使用高毒物品作業的用人單位應當設置淋浴間和更衣室，並設置清洗、存放或者處理從事使用高毒物品作業勞動者的工作服、工作鞋帽等物品的專用間。

勞動者結束作業時，其使用的工作服、工作鞋帽等物品必須存放在高毒作業區域內，不得穿戴到非高毒作業區域。

第二十八條　用人單位應當按照規定對從事使用高毒物品作業的勞動者進行崗位輪換。

用人單位應當為從事使用高毒物品作業的勞動者提供崗位津貼。

第二十九條　用人單位轉產、停產、停業或者解散、破產的，應當採取有效措施，妥善處理留存或者殘留有毒物品的設備、包裝物和容器。

第三十條　用人單位應當對本單位執行本條例規定的情況進行經常性的監督檢查；發現問題，應當及時依照本條例規定的要求進行處理。

第四章　職業健康監護

第三十一條　用人單位應當組織從事使用有毒物品作業的勞動者進行上崗前職業健康檢查。

用人單位不得安排未經上崗前職業健康檢查的勞動者從事使用有毒物品的作業，不得安排有職業禁忌的勞動者從事其所禁忌的作業。

第三十二條　用人單位應當對從事使用有毒物品作業的勞動者進行定期職業健康檢查。

用人單位發現有職業禁忌或者有與所從事職業相關的健康損害的勞動者，應當將其及時調離原工作崗位，並妥善安置。

用人單位對需要復查和醫學觀察的勞動者，應當按照體檢機構的要求安排其復查和醫學觀察。

第三十三條　用人單位應當對從事使用有毒物品作業的勞動者進行離崗時的職業健康檢查；對離崗時未進行職業健康檢查的勞動者，不得解除或者終止與其訂立的勞動合同。

用人單位發生分立、合併、解散、破產等情形的，應當對從事使用有毒物品作業的勞動者進行健康檢查，並按照國家有關規定妥善安置職業病病人。

第三十四條　用人單位對受到或者可能受到急性職業中毒危害的勞動者，應當及時組織進行健康檢查和醫學觀察。

第三十五條　勞動者職業健康檢查和醫學觀察的費用，由用人單位承擔。

第三十六條　用人單位應當建立職業健康監護檔案。
職業健康監護檔案應當包括下列內容：
（一）勞動者的職業史和職業中毒危害接觸史；
（二）相應作業場所職業中毒危害因素監測結果；
（三）職業健康檢查結果及處理情況；
（四）職業病診療等勞動者健康資料。

第五章　勞動者的權利與義務

第三十七條　從事使用有毒物品作業的勞動者在存在威脅生命安全或者身體健康危險的情況下，有權通知用人單位並從使用有毒物品造成的危險現場撤離。

用人單位不得因勞動者依據前款規定行使權利，而取消或者減少勞動者在正常工作時享有的工資、福利待遇。

第三十八條　勞動者享有下列職業衛生保護權利：
（一）獲得職業衛生教育、培訓；
（二）獲得職業健康檢查、職業病診療、康復等職業病防治服務；
（三）瞭解工作場所產生或者可能產生的職業中毒危害因素、危害後果和應當採取的職業中毒危害防護措施；
（四）要求用人單位提供符合防治職業病要求的職業中毒危害防護設施和個人使用的職業中毒危害防護用品，改善工作條件；
（五）對違反職業病防治法律、法規，危及生命、健康的行為提出批評、檢舉和控告；
（六）拒絕違章指揮和強令進行沒有職業中毒危害防護措施的作業；
（七）參與用人單位職業衛生工作的民主管理，對職業病防治工作提出意見和建議。

用人單位應當保障勞動者行使前款所列權利。禁止因勞動者依法行使正當權利而降低其工資、福利等待遇或者解除、終止與其訂立的勞動合同。

第三十九條　勞動者有權在正式上崗前從用人單位獲得下列資料：
（一）作業場所使用的有毒物品的特性、有害成分、預防措施、教育和培訓資料；
（二）有毒物品的標籤、標示及有關資料；
（三）有毒物品安全使用說明書；
（四）可能影響安全使用有毒物品的其他有關資料。

第四十條　勞動者有權查閱、複印其本人職業健康監護檔案。
勞動者離開用人單位時，有權索取本人健康監護檔案複印件；用人單位應

當如實、無償提供，並在所提供的複印件上簽章。

第四十一條　用人單位按照國家規定參加工傷保險的，患職業病的勞動者有權按照國家有關工傷保險的規定，享受下列工傷保險待遇：

（一）醫療費：因患職業病進行診療所需費用，由工傷保險基金按照規定標準支付；

（二）住院伙食補助費：由用人單位按照當地因公出差伙食標準的一定比例支付；

（三）康復費：由工傷保險基金按照規定標準支付；

（四）殘疾用具費：因殘疾需要配置輔助器具的，所需費用由工傷保險基金按照普及型輔助器具標準支付；

（五）停工留薪期待遇：原工資、福利待遇不變，由用人單位支付；

（六）生活護理補助費：經評殘並確認需要生活護理的，生活護理補助費由工傷保險基金按照規定標準支付；

（七）一次性傷殘補助金：經鑒定為十級至一級傷殘的，按照傷殘等級享受相當於 6 個月至 24 個月的本人工資的一次性傷殘補助金，由工傷保險基金支付；

（八）傷殘津貼：經鑒定為四級至一級傷殘的，按照規定享受相當於本人工資 75% 至 90% 的傷殘津貼，由工傷保險基金支付；

（九）死亡補助金：因職業中毒死亡的，由工傷保險基金按照不低於 48 個月的統籌地區上年度職工月平均工資的標準一次支付；

（十）喪葬補助金：因職業中毒死亡的，由工傷保險基金按照 6 個月的統籌地區上年度職工月平均工資的標準一次支付；

（十一）供養親屬撫恤金：因職業中毒死亡的，對由死者生前提供主要生活來源的親屬由工傷保險基金支付撫恤金；對其配偶每月按照統籌地區上年度職工月平均工資的 40% 發給，對其生前供養的直系親屬每人每月按照統籌地區上年度職工月平均工資的 30% 發給；

（十二）國家規定的其他工傷保險待遇。

本條例施行後，國家對工傷保險待遇的項目和標準作出調整時，從其規定。

第四十二條　用人單位未參加工傷保險的，其勞動者從事有毒物品作業患職業病的，用人單位應當按照國家有關工傷保險規定的項目和標準，保證勞動者享受工傷待遇。

第四十三條　用人單位無營業執照以及被依法吊銷營業執照，其勞動者從事使用有毒物品作業患職業病的，應當按照國家有關工傷保險規定的項目和標準，給予勞動者一次性賠償。

第四十四條　用人單位分立、合併的，承繼單位應當承擔由原用人單位對

患職業病的勞動者承擔的補償責任。

用人單位解散、破產的，應當依法從其清算財產中優先支付患職業病的勞動者的補償費用。

第四十五條 勞動者除依法享有工傷保險外，依照有關民事法律的規定，尚有獲得賠償的權利的，有權向用人單位提出賠償要求。

第四十六條 勞動者應當學習和掌握相關職業衛生知識，遵守有關勞動保護的法律、法規和操作規程，正確使用和維護職業中毒危害防護設施及其用品；發現職業中毒事故隱患時，應當及時報告。

作業場所出現使用有毒物品產生的危險時，勞動者應當採取必要措施，按照規定正確使用防護設施，將危險加以消除或者減少到最低限度。

第六章　監督管理

第四十七條 縣級以上人民政府衛生行政部門應當依照本條例的規定和國家有關職業衛生要求，依據職責劃分，對作業場所使用有毒物品作業及職業中毒危害檢測、評價活動進行監督檢查。

衛生行政部門實施監督檢查，不得收取費用，不得接受用人單位的財物或者其他利益。

第四十八條 衛生行政部門應當建立、健全監督制度，核查反應用人單位有關勞動保護的材料，履行監督責任。

用人單位應當向衛生行政部門如實、具體提供反應有關勞動保護的材料；必要時，衛生行政部門可以查閱或者要求用人單位報送有關材料。

第四十九條 衛生行政部門應當監督用人單位嚴格執行有關職業衛生規範。

衛生行政部門應當依照本條例的規定對使用有毒物品作業場所的職業衛生防護設備、設施的防護性能進行定期檢驗和不定期的抽查；發現職業衛生防護設備、設施存在隱患時，應當責令用人單位立即消除隱患；消除隱患期間，應當責令其停止作業。

第五十條 衛生行政部門應當採取措施，鼓勵對用人單位的違法行為進行舉報、投訴、檢舉和控告。

衛生行政部門對舉報、投訴、檢舉和控告應當及時核實，依法作出處理，並將處理結果予以公布。

衛生行政部門對舉報人、投訴人、檢舉人和控告人負有保密的義務。

第五十一條 衛生行政部門執法人員依法執行職務時，應當出示執法證件。

衛生行政部門執法人員應當忠於職守，秉公執法；涉及用人單位秘密的，

應當為其保密。

第五十二條　衛生行政部門依法實施罰款的行政處罰，應當依照有關法律、行政法規的規定，實施罰款決定與罰款收繳分離；收繳的罰款以及依法沒收的經營所得，必須全部上繳國庫。

第五十三條　衛生行政部門履行監督檢查職責時，有權採取下列措施：

（一）進入用人單位和使用有毒物品作業場所現場，瞭解情況，調查取證，進行抽樣檢查、檢測、檢驗，進行實地檢查；

（二）查閱或者複製與違反本條例行為有關的資料，採集樣品；

（三）責令違反本條例規定的單位和個人停止違法行為。

第五十四條　發生職業中毒事故或者有證據證明職業中毒危害狀態可能導致事故發生時，衛生行政部門有權採取下列臨時控制措施：

（一）責令暫停導致職業中毒事故的作業；

（二）封存造成職業中毒事故或者可能導致事故發生的物品；

（三）組織控制職業中毒事故現場。

在職業中毒事故或者危害狀態得到有效控制後，衛生行政部門應當及時解除控制措施。

第五十五條　衛生行政部門執法人員依法執行職務時，被檢查單位應當接受檢查並予以支持、配合，不得拒絕和阻礙。

第五十六條　衛生行政部門應當加強隊伍建設，提高執法人員的政治、業務素質，依照本條例的規定，建立、健全內部監督制度，對執法人員執行法律、法規和遵守紀律的情況進行監督檢查。

第七章　罰則

第五十七條　衛生行政部門的工作人員有下列行為之一，導致職業中毒事故發生的，依照刑法關於濫用職權罪、玩忽職守罪或者其他罪的規定，依法追究刑事責任；造成職業中毒危害但尚未導致職業中毒事故發生，不夠刑事處罰的，根據不同情節，依法給予降級、撤職或者開除的行政處分：

（一）對不符合本條例規定條件的涉及使用有毒物品作業事項，予以批准的；

（二）發現用人單位擅自從事使用有毒物品作業，不予取締的；

（三）對依法取得批准的用人單位不履行監督檢查職責，發現其不再具備本條例規定的條件而不撤銷原批准或者發現違反本條例的其他行為不予查處的；

（四）發現用人單位存在職業中毒危害，可能造成職業中毒事故，不及時依法採取控制措施的。

第五十八條　用人單位違反本條例的規定，有下列情形之一的，由衛生行政部門給予警告，責令限期改正，處 10 萬元以上 50 萬元以下的罰款；逾期不改正的，提請有關人民政府按照國務院規定的權限責令停建、予以關閉；造成嚴重職業中毒危害或者導致職業中毒事故發生的，對負有責任的主管人員和其他直接責任人員依照刑法關於重大勞動安全事故罪或者其他罪的規定，依法追究刑事責任：

（一）可能產生職業中毒危害的建設項目，未依照職業病防治法的規定進行職業中毒危害預評價，或者預評價未經衛生行政部門審核同意，擅自開工的；

（二）職業衛生防護設施未與主體工程同時設計，同時施工，同時投入生產和使用的；

（三）建設項目竣工，未進行職業中毒危害控制效果評價，或者未經衛生行政部門驗收或者驗收不合格，擅自投入使用的；

（四）存在高毒作業的建設項目的防護設施設計未經衛生行政部門審查同意，擅自施工的。

第五十九條　用人單位違反本條例的規定，有下列情形之一的，由衛生行政部門給予警告，責令限期改正，處 5 萬元以上 20 萬元以下的罰款；逾期不改正的，提請有關人民政府按照國務院規定的權限予以關閉；造成嚴重職業中毒危害或者導致職業中毒事故發生的，對負有責任的主管人員和其他直接責任人員依照刑法關於重大勞動安全事故罪或者其他罪的規定，依法追究刑事責任：

（一）使用有毒物品作業場所未按照規定設置警示標示和中文警示說明的；

（二）未對職業衛生防護設備、應急救援設施、通訊報警裝置進行維護、檢修和定期檢測，導致上述設施處於不正常狀態的；

（三）未依照本條例的規定進行職業中毒危害因素檢測和職業中毒危害控制效果評價的；

（四）高毒作業場所未按照規定設置撤離通道和泄險區的；

（五）高毒作業場所未按照規定設置警示線的；

（六）未向從事使用有毒物品作業的勞動者提供符合國家職業衛生標準的防護用品，或者未保證勞動者正確使用的。

第六十條　用人單位違反本條例的規定，有下列情形之一的，由衛生行政部門給予警告，責令限期改正，處 5 萬元以上 30 萬元以下的罰款；逾期不改正的，提請有關人民政府按照國務院規定的權限予以關閉；造成嚴重職業中毒危害或者導致職業中毒事故發生的，對負有責任的主管人員和其他直接責任人員依照刑法關於重大責任事故罪、重大勞動安全事故罪或者其他罪的規定，依

法追究刑事責任：

（一）使用有毒物品作業場所未設置有效通風裝置的，或者可能突然泄漏大量有毒物品或者易造成急性中毒的作業場所未設置自動報警裝置或者事故通風設施的；

（二）職業衛生防護設備、應急救援設施、通訊報警裝置處於不正常狀態而不停止作業，或者擅自拆除或者停止運行職業衛生防護設備、應急救援設施、通訊報警裝置的。

第六十一條　從事使用高毒物品作業的用人單位違反本條例的規定，有下列行為之一的，由衛生行政部門給予警告，責令限期改正，處 5 萬元以上 20 萬元以下的罰款；逾期不改正的，提請有關人民政府按照國務院規定的權限予以關閉；造成嚴重職業中毒危害或者導致職業中毒事故發生的，對負有責任的主管人員和其他直接責任人員依照刑法關於重大責任事故罪或者其他罪的規定，依法追究刑事責任：

（一）作業場所職業中毒危害因素不符合國家職業衛生標準和衛生要求而不立即停止高毒作業並採取相應的治理措施的，或者職業中毒危害因素治理不符合國家職業衛生標準和衛生要求重新作業的；

（二）未依照本條例的規定維護、檢修存在高毒物品的生產裝置的；

（三）未採取本條例規定的措施，安排勞動者進入存在高毒物品的設備、容器或者狹窄封閉場所作業的。

第六十二條　在作業場所使用國家明令禁止使用的有毒物品或者使用不符合國家標準的有毒物品的，由衛生行政部門責令立即停止使用，處 5 萬元以上 30 萬元以下的罰款；情節嚴重的，責令停止使用有毒物品作業，或者提請有關人民政府按照國務院規定的權限予以關閉；造成嚴重職業中毒危害或者導致職業中毒事故發生的，對負有責任的主管人員和其他直接責任人員依照刑法關於危險物品肇事罪、重大責任事故罪或者其他罪的規定，依法追究刑事責任。

第六十三條　用人單位違反本條例的規定，有下列行為之一的，由衛生行政部門給予警告，責令限期改正；逾期不改正的，處 5 萬元以上 30 萬元以下的罰款；造成嚴重職業中毒危害或者導致職業中毒事故發生的，對負有責任的主管人員和其他直接責任人員依照刑法關於重大責任事故罪或者其他罪的規定，依法追究刑事責任：

（一）使用未經培訓考核合格的勞動者從事高毒作業的；

（二）安排有職業禁忌的勞動者從事所禁忌的作業的；

（三）發現有職業禁忌或者有與所從事職業相關的健康損害的勞動者，未及時調離原工作崗位，並妥善安置的；

（四）安排未成年人或者孕期、哺乳期的女職工從事使用有毒物品作業的；

（五）使用童工的。

第六十四條　違反本條例的規定，未經許可，擅自從事使用有毒物品作業的，由工商行政管理部門、衛生行政部門依據各自職權予以取締；造成職業中毒事故的，依照刑法關於危險物品肇事罪或者其他罪的規定，依法追究刑事責任；尚不夠刑事處罰的，由衛生行政部門沒收經營所得，並處經營所得 3 倍以上 5 倍以下的罰款；對勞動者造成人身傷害的，依法承擔賠償責任。

第六十五條　從事使用有毒物品作業的用人單位違反本條例的規定，在轉產、停產、停業或者解散、破產時未採取有效措施，妥善處理留存或者殘留高毒物品的設備、包裝物和容器的，由衛生行政部門責令改正，處 2 萬元以上 10 萬元以下的罰款；觸犯刑律的，對負有責任的主管人員和其他直接責任人員依照刑法關於重大環境污染事故罪、危險物品肇事罪或者其他罪的規定，依法追究刑事責任。

第六十六條　用人單位違反本條例的規定，有下列情形之一的，由衛生行政部門給予警告，責令限期改正，處 5000 元以上 2 萬元以下的罰款；逾期不改正的，責令停止使用有毒物品作業，或者提請有關人民政府按照國務院規定的權限予以關閉；造成嚴重職業中毒危害或者導致職業中毒事故發生的，對負有責任的主管人員和其他直接責任人員依照刑法關於重大勞動安全事故罪、危險物品肇事罪或者其他罪的規定，依法追究刑事責任：

（一）使用有毒物品作業場所未與生活場所分開或者在作業場所住人的；

（二）未將有害作業與無害作業分開的；

（三）高毒作業場所未與其他作業場所有效隔離的；

（四）從事高毒作業未按照規定配備應急救援設施或者制定事故應急救援預案的。

第六十七條　用人單位違反本條例的規定，有下列情形之一的，由衛生行政部門給予警告，責令限期改正，處 2 萬元以上 5 萬元以下的罰款；逾期不改正的，提請有關人民政府按照國務院規定的權限予以關閉：

（一）未按照規定向衛生行政部門申報高毒作業項目的；

（二）變更使用高毒物品品種，未按照規定向原受理申報的衛生行政部門重新申報，或者申報不及時、有虛假的。

第六十八條　用人單位違反本條例的規定，有下列行為之一的，由衛生行政部門給予警告，責令限期改正，處 2 萬元以上 5 萬元以下的罰款；逾期不改正的，責令停止使用有毒物品作業，或者提請有關人民政府按照國務院規定的權限予以關閉：

（一）未組織從事使用有毒物品作業的勞動者進行上崗前職業健康檢查，安排未經上崗前職業健康檢查的勞動者從事使用有毒物品作業的；

（二）未組織從事使用有毒物品作業的勞動者進行定期職業健康檢查的；

（三）未組織從事使用有毒物品作業的勞動者進行離崗職業健康檢查的；

（四）對未進行離崗職業健康檢查的勞動者，解除或者終止與其訂立的勞動合同的；

（五）發生分立、合併、解散、破產情形，未對從事使用有毒物品作業的勞動者進行健康檢查，並按照國家有關規定妥善安置職業病病人的；

（六）對受到或者可能受到急性職業中毒危害的勞動者，未及時組織進行健康檢查和醫學觀察的；

（七）未建立職業健康監護檔案的；

（八）勞動者離開用人單位時，用人單位未如實、無償提供職業健康監護檔案的；

（九）未依照職業病防治法和本條例的規定將工作過程中可能產生的職業中毒危害及其后果、有關職業衛生防護措施和待遇等如實告知勞動者並在勞動合同中寫明的；

（十）勞動者在存在威脅生命、健康危險的情況下，從危險現場中撤離，而被取消或者減少應當享有的待遇的。

第六十九條　用人單位違反本條例的規定，有下列行為之一的，由衛生行政部門給予警告，責令限期改正，處 5000 元以上 2 萬元以下的罰款；逾期不改正的，責令停止使用有毒物品作業，或者提請有關人民政府按照國務院規定的權限予以關閉：

（一）未按照規定配備或者聘請職業衛生醫師和護士的；

（二）未為從事使用高毒物品作業的勞動者設置淋浴間、更衣室或者未設置清洗、存放和處理工作服、工作鞋帽等物品的專用間，或者不能正常使用的；

（三）未安排從事使用高毒物品作業一定年限的勞動者進行崗位輪換的。

第八章　附則

第七十條　涉及作業場所使用有毒物品可能產生職業中毒危害的勞動保護的有關事項，本條例未作規定的，依照職業病防治法和其他有關法律、行政法規的規定執行。

有毒物品的生產、經營、儲存、運輸、使用和廢棄處置的安全管理，依照危險化學品安全管理條例執行。

第七十一條　本條例自公布之日起施行。

2.5 《危險化學品登記管理辦法》

本法經 2012 年 5 月 21 日國家安全生產監督管理總局局長辦公會議審議通過，2012 年 7 月 1 日國家安全生產監督管理總局令第 53 號公布。原國家經濟貿易委員會 2002 年 10 月 8 日公布的《危險化學品登記管理辦法》予以廢止。

第一章　總則

第一條　為了加強對危險化學品的安全管理，規範危險化學品登記工作，為危險化學品事故預防和應急救援提供技術、信息支持，根據《危險化學品安全管理條例》，制定本辦法。

第二條　本辦法適用於危險化學品生產企業、進口企業（以下統稱登記企業）生產或者進口《危險化學品目錄》所列危險化學品的登記和管理工作。

第三條　國家實行危險化學品登記制度。危險化學品登記實行企業申請、兩級審核、統一發證、分級管理的原則。

第四條　國家安全生產監督管理總局負責全國危險化學品登記的監督管理工作。

縣級以上地方各級人民政府安全生產監督管理部門負責本行政區域內危險化學品登記的監督管理工作。

第二章　登記機構

第五條　國家安全生產監督管理總局化學品登記中心（以下簡稱登記中心），承辦全國危險化學品登記的具體工作和技術管理工作。

省、自治區、直轄市人民政府安全生產監督管理部門設立危險化學品登記辦公室或者危險化學品登記中心（以下簡稱登記辦公室），承辦本行政區域內危險化學品登記的具體工作和技術管理工作。

第六條　登記中心履行下列職責：

（一）組織、協調和指導全國危險化學品登記工作；

（二）負責全國危險化學品登記內容審核、危險化學品登記證的頒發和管理工作；

（三）負責管理與維護全國危險化學品登記信息管理系統（以下簡稱登記系統）以及危險化學品登記信息的動態統計分析工作；

（四）負責管理與維護國家危險化學品事故應急諮詢電話，並提供 24 小

時應急諮詢服務；

（五）組織化學品危險性評估，對未分類的化學品統一進行危險性分類；

（六）對登記辦公室進行業務指導，負責全國登記辦公室危險化學品登記人員的培訓工作；

（七）定期將危險化學品的登記情況通報國務院有關部門，並向社會公告。

第七條 登記辦公室履行下列職責：

（一）組織本行政區域內危險化學品登記工作；

（二）對登記企業申報材料的規範性、內容一致性進行審查；

（三）負責本行政區域內危險化學品登記信息的統計分析工作；

（四）提供危險化學品事故預防與應急救援信息支持；

（五）協助本行政區域內安全生產監督管理部門開展登記培訓，指導登記企業實施危險化學品登記工作。

第八條 登記中心和登記辦公室（以下統稱登記機構）從事危險化學品登記的工作人員（以下簡稱登記人員）應當具有化工、化學、安全工程等相關專業大學專科以上學歷，並經統一業務培訓，取得培訓合格證，方可上崗作業。

第九條 登記辦公室應當具備下列條件：

（一）有3名以上登記人員；

（二）有嚴格的責任制度、保密制度、檔案管理制度和數據庫維護制度；

（三）配備必要的辦公設備、設施。

第三章 登記的時間、內容和程序

第十條 新建的生產企業應當在竣工驗收前辦理危險化學品登記。

進口企業應當在首次進口前辦理危險化學品登記。

第十一條 同一企業生產、進口同一品種危險化學品的，按照生產企業進行一次登記，但應當提交進口危險化學品的有關信息。

進口企業進口不同製造商的同一品種危險化學品的，按照首次進口製造商的危險化學品進行一次登記，但應當提交其他製造商的危險化學品的有關信息。

生產企業、進口企業多次進口同一製造商的同一品種危險化學品的，只進行一次登記。

第十二條 危險化學品登記應當包括下列內容：

（一）分類和標籤信息，包括危險化學品的危險性類別、象形圖、警示詞、危險性說明、防範說明等；

（二）物理、化學性質，包括危險化學品的外觀與性狀、溶解性、熔點、沸點等物理性質，閃點、爆炸極限、自燃溫度、分解溫度等化學性質；

（三）主要用途，包括企業推薦的產品合法用途、禁止或者限制的用途等；

（四）危險特性，包括危險化學品的物理危險性、環境危害性和毒理特性；

（五）儲存、使用、運輸的安全要求，其中，儲存的安全要求包括對建築條件、庫房條件、安全條件、環境衛生條件、溫度和濕度條件的要求，使用的安全要求包括使用時的操作條件、作業人員防護措施、使用現場危害控制措施等，運輸的安全要求包括對運輸或者輸送方式的要求、危害信息向有關運輸人員的傳遞手段、裝卸及運輸過程中的安全措施等；

（六）出現危險情況的應急處置措施，包括危險化學品在生產、使用、儲存、運輸過程中發生火災、爆炸、泄漏、中毒、窒息、灼傷等化學品事故時的應急處理方法，應急諮詢服務電話等。

第十三條　危險化學品登記按照下列程序辦理：

（一）登記企業通過登記系統提出申請；

（二）登記辦公室在3個工作日內對登記企業提出的申請進行初步審查，符合條件的，通過登記系統通知登記企業辦理登記手續；

（三）登記企業接到登記辦公室通知後，按照有關要求在登記系統中如實填寫登記內容，並向登記辦公室提交有關紙質登記材料；

（四）登記辦公室在收到登記企業的登記材料之日起20個工作日內，對登記材料和登記內容逐項進行審查，必要時可進行現場核查，符合要求的，將登記材料提交給登記中心；不符合要求的，通過登記系統告知登記企業並說明理由；

（五）登記中心在收到登記辦公室提交的登記材料之日起15個工作日內，對登記材料和登記內容進行審核，符合要求的，通過登記辦公室向登記企業發放危險化學品登記證；不符合要求的，通過登記系統告知登記辦公室、登記企業並說明理由。

登記企業修改登記材料和整改問題所需時間，不計算在前款規定的期限內。

第十四條　登記企業辦理危險化學品登記時，應當提交下列材料，並對其內容的真實性負責：

（一）危險化學品登記表一式2份；

（二）生產企業的工商營業執照，進口企業的對外貿易經營者備案登記表、中華人民共和國進出口企業資質證書、中華人民共和國外商投資企業批准證書或者臺港澳僑投資企業批准證書複製件1份；

（三）與其生產、進口的危險化學品相符並符合國家標準的化學品安全技術說明書、化學品安全標籤各 1 份；

（四）滿足本辦法第二十二條規定的應急諮詢服務電話號碼或者應急諮詢服務委託書複製件 1 份；

（五）辦理登記的危險化學品產品標準（採用國家標準或者行業標準的，提供所採用的標準編號）。

第十五條 登記企業在危險化學品登記證有效期內，企業名稱、註冊地址、登記品種、應急諮詢服務電話發生變化，或者發現其生產、進口的危險化學品有新的危險特性的，應當在 15 個工作日內向登記辦公室提出變更申請，並按照下列程序辦理登記內容變更手續：

（一）通過登記系統填寫危險化學品登記變更申請表，並向登記辦公室提交涉及變更事項的證明材料 1 份；

（二）登記辦公室初步審查登記企業的登記變更申請，符合條件的，通知登記企業提交變更後的登記材料，並對登記材料進行審查，符合要求的，提交給登記中心；不符合要求的，通過登記系統告知登記企業並說明理由；

（三）登記中心對登記辦公室提交的登記材料進行審核，符合要求且屬於危險化學品登記證載明事項的，通過登記辦公室向登記企業發放登記變更後的危險化學品登記證並收回原證；符合要求但不屬於危險化學品登記證載明事項的，通過登記辦公室向登記企業提供書面證明文件。

第十六條 危險化學品登記證有效期為 3 年。登記證有效期滿後，登記企業繼續從事危險化學品生產或者進口的，應當在登記證有效期屆滿前 3 個月提出復核換證申請，並按下列程序辦理復核換證：

（一）通過登記系統填寫危險化學品復核換證申請表；

（二）登記辦公室審查登記企業的復核換證申請，符合條件的，通過登記系統告知登記企業提交本規定第十四條規定的登記材料；不符合條件的，通過登記系統告知登記企業並說明理由；

（三）按照本辦法第十三條第一款第三項、第四項、第五項規定的程序辦理復核換證手續。

第十七條 危險化學品登記證分為正本、副本，正本為懸掛式，副本為折頁式。正本、副本具有同等法律效力。

危險化學品登記證正本、副本應當載明證書編號、企業名稱、註冊地址、企業性質、登記品種、有效期、發證機關、發證日期等內容。其中，企業性質應當註明危險化學品生產企業、危險化學品進口企業或者危險化學品生產企業（兼進口）。

第四章　登記企業的職責

第十八條　登記企業應當對本企業的各類危險化學品進行普查，建立危險化學品管理檔案。

危險化學品管理檔案應當包括危險化學品名稱、數量、標示信息、危險性分類和化學品安全技術說明書、化學品安全標籤等內容。

第十九條　登記企業應當按照規定向登記機構辦理危險化學品登記，如實填報登記內容和提交有關材料，並接受安全生產監督管理部門依法進行的監督檢查。

第二十條　登記企業應當指定人員負責危險化學品登記的相關工作，配合登記人員在必要時對本企業危險化學品登記內容進行核查。

登記企業從事危險化學品登記的人員應當具備危險化學品登記相關知識和能力。

第二十一條　對危險特性尚未確定的化學品，登記企業應當按照國家關於化學品危險性鑒定的有關規定，委託具有國家規定資質的機構對其進行危險性鑒定；屬於危險化學品的，應當依照本辦法的規定進行登記。

第二十二條　危險化學品生產企業應當設立由專職人員24小時值守的國內固定服務電話，針對本辦法第十二條規定的內容向用戶提供危險化學品事故應急諮詢服務，為危險化學品事故應急救援提供技術指導和必要的協助。專職值守人員應當熟悉本企業危險化學品的危險特性和應急處置技術，準確回答有關諮詢問題。

危險化學品生產企業不能提供前款規定應急諮詢服務的，應當委託登記機構代理應急諮詢服務。

危險化學品進口企業應當自行或者委託進口代理商、登記機構提供符合本條第一款要求的應急諮詢服務，並在其進口的危險化學品安全標籤上標明應急諮詢服務電話號碼。

從事代理應急諮詢服務的登記機構，應當設立由專職人員24小時值守的國內固定服務電話、建有完善的化學品應急救援數據庫，配備在線數字錄音設備和8名以上專業人員，能夠同時受理3起以上應急諮詢，準確提供化學品泄漏、火災、爆炸、中毒等事故應急處置有關信息和建議。

第二十三條　登記企業不得轉讓、冒用或者使用偽造的危險化學品登記證。

第五章　監督管理

第二十四條　安全生產監督管理部門應當將危險化學品登記情況納入危險化學品安全執法檢查內容，對登記企業未按照規定予以登記的，依法予以處理。

第二十五條　登記辦公室應當對本行政區域內危險化學品的登記數據及時進行匯總、統計、分析，並報告省、自治區、直轄市人民政府安全生產監督管理部門。

第二十六條　登記中心應當定期向國務院工業和信息化、環境保護、公安、衛生、交通運輸、鐵路、質量監督檢驗檢疫等部門提供危險化學品登記的有關信息和資料，並向社會公告。

第二十七條　登記辦公室應當在每年 1 月 31 日前向所屬省、自治區、直轄市人民政府安全生產監督管理部門和登記中心書面報告上一年度本行政區域內危險化學品登記的情況。

登記中心應當在每年 2 月 15 日前向國家安全生產監督管理總局書面報告上一年度全國危險化學品登記的情況。

第六章　法律責任

第二十八條　登記機構的登記人員違規操作、弄虛作假、濫發證書，在規定限期內無故不予登記且無明確答覆，或者洩露登記企業商業秘密的，責令改正，並追究有關責任人員的責任。

第二十九條　登記企業不辦理危險化學品登記，登記品種發生變化或者發現其生產、進口的危險化學品有新的危險特性不辦理危險化學品登記內容變更手續的，責令改正，可以處 5 萬元以下的罰款；拒不改正的，處 5 萬元以上 10 萬元以下的罰款；情節嚴重的，責令停產停業整頓。

第三十條　登記企業有下列行為之一的，責令改正，可以處 3 萬元以下的罰款：

（一）未向用戶提供應急諮詢服務或者應急諮詢服務不符合本辦法第二十二條規定的；

（二）在危險化學品登記證有效期內企業名稱、註冊地址、應急諮詢服務電話發生變化，未按規定按時辦理危險化學品登記變更手續的；

（三）危險化學品登記證有效期滿后，未按規定申請復核換證，繼續進行生產或者進口的；

（四）轉讓、冒用或者使用偽造的危險化學品登記證，或者不如實填報登

記內容、提交有關材料的；

（五）拒絕、阻撓登記機構對本企業危險化學品登記情況進行現場核查的。

第七章　附則

第三十一條　本辦法所稱危險化學品進口企業，是指依法設立且取得工商營業執照，並取得下列證明文件之一，從事危險化學品進口的企業：

（一）對外貿易經營者備案登記表；
（二）中華人民共和國進出口企業資質證書；
（三）中華人民共和國外商投資企業批准證書；
（四）臺港澳僑投資企業批准證書。

第三十二條　登記企業在本辦法施行前已經取得的危險化學品登記證，其有效期不變；有效期滿后繼續從事危險化學品生產、進口活動的，應當依照本辦法的規定辦理危險化學品登記證復核換證手續。

第三十三條　危險化學品登記證由國家安全生產監督管理總局統一印製。

第三十四條　本辦法自 2012 年 8 月 1 日起施行。原國家經濟貿易委員會 2002 年 10 月 8 日公布的《危險化學品登記管理辦法》同時廢止。

2.6　《危險化學品經營許可證管理辦法》

本法經 2012 年 5 月 21 日國家安全生產監督管理總局局長辦公會議審議通過，2012 年 7 月 17 日國家安全生產監督管理總局令第 55 號公布。根據 2015 年 5 月 27 日國家安全監管總局令第 79 號修正。

第一章　總則

第一條　為了嚴格危險化學品經營安全條件，規範危險化學品經營活動，保障人民群眾生命、財產安全，根據《中華人民共和國安全生產法》和《危險化學品安全管理條例》，制定本辦法。

第二條　在中華人民共和國境內從事列入《危險化學品目錄》的危險化學品的經營（包括倉儲經營）活動，適用本辦法。

民用爆炸物品、放射性物品、核能物質和城鎮燃氣的經營活動，不適用本辦法。

第三條　國家對危險化學品經營實行許可制度。經營危險化學品的企業，

應當依照本辦法取得危險化學品經營許可證（以下簡稱經營許可證）。未取得經營許可證，任何單位和個人不得經營危險化學品。

從事下列危險化學品經營活動，不需要取得經營許可證：

（一）依法取得危險化學品安全生產許可證的危險化學品生產企業在其廠區範圍內銷售本企業生產的危險化學品的；

（二）依法取得港口經營許可證的港口經營人在港區內從事危險化學品倉儲經營的。

第四條 經營許可證的頒發管理工作實行企業申請、兩級發證、屬地監管的原則。

第五條 國家安全生產監督管理總局指導、監督全國經營許可證的頒發和管理工作。

省、自治區、直轄市人民政府安全生產監督管理部門指導、監督本行政區域內經營許可證的頒發和管理工作。

設區的市級人民政府安全生產監督管理部門（以下簡稱市級發證機關）負責下列企業的經營許可證審批、頒發：

（一）經營劇毒化學品的企業；

（二）經營易制爆危險化學品的企業；

（三）經營汽油加油站的企業；

（四）專門從事危險化學品倉儲經營的企業；

（五）從事危險化學品經營活動的中央企業所屬省級、設區的市級公司（分公司）；

（六）帶有儲存設施經營除劇毒化學品、易制爆危險化學品以外的其他危險化學品的企業。

縣級人民政府安全生產監督管理部門（以下簡稱縣級發證機關）負責本行政區域內本條第三款規定以外企業的經營許可證審批、頒發；沒有設立縣級發證機關的，其經營許可證由市級發證機關審批、頒發。

第二章　申請經營許可證的條件

第六條 從事危險化學品經營的單位（以下統稱申請人）應當依法登記註冊為企業，並具備下列基本條件：

（一）經營和儲存場所、設施、建築物符合《建築設計防火規範》（GB50016）、《石油化工企業設計防火規範》（GB50160）、《汽車加油加氣站設計與施工規範》（GB50156）、《石油庫設計規範》（GB50074）等相關國家標準、行業標準的規定；

（二）企業主要負責人和安全生產管理人員具備與本企業危險化學品經營

活動相適應的安全生產知識和管理能力，經專門的安全生產培訓和安全生產監督管理部門考核合格，取得相應安全資格證書；特種作業人員經專門的安全作業培訓，取得特種作業操作證書；其他從業人員依照有關規定經安全生產教育和專業技術培訓合格；

（三）有健全的安全生產規章制度和崗位操作規程；

（四）有符合國家規定的危險化學品事故應急預案，並配備必要的應急救援器材、設備；

（五）法律、法規和國家標準或者行業標準規定的其他安全生產條件。

前款規定的安全生產規章制度，是指全員安全生產責任制度、危險化學品購銷管理制度、危險化學品安全管理制度（包括防火、防爆、防中毒、防洩漏管理等內容）、安全投入保障制度、安全生產獎懲制度、安全生產教育培訓制度、隱患排查治理制度、安全風險管理制度、應急管理制度、事故管理制度、職業衛生管理制度等。

第七條 申請人經營劇毒化學品的，除符合本辦法第六條規定的條件外，還應當建立劇毒化學品雙人驗收、雙人保管、雙人發貨、雙把鎖、雙本帳等管理制度。

第八條 申請人帶有儲存設施經營危險化學品的，除符合本辦法第六條規定的條件外，還應當具備下列條件：

（一）新設立的專門從事危險化學品倉儲經營的，其儲存設施建立在地方人民政府規劃的用於危險化學品儲存的專門區域內；

（二）儲存設施與相關場所、設施、區域的距離符合有關法律、法規、規章和標準的規定；

（三）依照有關規定進行安全評價，安全評價報告符合《危險化學品經營企業安全評價細則》的要求；

（四）專職安全生產管理人員具備國民教育化工化學類或者安全工程類中等職業教育以上學歷，或者化工化學類中級以上專業技術職稱，或者危險物品安全類註冊安全工程師資格；

（五）符合《危險化學品安全管理條例》《危險化學品重大危險源監督管理暫行規定》《常用危險化學品貯存通則》（GB15603）的相關規定。

申請人儲存易燃、易爆、有毒、易擴散危險化學品的，除符合本條第一款規定的條件外，還應當符合《石油化工可燃氣體和有毒氣體檢測報警設計規範》（GB50493）的規定。

第三章 經營許可證的申請與頒發

第九條 申請人申請經營許可證，應當依照本辦法第五條規定向所在地市

級或者縣級發證機關（以下統稱發證機關）提出申請，提交下列文件、資料，並對其真實性負責：

（一）申請經營許可證的文件及申請書；

（二）安全生產規章制度和崗位操作規程的目錄清單；

（三）企業主要負責人、安全生產管理人員、特種作業人員的相關資格證書（複製件）和其他從業人員培訓合格的證明材料；

（四）經營場所產權證明文件或者租賃證明文件（複製件）；

（五）工商行政管理部門頒發的企業性質營業執照或者企業名稱預先核准文件（複製件）；

（六）危險化學品事故應急預案備案登記表（複製件）。

帶有儲存設施經營危險化學品的，申請人還應當提交下列文件、資料：

（一）儲存設施相關證明文件（複製件）；租賃儲存設施的，需要提交租賃證明文件（複製件）；儲存設施新建、改建、擴建的，需要提交危險化學品建設項目安全設施竣工驗收報告；

（二）重大危險源備案證明材料、專職安全生產管理人員的學歷證書、技術職稱證書或者危險物品安全類註冊安全工程師資格證書（複製件）；

（三）安全評價報告。

第十條 發證機關收到申請人提交的文件、資料后，應當按照下列情況分別作出處理：

（一）申請事項不需要取得經營許可證的，當場告知申請人不予受理；

（二）申請事項不屬於本發證機關職責範圍的，當場作出不予受理的決定，告知申請人向相應的發證機關申請，並退回申請文件、資料；

（三）申請文件、資料存在可以當場更正的錯誤的，允許申請人當場更正，並受理其申請；

（四）申請文件、資料不齊全或者不符合要求的，當場告知或者在5個工作日內出具補正告知書，一次告知申請人需要補正的全部內容；逾期不告知的，自收到申請文件、資料之日起即為受理；

（五）申請文件、資料齊全，符合要求，或者申請人按照發證機關要求提交全部補正材料的，立即受理其申請。

發證機關受理或者不予受理經營許可證申請，應當出具加蓋本機關印章和註明日期的書面憑證。

第十一條 發證機關受理經營許可證申請后，應當組織對申請人提交的文件、資料進行審查，指派2名以上工作人員對申請人的經營場所、儲存設施進行現場核查，並自受理之日起30日內作出是否準予許可的決定。

發證機關現場核查以及申請人整改現場核查發現的有關問題和修改有關申請文件、資料所需時間，不計算在前款規定的期限內。

第十二條　發證機關作出準予許可決定的，應當自決定之日起 10 個工作日內頒發經營許可證；發證機關作出不予許可決定的，應當在 10 個工作日內書面告知申請人並說明理由，告知書應當加蓋本機關印章。

第十三條　經營許可證分為正本、副本，正本為懸掛式，副本為折頁式。正本、副本具有同等法律效力。

經營許可證正本、副本應當分別載明下列事項：
（一）企業名稱；
（二）企業住所（註冊地址、經營場所、儲存場所）；
（三）企業法定代表人姓名；
（四）經營方式；
（五）許可範圍；
（六）發證日期和有效期限；
（七）證書編號；
（八）發證機關；
（九）有效期延續情況。

第十四條　已經取得經營許可證的企業變更企業名稱、主要負責人、註冊地址或者危險化學品儲存設施及其監控措施的，應當自變更之日起 20 個工作日內，向本辦法第五條規定的發證機關提出書面變更申請，並提交下列文件、資料：
（一）經營許可證變更申請書；
（二）變更后的工商營業執照副本（複製件）；
（三）變更后的主要負責人安全資格證書（複製件）；
（四）變更註冊地址的相關證明材料；
（五）變更后的危險化學品儲存設施及其監控措施的專項安全評價報告。

第十五條　發證機關受理變更申請后，應當組織對企業提交的文件、資料進行審查，並自收到申請文件、資料之日起 10 個工作日內作出是否準予變更的決定。

發證機關作出準予變更決定的，應當重新頒發經營許可證，並收回原經營許可證；不予變更的，應當說明理由並書面通知企業。

經營許可證變更的，經營許可證有效期的起始日和截止日不變，但應當載明變更日期。

第十六條　已經取得經營許可證的企業有新建、改建、擴建危險化學品儲存設施建設項目的，應當自建設項目安全設施竣工驗收合格之日起 20 個工作日內，向本辦法第五條規定的發證機關提出變更申請，並提交危險化學品建設項目安全設施竣工驗收報告等相關文件、資料。發證機關應當按照本辦法第十條、第十五條的規定進行審查，辦理變更手續。

第十七條　已經取得經營許可證的企業，有下列情形之一的，應當按照本辦法的規定重新申請辦理經營許可證，並提交相關文件、資料：

（一）不帶有儲存設施的經營企業變更其經營場所的；

（二）帶有儲存設施的經營企業變更其儲存場所的；

（三）倉儲經營的企業異地重建的；

（四）經營方式發生變化的；

（五）許可範圍發生變化的。

第十八條　經營許可證的有效期為3年。有效期滿后，企業需要繼續從事危險化學品經營活動的，應當在經營許可證有效期滿3個月前，向本辦法第五條規定的發證機關提出經營許可證的延期申請，並提交延期申請書及本辦法第九條規定的申請文件、資料。

企業提出經營許可證延期申請時，可以同時提出變更申請，並向發證機關提交相關文件、資料。

第十九條　符合下列條件的企業，申請經營許可證延期時，經發證機關同意，可以不提交本辦法第九條規定的文件、資料：

（一）嚴格遵守有關法律、法規和本辦法的；

（二）取得經營許可證后，加強日常安全生產管理，未降低安全生產條件；

（三）未發生死亡事故或者對社會造成較大影響的生產安全事故。

帶有儲存設施經營危險化學品的企業，除符合前款規定條件的外，還需要取得並提交危險化學品企業安全生產標準化二級達標證書（複製件）。

第二十條　發證機關受理延期申請后，應當依照本辦法第十條、第十一條、第十二條的規定，對延期申請進行審查，並在經營許可證有效期滿前作出是否準予延期的決定；發證機關逾期未作出決定的，視為準予延期。

發證機關作出準予延期決定的，經營許可證有效期順延3年。

第二十一條　任何單位和個人不得偽造、變造經營許可證，或者出租、出借、轉讓其取得的經營許可證，或者使用偽造、變造的經營許可證。

第四章　經營許可證的監督管理

第二十二條　發證機關應當堅持公開、公平、公正的原則，嚴格依照法律、法規、規章、國家標準、行業標準和本辦法規定的條件及程序，審批、頒發經營許可證。

發證機關及其工作人員在經營許可證的審批、頒發和監督管理工作中，不得索取或者接受當事人的財物，不得謀取其他利益。

第二十三條　發證機關應當加強對經營許可證的監督管理，建立、健全經

營許可證審批、頒發檔案管理制度，並定期向社會公布企業取得經營許可證的情況，接受社會監督。

第二十四條　發證機關應當及時向同級公安機關、環境保護部門通報經營許可證的發放情況。

第二十五條　安全生產監督管理部門在監督檢查中，發現已經取得經營許可證的企業不再具備法律、法規、規章、國家標準、行業標準和本辦法規定的安全生產條件，或者存在違反法律、法規、規章和本辦法規定的行為的，應當依法作出處理，並及時告知原發證機關。

第二十六條　發證機關發現企業以欺騙、賄賂等不正當手段取得經營許可證的，應當撤銷已經頒發的經營許可證。

第二十七條　已經取得經營許可證的企業有下列情形之一的，發證機關應當註銷其經營許可證：

（一）經營許可證有效期屆滿未被批准延期的；
（二）終止危險化學品經營活動的；
（三）經營許可證被依法撤銷的；
（四）經營許可證被依法吊銷的。

發證機關注銷經營許可證後，應當在當地主要新聞媒體或者本機關網站上發布公告，並通報企業所在地人民政府和縣級以上安全生產監督管理部門。

第二十八條　縣級發證機關應當將本行政區域內上一年度經營許可證的審批、頒發和監督管理情況報告市級發證機關。

市級發證機關應當將本行政區域內上一年度經營許可證的審批、頒發和監督管理情況報告省、自治區、直轄市人民政府安全生產監督管理部門。

省、自治區、直轄市人民政府安全生產監督管理部門應當按照有關統計規定，將本行政區域內上一年度經營許可證的審批、頒發和監督管理情況報告國家安全生產監督管理總局。

第五章　法律責任

第二十九條　未取得經營許可證從事危險化學品經營的，依照《中華人民共和國安全生產法》有關未經依法批准擅自生產、經營、儲存危險物品的法律責任條款並處罰款；構成犯罪的，依法追究刑事責任。

企業在經營許可證有效期屆滿后，仍然從事危險化學品經營的，依照前款規定給予處罰。

第三十條　帶有儲存設施的企業違反《危險化學品安全管理條例》規定，有下列情形之一的，責令改正，處5萬元以上10萬元以下的罰款；拒不改正的，責令停產停業整頓；經停產停業整頓仍不具備法律、法規、規章、國家標

準和行業標準規定的安全生產條件的，吊銷其經營許可證：

（一）對重複使用的危險化學品包裝物、容器，在重複使用前不進行檢查的；

（二）未根據其儲存的危險化學品的種類和危險特性，在作業場所設置相關安全設施、設備，或者未按照國家標準、行業標準或者國家有關規定對安全設施、設備進行經常性維護、保養的；

（三）未將危險化學品儲存在專用倉庫內，或者未將劇毒化學品以及儲存數量構成重大危險源的其他危險化學品在專用倉庫內單獨存放的；

（四）未對其安全生產條件定期進行安全評價的；

（五）危險化學品的儲存方式、方法或者儲存數量不符合國家標準或者國家有關規定的；

（六）危險化學品專用倉庫不符合國家標準、行業標準的要求的；

（七）未對危險化學品專用倉庫的安全設施、設備定期進行檢測、檢驗的。

第三十一條　偽造、變造或者出租、出借、轉讓經營許可證，或者使用偽造、變造的經營許可證的，處 10 萬元以上 20 萬元以下的罰款，有違法所得的，沒收違法所得；構成違反治安管理行為的，依法給予治安管理處罰；構成犯罪的，依法追究刑事責任。

第三十二條　已經取得經營許可證的企業不再具備法律、法規和本辦法規定的安全生產條件的，責令改正；逾期不改正的，責令停產停業整頓；經停產停業整頓仍不具備法律、法規、規章、國家標準和行業標準規定的安全生產條件的，吊銷其經營許可證。

第三十三條　已經取得經營許可證的企業出現本辦法第十四條、第十六條規定的情形之一，未依照本辦法的規定申請變更的，責令限期改正，處 1 萬元以下的罰款；逾期仍不申請變更的，處 1 萬元以上 3 萬元以下的罰款。

第三十四條　安全生產監督管理部門的工作人員徇私舞弊、濫用職權、弄虛作假、玩忽職守，未依法履行危險化學品經營許可證審批、頒發和監督管理職責的，依照有關規定給予處分。

第三十五條　承擔安全評價的機構和安全評價人員出具虛假評價報告的，依照有關法律、法規、規章的規定給予行政處罰；構成犯罪的，依法追究刑事責任。

第三十六條　本辦法規定的行政處罰，由安全生產監督管理部門決定。其中，本辦法第三十一條規定的行政處罰和第三十條、第三十二條規定的吊銷經營許可證的行政處罰，由發證機關決定。

第六章 附則

第三十七條 購買危險化學品進行分裝、充裝或者加入非危險化學品的溶劑進行稀釋,然后銷售的、依照本辦法執行。

本辦法所稱儲存設施,是指按照《危險化學品重大危險源辨識》(GB18218)確定,儲存的危險化學品數量構成重大危險源的設施。

第三十八條 本辦法施行前已取得經營許可證的企業,在其經營許可證有效期內可以繼續從事危險化學品經營;經營許可證有效期屆滿後需要繼續從事危險化學品經營的,應當依照本辦法的規定重新申請經營許可證。

本辦法施行前取得經營許可證的非企業的單位或者個人,在其經營許可證有效期內可以繼續從事危險化學品經營;經營許可證有效期屆滿後需要繼續從事危險化學品經營的,應當先依法登記為企業,再依照本辦法的規定申請經營許可證。

第三十九條 經營許可證的式樣由國家安全生產監督管理總局制定。

第四十條 本辦法自2012年9月1日起施行。原國家經濟貿易委員會2002年10月8日公布的《危險化學品經營許可證管理辦法》同時廢止。

3 危險化學品的基本知識

3.1 危險化學品的概念及分類

一、危險化學品的概念

關於危險化學品的概念，《危險化學品安全管理條例》第三條中規定：「本條例所稱危險化學品，是指具有毒害、腐蝕、爆炸、燃燒、助燃等性質，對人體、設施、環境具有危害的劇毒化學品和其他化學品。」進一步講，化學品中具有易燃、易爆、毒害、腐蝕、放射性等危險特性，在生產、經營、運輸、儲存、使用和廢棄物處置過程中容易造成人身傷亡、財產毀損、環境污染的都屬於危險化學品。

二、危險化學品的分類原則

據美國《化學文摘》收錄的信息可知，全世界已有的化學品多達 700 萬種，其中已作為商品上市的有 10 萬餘種，經常使用的有 7 萬多種，每年全世界新出現化學品有 1,000 多種。危險化學品目前常見並用途較廣的有數千種，危險特性各有不同。為了研究及管理的方便，需要對危險化學品進行分類。

分類的依據不同，分類的方法就不同。比如，人可以按照性別分男性和女性，可以按照年齡分老年、中年、青年、兒童。樹可以按照品種分棗樹、梨樹和桃樹等，可以按照樹的大小分大樹和小樹。通常，我們對危險化學品分類時是按照危險化學品的危險特性進行的。每一種危險化學品往往具有多種危險特性，我們在對其進行分類時，遵循的是「擇重歸類」的原則，即根據危險化學品的主要危險特性進行分類。

三、危險化學品的分類

關於危險化學品的分類，目前中國已公布三個國標：《危險貨物分類和品名編號》（GB6944-2012）、《危險貨物品名表》（GB12268-2012）、《化學品分

類和危險性公示通則》（GB13690-2009）。

（1）《危險貨物分類和品名編號》（GB6944-2012）、《危險貨物品名表》（GB12268-2012），按照主要危險特性將危險物分為九類，並規定了危險貨物的品名和編號。

第 1 類　爆炸品

第 2 類　氣體

第 3 類　易燃液體

第 4 類　易燃固體、易於自燃的物質、遇水放出易燃氣體的物質

第 5 類　氧化性物質

第 6 類　毒性物質和感染性物質

第 7 類　放射性物質

第 8 類　腐蝕性物質

第 9 類　雜項危險物質和物品

各類可分為若干項。

（2）《化學品分類和危險性公示通則》（GB13690-2009），將危險化學品分為十八類。

第 1 類　爆炸物

第 2 類　易燃氣體

第 3 類　易燃氣溶膠

第 4 類　氧化性氣體

第 5 類　壓力下氣體

第 6 類　易燃液體

第 7 類　易燃固體

第 8 類　自反應物質或混合物

第 9 類　自燃液體

第 10 類　自燃固體

第 11 類　自熱物質和混合物

第 12 類　遇水放出易燃氣體的物質或混合物

第 13 類　氧化性液體

第 14 類　氧化性固體

第 15 類　有機過氧化物

第 16 類　金屬腐蝕劑

第 17 類　急性毒物

第 18 類　皮膚腐蝕（刺激）

在實際生產中，我們通常採用原來《常用危險化學品分類及標志》（GB13690-1992）的主要分類方式，即按照主要危險特性將危險化學品分為八

大類，下面章節中我們將逐一介紹。

3.2 爆炸品

一、爆炸品的定義

一般指發生化學性爆炸的物品。指在外界作用下（如受熱、受壓、撞擊等），能發生劇烈的化學反應，瞬時產生大量的氣體和熱量，使周圍壓力急驟上升，發生爆炸，對周圍環境造成破壞的物品。也包括無整體爆炸危險，但具有燃燒、拋射及較小爆炸危險的物品，或僅產生熱、光、音響或菸霧等一種或幾種作用的菸火物品，比如：火藥、炸藥、菸花爆竹等都屬於爆炸品。

爆炸是指在極短時間內，釋放出大量能量，產生高溫，並放出大量氣體，在周圍介質中造成高壓，同時破壞性極強的化學反應或狀態變化。按照爆炸的初始能量不同，爆炸通常分為物理爆炸、化學爆炸和核爆炸三種形式。

物理爆炸是由物理變化（如溫度、體積和壓力等因素）引起的，在爆炸的前後，爆炸物質的性質及化學成分均不改變。鍋爐的爆炸是典型的物理性爆炸，其原因是過熱的水迅速蒸發出大量蒸汽，使蒸汽壓力不斷提高，當壓力超過鍋爐的極限強度時，就會發生爆炸。又如，氧氣鋼瓶受熱升溫，引起氣體壓力增高，當壓力超過鋼瓶的極限強度時即發生爆炸。發生物理性爆炸時，氣體或蒸汽等介質潛藏的能量在瞬間釋放出來，會造成巨大的破壞和傷害。上述這些物理性爆炸是蒸汽和氣體膨脹力作用的瞬時表現，它們的破壞性取決於蒸汽或氣體的壓力。

化學爆炸是由化學變化造成的。化學爆炸的物質不論是可燃物質與空氣的混合物，還是爆炸性物質（如炸藥），都是一種相對不穩定的系統，在外界一定強度的能量作用下，能產生劇烈的放熱反應，產生高溫高壓和衝擊波，從而引起強烈的破壞作用。如炸藥的爆炸，可燃氣體、液體蒸氣和粉塵與空氣（一定濃度的氧氣）混合物的爆炸等。化學爆炸是消防工作中重點防止的對象。

核爆炸是劇烈核反應中能量迅速釋放的結果，可能由核裂變、核聚變或者是這兩者的多級串聯組合所引發，如原子彈或氫彈的爆炸。

二、爆炸品的特性

爆炸品的主要特性有以下兩點：

1. 爆炸性強

爆炸品都具有化學不穩定性，在一定外因的作用下，能以極快的速度發生

猛烈的化學反應，產生的大量氣體和熱量在短時間內無法逸散開去，致使周圍的溫度迅速升高並產生巨大的壓力而引起爆炸。

2. 敏感度高

各種爆炸品的化學組成和性質決定了它具有發生爆炸的可能性，但如果沒有必要的外界作用，爆炸是不會發生的。也就是說，任何一種爆炸品的爆炸都需要外界供給它一定的能量即起爆能。不同的炸藥所需的起爆能大小不同，某一炸藥所需的最小起爆能，即為該炸藥的敏感度（簡稱感度）。起爆能與敏感度成反比，起爆能越小，敏感度越高。從儲運的角度來講，希望敏感度低些，但實際上炸藥的敏感度過低，則需要消耗較大的起爆能，造成使用不便，因而各使用部門對炸藥的敏感度都有一定的要求。我們應該瞭解各種爆炸品的敏感度，以便在生產、儲存、運輸、使用中適當控制，確保安全。

爆炸品的感度主要分熱感度（加熱、火花、火焰）、機械感度（衝擊、針刺、摩擦、撞擊）、靜電感度（靜電、電火花）、起爆感度（雷管、炸藥）等。不同的爆炸品的各種感度數據是不同的。爆炸品在儲運中必須遠離火種、熱源及防震等要求就是根據它的熱感度和機械感度來確定的。

決定爆炸品敏感度的內在因素是它的化學組成和結構，影響敏感度的外來因素還有溫度、雜質、結晶、密度等。

(1) 化學組成和化學結構

爆炸品的化學組成和化學結構是決定其具有爆炸性質的主要因素，具體地講是由於分子中含有某些「爆炸性基團」引起的。如：疊氮化合物中的$-N=N\equiv N$基，雷汞、雷銀中的$-O-N=C$基，硝基化合物中的$-NO_2$基，重氮化合物中的$-N=N-$基等。

另外，爆炸品分子中含有「爆炸性基團」的數目對敏感度也有明顯的影響，例如芳香族硝基化合物，隨著分子中硝基（$-NO_2$）數目的增加，其敏感度亦增高。硝基苯只含有一個硝基，它在加熱時雖然分解，但不易爆炸，因其毒性突出定為毒害品；（鄰、間、對）二硝基苯雖然具有爆炸性，但不敏感，由於它的易燃性比爆炸性更突出，所以定為易燃固體；三硝基苯所含硝基的數目在三者中最多，其爆炸性突出，非常敏感，故定為爆炸品。

(2) 溫度

不同爆炸品的溫度敏感度是不同的，例如：雷汞為165℃，黑火藥為270℃～300℃，苦味酸為320℃。同一爆炸品隨著溫度升高，其機械感度也升高。原因在於其本身具有的內能也隨溫度相應增高，對起爆所需外界供給的能量則相應減少。因此，爆炸品在儲存、運輸中絕對不允許受熱，必須遠離火種、熱源，避免日光照射，在夏季要注意通風降溫。

(3) 雜質

雜質對爆炸品的敏感度也有很大影響，而且不同的雜質所起的影響也不

同。在一般情況下，固體雜質，特別是硬度高、有尖棱的雜質能增加爆炸品的敏感度。因為這些雜質能使衝擊能量集中在尖棱上，產生許多高能中心，促使爆炸品爆炸。例如 TNT 炸藥中混進砂粒后，敏感度就顯著提高。因此，在儲存、運輸中，特別是在發生撒漏后收集時，要防止砂粒、塵土混入。相反，松軟的或液態雜質混入爆炸品后，往往會使敏感度降低。例如：雷汞含水大於 10%時可在空氣中點燃而不爆炸；苦味酸含水量超過 35%時就不會爆炸。因此，在儲存中，對加水降低敏感度的爆炸品如苦味酸等，要經常檢查有無漏水情況，含水量少時應立即添加，包裝破損時要及時修理。

（4）結晶

有些爆炸品由於晶型不同，它的敏感度也不同。例如：液體硝化甘油炸藥在凝固、半凝固時，結晶多呈三斜晶系，屬不安定型。不安定型結晶比液體的機械感度更高，對摩擦非常敏感，甚至微小的外力作用就足以引起爆炸。因此，硝化甘油炸藥在冷天要做防凍工作，儲存溫度不得低於 15℃，以防止凍結。

（5）密度

爆炸品隨著密度增大，通常敏感度均有所下降。粉碎、疏松的爆炸品敏感度高，是因為密度不僅直接影響衝擊力、熱量等外界作用在爆炸品中的傳播，而且對炸藥顆粒之間的相互摩擦也有很大影響。在儲運中應注意包裝完好，防止破裂致使炸藥粉碎而導致危險。

三、爆炸品分項

爆炸品分項方法很多，目前，主要有以下幾種：

（1）《國際海運危險貨物規則》（International Maritime Dangerous Goods, IMDG Code）中對於爆炸品分為如下六類：

第 1 類：具有整體爆炸危險的物質或物品，如起爆藥、爆破雷管、黑火藥、導彈等。

第 2 類：具有拋射危險，但無整體爆炸危險的物質或物品，如無引信炮彈、照明彈、槍彈、火箭發動機等。

第 3 類：具有燃燒危險和較小爆炸或較小拋射危險兩者之一，或者兩者兼有但無整體爆炸危險的物質或物品，如導火索、燃燒彈藥、菸幕彈藥、C 型菸火等。

第 4 類：無重大危險的物質或物品，如演習手榴彈、安全導火索、禮花彈、菸火、爆竹、手操信號裝置等。

第 5 類：具有整體爆炸危險但極不敏感的物質或物品，如 E 型或 B 型引爆器、銨油炸藥、銨瀝蠟炸藥等。

第 6 類：不具有整體爆炸危險的極不敏感的物質或物品。

（2）按照爆炸品的性質和用途可以分為以下四類：

第1類：點火器材，用來引爆雷管、黑火藥，如火繩、導火索等。

第2類：起爆器材，用來引爆炸藥，如導爆索、雷管等。

第3類：炸藥和爆炸性藥品，按照敏感度和爆炸威力又可以分為三種：

起爆藥：敏感度極高，用來誘爆其他炸藥的藥劑。如雷汞、疊氮化鉛等。

爆破藥：爆炸威力強大，是裝填炮彈、炸藥或用於各種爆破的烈性炸藥。如黑索金等。

火藥：能進行迅速而有規律地燃燒的藥劑。如硝化纖維火藥、硝化甘油火藥及民用黑火藥等。

第4類：其他爆炸物品，指含有黑火藥的製品，如菸花爆竹、禮花彈等。

四、常見的爆炸品

1. 苦味酸

苦味酸學名為2，4，6-三硝基苯酚（干的或含水＜30%），分子式是$(NO_2)_3C_6H_2OH$，相對分子質量229.11。熔點122℃，爆熱為4,396.14 kJ/kg，爆溫為3,570 K。

苦味酸為黃色塊狀或針狀結晶，無臭，有毒，味極苦，加熱到320℃（或遭受重大撞擊）時能發生激烈爆炸。與金屬（除錫外）或金屬氧化物作用生成鹽類（當有水分時，苦味酸很易與金屬及其氧化物起反應生成鹽類），此種鹽類極敏感，遇摩擦、振動都能發生激烈爆炸（苦味酸鐵、苦味酸鉛具有非常高的敏感度）。苦味酸燃燒後生成有刺激性和毒性的二氧化氮和一氧化碳等氣體。苦味酸在水中的溶解度隨溫度升高而加大，苦味酸也能溶於乙醇、苯及乙醚；濃溶液能使皮膚起泡。其爆炸性比 TNT 強5%~10%。

苦味酸在工業上主要用於生產硫化染料、炸藥、醫藥及農藥氯化苦等。

2. 黑索金

黑索金學名是環三亞甲基三硝胺，分子式$C_3H_6N_3(NO_2)_3$，相對分子質量222.3，密度1.816 g/cm³，熔點204℃~205℃。

黑索金是無臭、有甜味的白色結晶物品，不吸濕，難溶於水、乙醇、四氯化碳和二硫化碳，微溶於甲醇和乙醚，易溶於熱苯胺、酚、丙酮和濃硫酸中。黑索金具有很高的化學安定性，50℃下儲存數月而不分解，對陽光作用穩定。它是中性物品，不與稀酸發生作用，能溶於濃硫酸並發生反應。少量的黑索金在露天能迅速點燃，並發出明亮的火焰。黑索金的爆炸性能、威力、猛度都比較高，是 TNT 的1.5倍。快速加熱時分解爆炸，發火點為230℃。黑索金對沖擊、摩擦很敏感，衝擊感度為(80±8)%，摩擦感度為(76±8)%，爆速為8,640 m/s，爆熱為5,526 kJ/kg，密度為1時的鉛柱壓縮值為24.9 mm。黑索金雖毒性不大，但長期吸入其粉塵，可引起慢性中毒，其中毒途徑及預防方法

同 TNT。

黑索金一般裝入四層堅韌的厚紙袋（中間 1~2 層為瀝青紙）或布袋中，袋口扎緊，然后裝入堅固的木箱中，每件包裝淨重不超過 50 kg，包裝外應有明顯的「爆炸品」標志。在軍事上用於炮彈或炸彈中的爆炸裝藥。

3. 梯恩梯

梯恩梯（TNT）別名褐色炸藥，學名是 2，4，6-三硝基甲苯（干的或含水<30%），分子式為 $C_6H_2CH_3(NO_2)_3$，相對分子質量 227.10，凝固點 80.85℃，密度 1.663 g/cm³。

本品為淡黃色針狀結晶，純淨的 TNT 是一種無色（見光后變成淡黃色）的柱狀或針狀結晶物質。工業用 TNT 為鱗片狀或塊狀固體。本品在 0℃~35℃ 很脆，在 35℃~40℃ 時逐漸過渡為可塑體，在 50℃ 以上時能塑制成型。吸濕性很小，一般約為 0.05%。在水中溶解度很小，易溶於苯、甲苯、丙酮、乙醇、硝酸、硝-硫混酸中。TNT 在這些物質中的溶解度隨溫度增高而遞增。它的機械感度較低，安定性能好，生產使用比較安全，便於長期儲運和長途運輸。

TNT 在軍事上廣泛用於裝填各種炮彈及爆破器材，也常與其他炸藥混合制成多種混合炸藥。在國民經濟建設上多用於採礦、築路、疏通河道等。

TNT 有大的爆炸威力，當溫度達 90℃ 左右時，能與鉛、鐵、鋁等金屬作用，其生成物受衝擊、摩擦時很容易發生爆炸，受熱易燃燒。本品有毒，多數通過皮膚沾染和呼吸道吸入而中毒。

TNT 通常裝於內襯不少於四層紙袋（其中瀝青紙不少於一層）的麻袋或木箱中。除特別規定必須用木箱包裝外，所有 TNT 均可用麻袋包裝。包裝用的麻袋及紙袋應符合相應的技術要求。每一包裝件淨重不超過 48 kg（木箱包裝時淨重不超過 45kg）。外包裝應有明顯的爆炸品標志及注意事項。

4. 硝化甘油

硝化甘油別名甘油三硝酸酯，分子式 $C_3H_5(ONO_2)_3$，相對分子質量 227。淡黃色黏稠液體，幾乎不溶於水，有毒。

硝化甘油是一種有甜味的淡黃色油狀液體，是用純甘油為原料，用濃硝酸和濃硫酸組成的混合酸進行硝化反應制得的。

當硝化甘油完全凍結成安定型后，其敏感度降低；但若處於半凍結（或半熔化）狀態時，則敏感度極高。因為此時已經凍結部分的針狀結晶，會像帶尖刺的雜質一樣，使其敏感度上升。在 65% 的相對濕度下，吸濕 0.17%。它對沖擊的敏感度甚至接近於起爆藥疊氮化鉛，加之為液態，使用不方便，因而硝化甘油很少單獨用做炸藥，都是在其中加入吸收劑，使之成為固態或膠質的混合炸藥（如爆膠炸藥）。但是這種混合炸藥在遇熱后，硝化甘油又常常會從吸收劑中滲出（叫作「出汗」），滲出的硝化甘油具有極高的衝擊敏感度，

所以硝化甘油混合炸藥是一種對溫度要求很嚴格的炸藥。此類炸藥在氣溫低於10℃，以及耐凍的氣溫低於-20℃時不予運輸。

5. 導火索

導火索是以麻線或棉線等包纏黑火藥品和心線，外部塗以防濕劑瀝青或樹脂而制成的。對火焰敏感，爆燃點290℃~300℃，爆溫為2,200℃~2,380℃，燃速約為1 cm/s。能用明火或接火管點燃。通常用火柴或接火管點燃，用來引爆雷管或黑火藥等。引發火災時應用大量水撲滅，禁用沙土壓蓋。

3.3 壓縮氣體和液化氣體

一、壓縮氣體和液化氣體定義

壓縮氣體：永久氣體、液化氣體和溶解氣體的統稱，並應符合下述兩種情況之一者：

（1）臨界溫度低於50℃，或在50℃時，其蒸氣壓力大於294千帕（kPa）的壓縮或液化氣體；

（2）溫度在21.1℃時，氣體的絕對壓力大於275千帕（kPa），或在54.4℃時，氣體的絕對壓力大於715千帕（kPa）的壓縮氣體；或在37.8℃時，雷德蒸氣壓大於275千帕（kPa）的液化氣體或加壓溶解氣體。

液化氣體：介質在最高使用溫度下的飽和蒸氣壓力不小於0.1MPa，且臨界溫度大於或等於-10℃的氣體，是高壓液化氣體和低壓液化氣體的統稱。

為了便於儲運和使用，往往將氣體用降溫加壓法壓縮或液化后儲存於鋼瓶內。有的氣體較易液化，在室溫下，單純加壓就能呈現液態，例如氯氣、氨氣、二氧化碳。有的氣體較難液化，如氫氣、氮氣、氧氣。因此，有的氣體容易加壓成液態，有的仍為氣態。在鋼瓶中處於氣體狀態的稱為壓縮氣體，處於液體狀態的稱為液化氣體。此外，本類還包括加壓溶解的氣體，如乙炔。

二、壓縮氣體和液化氣體特性

1. 易燃易爆性

大部分的壓縮氣體和液化氣體是易燃氣體，61%的氣體容易導致火災事故。易燃氣體易燃易爆，位於燃燒濃度範圍之內的易燃氣體遇到明火、高溫甚至極微小能量就可能發生燃爆事故。一旦點燃，瞬間就能全部燃盡，爆炸危險很大，滅火難度很大。乙炔、氫氣、甲烷、一氧化碳等低分子量的壓縮氣體是最危險的可燃氣體。

2. 流動擴散性

壓縮氣體和液化氣體容易擴散，能自發地充滿任何容器。密度比空氣小的氣體在空氣中可以無限制地擴散，一旦出現燃爆，能迅速蔓延擴展。大多數易燃氣體比空氣重，能擴散相當遠，長時間聚集在地表、溝渠、隧道、廠房死角等處，遇火源發生燃燒或爆炸並把火焰沿氣流相反方向引回，易造成火勢擴大。

3. 受熱膨脹性

存於鋼瓶中的壓縮氣體和液化氣體通常氣壓比較高。當溫度升高時，氣體的膨脹與汽化的速度增強，鋼瓶內氣體的壓力會隨之攀升，一旦超過了容器的耐壓強度，就會引起容器破裂發生物理性爆炸，或導致氣瓶閥門鬆動發生氣體外逸，釀成火災或中毒等事故。

4. 易產生或聚集靜電

兩種不同的物質相互接觸或摩擦就會有靜電產生。壓縮氣體和液化氣體從管口或破損處噴出時，由於強烈的摩擦會產生靜電。靜電作為一種能量，也有引燃引爆氣體的可能。帶電性也是評定壓縮氣體和液化氣體火災危險性的參數之一。

5. 腐蝕毒害性

壓縮氣體和液化氣體大都具有一定程度的毒害性和腐蝕性。一方面對人畜有一定的毒害、窒息、灼傷、刺激作用，另一方面對設備有嚴重的腐蝕破壞作用。例如，硫化氫壓縮氣體，它能腐蝕設備、削弱設備的耐壓強度，嚴重時可導致設備裂縫、漏氣，引起火災等事故；氫在高壓下滲透到碳素中去，能使金屬容器發生「氫脆」。因此，對盛裝腐蝕性氣體的容器，要採取一定的密封與防腐措施。

6. 窒息性

壓縮氣體和液化氣體都有一定的窒息性，比如二氧化碳、氮氣、氦、氬等惰性氣體，一旦它們發生洩漏，若不採取相應的通風措施，能使人窒息死亡。

三、壓縮氣體和液化氣體分項

壓縮氣體和液化氣體按照其理化性質可分為三項：易燃氣體、不燃氣體和有毒氣體。

1. 易燃氣體

此類氣體容易發生燃燒，與空氣混合後形成的混合物遇到明火等能量容易發生爆炸。

常見的如 H_2。H_2是一種無色無臭氣體，不溶於水，無毒、無腐蝕性。密度 0.07，極易燃燒，爆炸極限 4.1%～74.1%。氫氣、氧氣混合燃燒火焰溫度為 2,100℃～2,500℃。H_2常用於合成氨和甲醇、石油精餾、有機物氫化及作火

箭燃料。氫氣與空氣混合能形成爆炸性混合物，爆炸極限範圍較大，遇火星、高溫等容易引起燃燒、爆炸。能與氟、氯、溴等鹵素發生劇烈的化學反應。通常儲存於陰涼通風庫房內、庫溫不宜超過30℃，並要遠離火種、熱源，防止陽光直射，應與氧氣、壓縮空氣、鹵素、氧化劑等分開存放。庫房的照明、通風設施應採用防爆型，開關設在庫外。

2. 不燃氣體

不燃氣體自己不會燃燒，但有的不燃氣體如氧氣等能助燃，助燃氣體有強烈的氧化作用，能發生燃燒或爆炸。有的不燃氣體較安全，既不會燃燒也不會助燃，也無毒性，如氮氣、二氧化碳等，但高濃度時有窒息作用。常見的不燃氣體有氮、二氧化碳、氙、氬、氖、氦、氧、壓縮空氣等。

常見的如二氧化碳，也稱碳酸酐、干冰（固體），分子式是CO_2。CO_2是無色無臭不燃的氣體，正常大氣中含有0.03%，能溶於水及多數有機溶劑，密度比空氣大，容易液化和固化。常用於制糖工業、制鹼工業、有機合成、制鉛白和製作滅火劑。受熱或碰撞後瓶內壓力增大，有爆炸危險。高濃度時抑制或麻痺呼吸中樞，嚴重者可發生窒息導致休克或死亡。固態（干冰）和液態二氧化碳常壓下迅速氣化，大量吸熱，能造成-43℃以下的低溫，可致皮膚凍傷。儲存於陰涼通風庫房內，庫溫不宜超過30℃。同樣要遠離火種、熱源，防止陽光直射。搬運時輕裝輕卸，防止鋼瓶及附件損壞。

3. 有毒氣體

有毒氣體，顧名思義，就是對人體產生危害，能夠致人中毒的氣體，有些還能燃燒。常見的有毒氣體有二氧化硫、氯氣、氨氣、氰化氫等。

氯氣分子式為Cl_2，常溫常壓下為黃綠色，有強烈刺激性氣味，有毒，密度比空氣大，可溶於水，易壓縮，可液化為金黃色液態氯，是氯鹼工業的主要產品之一，可用作強氧化劑。氯氣中混入體積分數為5%以上的氫氣時遇強光會有爆炸的危險。氯氣能與有機物進行取代反應和加成反應生成多種氯化物。氯氣在早期作為造紙、紡織工業的漂白劑。本身雖不燃，但有助燃性，一般可燃物大都能在氯氣中燃燒。在日光下與易燃氣體混合時會發生燃燒爆炸。對金屬和非金屬幾乎都有腐蝕作用，氣體對眼、呼吸道有刺激作用，嚴重時會使人畜中毒，甚至死亡。儲存於陰涼通風倉庫內，庫溫不宜超過30℃。受熱時瓶內壓力增大，危險性增加。應與易燃氣體、金屬粉末、氨分開儲運。搬運時輕拿輕放，切勿損壞鋼瓶及附件。

四、常見的壓縮氣體和液化氣體

1. 正丁烷

正丁烷，分子式為$CH_3CH_2CH_2CH_3$。無色易燃氣體或液體，有輕微的不愉快氣味。易溶於水、醇、氯仿。密度0.58（水=1）、2.05（空氣=1），閃點

−60℃，爆炸極限 1.5%~8.5%。用於有機合成和乙烯製造、儀器校正，也用作燃料。

與空氣混合能形成爆炸性混合物，遇火星、高溫有燃燒爆炸危險。與氧化劑接觸會猛烈反應。氣體比空氣重，能沿低處擴散相當遠，遇明火會回燃。

通常儲存於陰涼通風庫房內，庫溫不宜超過30℃。遠離火種、熱源，防止陽光直射。應與氧氣、壓縮空氣、鹵素、氧化劑等分開存放。庫房的照明、通風設施應採用防爆型，開關設在庫外。搬運時輕裝輕卸，防止鋼瓶及附件損壞。

2. 乙炔

乙炔，別名電石氣，分子式是 C_2H_2，無色無味氣體。微溶於水及乙醇，溶於氯仿、苯，極易溶於丙酮，十二個大氣壓下一體積丙酮可溶解 300 體積乙炔。爆炸極限為 2.1%~80%，密度 0.91（空氣＝1）。是有機合成的重要原料之一，亦是合成橡膠、合成纖維和塑料的單體，也用於氧炔焊接和切割金屬。

易燃燒爆炸，與空氣或氧氣形成爆炸性混合物，是各類危險氣體中爆炸極限範圍最寬的一種，也是各類危險物品中點火能量最小的（0.02mJ）。遇高溫、明火有燃燒爆炸危險。與銅、汞、銀反應形成爆炸性化合物。與氧化劑、氟和氯發生爆炸性反應。所以乙炔的燃燒爆炸危險性是很突出的。儲存於陰涼通風庫房內，庫溫不宜超過30℃。遠離火種、熱源，防止陽光直射。應與氧氣、壓縮空氣、鹵素、氧化劑等分開存放。庫房的照明、通風設施應採用防爆型，開關設在庫外。搬運時輕裝輕卸，防止鋼瓶及附件損壞。

3. 氧氣

氧氣，分子式是 O_2，無色無味助燃性氣體，正常大氣中含有 21%。密度 1.43（空氣＝1），熔點 −218.4℃，沸點 −183℃，臨界溫度 −118.4℃，臨界壓力 5,080kPa。能被液化和固化，1升液態氧為 1.14kg，在 200℃、101.3kPa 下能蒸發成 860L 氧氣。用於煉鋼、切割、焊接金屬，製造醫藥、染料、炸藥等。還用於廢水處理、航天、潛水、醫療的供氧。

氧氣是易燃物、可燃物燃燒爆炸的基本要素之一，能氧化大多數活性物質。與乙炔、氫、甲烷等易燃氣體能形成爆炸性混合物。能使活性金屬粉末、油脂劇烈氧化引起燃燒。常壓下，吸入40%以上氧時，可能發生氧中毒，長期吸入可發生眼損害甚至失明。儲存於陰涼通風庫房內，庫溫不宜超過30℃。遠離火種、熱源，防止陽光直射。與易燃氣體、金屬粉末分開存放。

4. 二氧化硫

二氧化硫，分子式是 SO_2。無色氣體或液體，易溶於水、乙醇，與水及水蒸汽作用生成有毒及腐蝕性的亞硫酸蒸氣。能被氧化成三氧化硫。密度 1.43（水＝1）、2.26（空氣＝1），熔點 −75.5℃，沸點 −10℃。用於製造硫酸、保險粉等。

不燃，受熱后瓶內壓力增大，有爆炸危險。有毒，車間空氣中最高容許濃度為 15mg/m³，漏氣可致附近人畜中毒。對眼和呼吸道黏膜有強烈刺激作用，大量吸入可引起肺水腫、喉水腫、聲帶痙攣而致窒息。

儲存於陰涼通風庫房，庫溫不宜超過 30℃，遠離火種、熱源，防止陽光直射。應與其他類危險物品分開存放，特別要與易燃、易爆的危險物品分庫房存放。搬運時輕裝輕卸，防止鋼瓶及附件損壞。平時要經常檢查有否漏氣情況。

5. 氨氣

氨氣，分子式是 NH_3。無色、有刺激性腺臭的氣體，易溶於水、乙醇和乙醚，水溶液呈鹼性。熔點 -77.7℃，沸點 -33.5℃，自燃點 651℃，爆炸極限 15.7%~27.4%。容易加壓液化成液氨，液化時放出大量的熱，當壓力減低時液氨則氣化，同時吸收周圍大量的熱，故常用作冷凍機和制冰機的循環制冷劑，也用於製造銨鹽、氮肥。

受熱后瓶內壓力增大，有爆炸危險。空氣中氨蒸氣濃度達 15.7%~27.4% 時，遇火星會引起燃燒爆炸，有油類存在時更增加燃燒危險。有毒，車間空氣中最高容許濃度為 30mg/m³。氣體外溢對黏膜有刺激作用，高濃度可造成組織溶解壞死。液氨有腐蝕性，可灼傷皮膚。

儲存在陰涼通風庫棚內，遠離火種、熱源，防止陽光直射。應與氟、氯、溴、碘及酸類物品分開存放。搬運時輕拿輕放，防止鋼瓶及瓶閥受損。槽車運送時要灌裝適量，不可超壓超量運輸。應按規定路線行駛，中途不得停留。

3.4 易燃液體

一、易燃液體的定義

凡在常溫下以液體狀態存在，遇火容易引起燃燒，其閃點在 45℃ 以下的物質叫易燃液體。如汽油、乙醇、苯等。這類物質大都是有機化合物，其中很多屬於石油化工產品。

閃點即在規定條件下，可燃性液體加熱到它的蒸氣和空氣組成的混合氣體與火焰接觸時，能產生閃燃的最低溫度。

閃點是表示易燃液體燃爆危險性的一個重要指標，閃點越低，燃爆危險性越大。

二、易燃液體的特性

1. 易燃易爆性

易燃液體呈現兩類特點：一是易燃液體幾乎全部都是有機化合物，有機化

合物主要是由碳元素和氫元素組成；二是易燃液體的閃點低。上述兩類特點也決定了易燃液體具有高度易燃性。

易燃液體容易揮發，當盛放易燃液體的容器出現某種破損或不密封的情況時，氣體就會揮發出來，揮發出來的易燃蒸氣與空氣混合，濃度達到一定的範圍，遇明火或火花就能引起爆炸。

2. 受熱膨脹性

易燃液體也和其他物體一樣，有受熱膨脹性。有機液體受熱后體積膨脹性（體膨脹系數）較大，同時其蒸氣壓隨之升高，從而使密封容器中內部壓力增大，造成「鼓桶」，甚至爆裂，在容器爆裂時會產生火花引起爆炸。所以把易燃液體裝入容器時應根據溫度變化範圍確定合適的裝填系數，以免脹破容器造成事故。對盛裝易燃液體的容器，應留有不少於 5% ~ 10% 的空隙，夏天要儲存於陰涼處或用噴淋冷水降溫的方法加以防護。

3. 易聚集靜電

涉及易燃液體的生產、經營、儲存、使用等過程中常見的操作如管道輸送、槽車裝卸、攪拌、混合、過濾、真空操作和清洗等都可能產生靜電，如不及時地消除，當累積的靜電遇到接受對象時就可能發生靜電釋放，為爆炸性的混合氣體提供能量，引起著火或爆炸。

4. 高度的流動擴展性

易燃液體的分子多為非極性分子，粘度一般都很小，本身極易流動。再加上液體的滲透、浸潤及毛細現象，易燃液體也會滲出容器壁外，擴大其表面積，並源源不斷地揮發，使空氣中的易燃液體蒸氣濃度增高，從而增加了燃燒爆炸的危險性。

5. 與氧化性強酸及氧化劑作用

易燃液體大都為有機化合物，能與氧化性強酸及氧化劑發生氧化反應並產生大量的熱量，容易引起燃燒爆炸。

6. 不同程度的毒性

大多數易燃液體及其蒸氣均有不同程度的毒性。比如甲醇、硝基苯等，不但吸入其蒸氣會中毒，經過皮膚、消化道吸收也會造成中毒。

三、易燃液體的分項

按照易燃液體閃點大小可分為三項：

1. 低閃點液體

指閉杯試驗閃點 <-18℃ 的液體，如汽油、乙硫醇、丙酮等。

2. 中閃點液體

指 -18℃ ≤ 閉杯試驗閃點 <23℃ 的液體，如無水乙醇、苯、甲苯、乙酸乙酯等。

3. 高閃點液體

指 23℃≤閉杯試驗閃點≤61℃ 的液體，如二甲苯、氯苯、松節油、醇酸清漆、環氧清漆等。

四、常見的易燃液體

1. 甲醇

甲醇，分子式是 CH_3OH。無色液體，有醇的氣味，揮發性較強，能與水或有機溶劑混合，蒸氣密度 1.11，比重 0.8，沸點 64℃，自燃點 385℃，爆炸極限 6.0%～36.5%。遇明火、高熱及強氧化劑會發生燃燒爆炸，蒸氣有毒，內服 25ml 可致死。

密閉放置陰涼通風處，遠離明火熱源及氧化劑。如入目應立即用大量水沖洗 15 分鐘。

2. 乙醚

乙醚，分子式是 $(C_2H_5)_2O$。無色易揮發液體，有特殊氣味，不溶於水，易溶於有機溶劑，沸點 34.6℃，閃點-45℃，自燃點 160℃，爆炸極限 1.85%～36%，蒸氣密度 2.55，最大爆炸壓力 $9.2kg/cm^2$。

遇明火、高熱及氧化劑易燃易爆，在空氣中易形成過氧化合物，危險性更大，極易爆炸，蒸汽吸入有麻醉作用，應特別注意。

密閉置陰涼通風處，遠離明火熱源及氧化劑。本品久置后應檢驗有無過氧化物，如有應經處理后使用。

3. 丙酮

丙酮，分子式是 $(CH_3)_2CO$。無色液體，有芳香性氣味，能與水和有機溶劑混合，比重 0.797 (15℃)，沸點 56.5℃，閃點-20℃，自燃點 465℃，爆炸極限 2.6%～12.8%，蒸氣密度 2.00，最大爆炸壓力 $8.9kg/cm^2$。

遇明火易燃燒爆炸，與純氧、過氯酸鉀、亞硝醯基、高氯酸鹽相混能起火，甚至爆炸，蒸氣對眼有刺激性，多量吸入蒸氣有麻醉作用。

密閉置陰涼通風處，遠離明火熱源及氧化劑。如入目應立即用大量水沖洗 15 分鐘。

4. 苯

苯，分子式是 C_6H_6。無色透明易揮發液體，幾乎不溶於水，能溶於有機溶劑，比重 0.8794 (15℃)，沸點 80.1℃，蒸氣密度 2.77，爆炸極限 1.2%～8%，閃點-11℃，熔點 5.51℃，最大爆炸壓力 $9kg/cm^2$。

遇明火高熱易燃易爆，並放出刺激性蒸霧，遇強氧化劑也有燃燒的可能。蒸氣有毒，急性中毒有麻醉症狀；易產生靜電。

人員發生急性苯中毒應給氧，絕對禁止使用腎上腺素。保存時密閉置陰涼通風處，遠離明火熱源及氧化劑。如入目應立即用大量水沖洗 15 分鐘。

5. 丙烯腈

丙烯腈，分子式是 $CH_2=CHCN$。無色液體，有異臭，易揮發，微溶於水，易溶於有機溶劑。沸點 77.3℃，蒸氣密度 1.83，閃點 -5℃，自燃點 480℃，爆炸極限 2.8%~28%，本品劇毒。

遇明火、高熱易燃燒爆炸；與氧化劑作用產生極毒菸霧，有燃燒危險；蒸氣對黏膜有刺激性；毒性與氰化氫相似但較小；遇光與熱能聚合。與強酸、強鹼、胺類、溴反應強烈。

儲存於陰涼通風庫房，遠離火種、熱源、氧化劑等。裝卸和搬運過程中，輕拿輕放，嚴禁滾動、摩擦、拖拉等。

3.5 易燃固體、自燃物品和遇濕易燃物品

一、易燃固體

1. 易燃固體定義

在常溫下以固態形式存在，燃點較低，遇火、受熱、撞擊、摩擦或接觸氧化劑能引起燃燒的物質，稱易燃固體。如赤磷、硫黃、松香、樟腦、鎂粉等。

物質的燃點是指將物質在空氣中加熱時，開始並繼續燃燒的最低溫度。

2. 易燃固體特性

（1）易燃性

易燃固體或因產生可燃氣體而著火，或因表面高溫氧化而放出光和熱。易燃固體的燃點比較低，一般在 300℃ 以下，在常溫下遇到能量很小的著火源就能點燃。

（2）爆炸性

易燃固體與氧化劑接觸，反應劇烈而發生燃燒爆炸。爆炸有三種情況：

①燃燒反應產生大量氣體，導致體積迅速膨脹而爆炸；

②作為還原劑與酸類、氧化劑接觸時，發生劇烈反應引起燃爆或爆炸；

③各種粉塵飛散到空氣中，達到一定濃度後遇明火發生粉塵爆炸。

（3）熱分解性

某些易燃固體受熱後不熔融，而發生分解現象。有的受熱後邊熔融邊分解，如硝酸銨在分解過程中往往放出氨、二氧化氮或一氧化氮等有毒氣體。一般來說，熱分解的溫度高低直接影響危險性的大小，受熱分解溫度越低的物質，其火災爆炸危險性就越大。

（4）對摩擦、撞擊、震動的敏感性

有些易燃固體受到摩擦、撞擊、震動會引起劇烈連續的燃燒或爆炸，如硝

基化合物、紅磷等。

（5）本身或其燃燒產物有毒或腐蝕性

有些易燃固體本身具有毒害性，能產生有毒氣體和蒸氣；或者在燃燒的同時產生大量的有毒氣體或腐蝕性的物質，其毒害性較大。如二硝基苯、二硝基苯酚、硫黃、五硫化二磷等。

3. 易燃固體的分項

易燃固體按其燃點與易燃性可分兩級：

（1）一級易燃固體

燃點低、極易燃燒和爆炸，對火源、摩擦極敏感，有的遇氧化性酸可燃燒爆炸，或在燃燒時放出大量有毒氣體。如硝基化合物等。

（2）二級易燃固體

燃燒性能較一級易燃固體差，但也易燃，且可釋出有毒氣體。如易燃金屬粉末、萘及其類似物等。

4. 常見易燃固體

（1）紅磷

紅磷是一種紫紅或略帶棕色的無定形粉末，有光澤。元素週期表第 15 位，元素符號 P。密度 $2.34g/cm^3$，加熱升華，但在 43kPa 壓強下加熱至 590℃ 可熔融。汽化后再凝華則得白磷。難溶於水和 CS_2、乙醚、氨等，略溶於無水乙醇。無毒無氣味，燃燒時產生白菸，菸有毒。

化學活動性比白磷差，不發磷光在常溫下穩定，難與氧反應。以還原性為主，200℃ 以上著火（約 260℃）。與鹵素、硫反應時皆為還原劑。用於生產安全火柴、有機磷農藥、製磷青銅等。

儲存於陰涼、通風的庫房。遠離火種、熱源。庫溫不超過 32℃，相對濕度不超過 80%。應與氧化劑、鹵素、鹵化物等分開存放，切忌混儲。採用防爆型照明、通風設施。禁止使用易產生火花的機械設備和工具。儲區應備有合適的材料收容泄漏物。禁止震動、撞擊和摩擦。

（2）二硝基萘

二硝基萘為黃色或灰黃色小顆粒。純淨的沒有氣味，常見的工業品稍帶一種特殊氣味。不溶於水，溶於丙酮。由於有多種異構體，熔點不定，工業品熔點約 130℃~155℃。二硝基萘（DNN）作為一種價廉易得的炸藥，有過輝煌的歷史。尤其在工業炸藥中，曾是重要的敏化劑。但在 TNT、RDX 普及后，DNN 用量逐漸減少。

操作時注意安全，加強通風。萘已被證實有毒和微弱的致癌性，切不可誤食入口。用過的硝硫混酸中含有大量硫酸、硝酸和有機物，不可直接排放。建議加入等量水稀釋后煮至沸騰，待其自然冷卻，再用於制化肥或其他方面，有條件者應該蒸餾回收。

二、自燃物品

1. 自燃物品的定義

自燃物品系指自燃點低，在空氣中易發生物理、化學或生物反應，放出熱量，而自行燃燒的物品。如：白磷、煤、堆積的浸油物、硝化棉、金屬硫化物、堆積植物等，都是常見的自燃物品。

2. 自燃物品的特性

自燃物品多具有容易氧化、分解的性質，且燃點較低。在未發生自燃前，一般都經過緩慢的氧化過程，同時產生一定熱量，當產生的熱量越來越多，積熱使溫度達到該物質的自燃點時便會自發地著火燃燒。

凡能促進氧化反應的一切因素均能促進自燃。空氣、受熱、受潮、氧化劑、強酸、金屬粉末等能與自燃物品發生化學反應或對氧化反應有促進作用，它們都是促使自燃物品自燃的因素。

3. 常見的自燃物品

（1）黃磷

黃磷，也稱白磷，為白色或淺黃色半透明固體。質軟，冷時性脆，見光顏色變深。暴露空氣中在暗處產生綠色磷光和白色菸霧。在濕空氣中約40℃著火，在干燥空氣中則燃點稍高。白磷能直接與鹵素、硫、金屬等起作用，與硝酸生成磷酸，與氫氧化鈉或氫氧化鉀生成磷化氫及次磷酸鈉。應避免與氯酸鉀、高錳酸鉀、過氧化物及其他氧化物接觸。

白磷是一種易自燃的物質，其著火點為40℃，但因摩擦或緩慢氧化而產生的熱量有可能使局部溫度達到40℃而燃燒。

白磷有劇毒。人的中毒劑量為15mg，致死量為50mg。誤服白磷後很快產生嚴重的胃腸道刺激腐蝕症狀。大量攝入可因全身出血、嘔血、便血和循環系統衰竭而死。若病人暫時得以存活，亦可由於肝、腎、心血管功能不全而慢慢死去。皮膚被磷灼傷面積達7%以上時，可引起嚴重的急性溶血性貧血，以至死於急性腎功能衰竭。長期吸入磷蒸氣，可導致氣管炎、肺炎及嚴重的骨骼損害。

白磷應保存在水中，且必須浸沒在水下，隔絕空氣。儲存於陰涼、通風良好的專用庫房內，實行「雙人收發、雙人保管」制度。庫溫應保持在1℃以上。遠離火種、熱源。應與氧化劑、酸類、鹵素、食用化學品分開存放，切忌混儲。採用防爆型照明、通風設施。禁止使用易產生火花的機械設備和工具。儲區應備有合適的材料收容泄漏物。

（2）二乙基鋅

二乙基鋅在常溫常壓下為無色透明有惡臭的液體。空氣中能自燃，燃燒時產生氧化鋅白菸。與水激烈反應，並分解發生可燃性乙烷氣而著火。易溶於己

烷、庚烷等脂肪族飽和烴和甲苯、二甲苯等芳香族烴中。與 AsH_3、PH_3、直鏈醚、硫代醚形成較不穩定的絡合物，但是與叔胺、環狀醚形成穩定的絡合物。與具有活性氫的醇類、酸類激烈反應。往二乙基鋅的石油醚溶液中通空氣時，生成過氧化物 $C_2H_5OOC_2H_5$。在醚的溶液中通干燥氨氣時生成鋅胺 Zn（NH_2）。

二乙基鋅儲存或運輸都必須用充有惰性氣體或氮氣的特定容器。儲存於陰涼通風庫房內，遠離火種，庫溫不超過30℃，應與氧化劑、氯氣分庫房存放，切勿混儲混運。搬運時輕裝輕卸，保持包裝完整、密封。

三、遇濕易燃物品

1. 遇濕自燃物品定義

遇濕易燃物品系指遇水或受潮時，發生劇烈化學反應，放出大量易燃氣體和熱量的物品。有的不需明火，即能燃燒或爆炸。

2. 遇濕自燃物品特性

（1）與水或潮濕空氣中的水分能發生劇烈化學反應，放出易燃氣體和熱量。

即使當時不發生燃燒爆炸，但放出的易燃氣體積集在容器或室內與空氣亦會形成爆炸性混合物而導致危險。

（2）與酸反應比與水反應更加劇烈，極易引起燃燒爆炸。

（3）有些遇濕易燃物品本身易燃或放置在易燃的液體中（如金屬鉀、鈉等均浸沒在煤油中保存以隔絕空氣），它們遇火種、熱源也有很大的危險。

此外，一些遇濕易燃物品還具有腐蝕性或毒性，如硼氫類化合物有劇毒，應當引起注意。

3. 常見的遇濕易燃物品

（1）三氯硅烷

三氯硅烷也稱硅仿、硅氯仿，無色液體，極易揮發。遇水分解。溶於苯、醚等。密度1.37（水=1）、4.7（空氣=1），沸點31.8℃，閃點-13.9℃。用於製造硅酮化合物。

有毒，車間空氣中最高容許濃度 $3mg/m^3$。遇明火強烈燃燒，受熱分解放出含氯化物的有毒煙霧。遇水或水蒸汽能產生熱和有毒的腐蝕性煙霧。能與氧化劑起反應，有燃燒危險。

包裝必須密封，儲存於陰涼干燥庫房內，庫溫不超過25℃，遠離火種、熱源、避光保存。應與氧化劑、鹼類、酸類分庫房存放。搬運時輕裝輕卸，防止包裝破損。

（2）碳化鈣

碳化鈣別名電石，黃褐色或黑色硬塊，其結晶斷面為紫色或灰色。密度2.22（水=1）。暴露於空氣中極易吸潮而失去光澤變為灰色，放出乙炔氣而變

質失效。用於生產乙炔氣，也用於有機合成、氧炔焊接等。

與水作用而分解出乙炔氣，因本品往往含有磷、硫等雜質，與水作用也會放出磷化氫和硫化氫，當磷化氫含量超過 0.08%，硫化氫含量超過 0.15%時，容易引起自燃爆炸。乙炔氣與銀、銅等金屬接觸能生成敏感度高的爆炸性物質。乙炔氣與氟、氯等氣體和酸類接觸發生劇烈反應，能引起燃燒爆炸。

儲存在干燥的庫房內，庫房不允許漏水，平時開關門窗要注意防止潮濕空氣進入庫內，包裝要密封並應遠離潮濕物質，與酸類隔離。不可與易燃物品混儲混運，最好專庫專儲。不得與滅火方法相抵觸的物質同庫儲存。雨天禁止運輸。在運輸中受到撞擊、震動、摩擦或遇火星極易引起爆炸。小船不宜裝運。

3.6 氧化劑和有機過氧化物

一、氧化劑和有機過氧化物定義

在氧化還原反應中，獲得電子的物質稱作氧化劑，與此對應，失去電子的物質稱作還原劑。狹義地說，氧化劑又指可以使另一物質得到氧的物質。

含有過氧基-O-O-的化合物可看成過氧化氫的衍生物，過氧化物分為無機過氧化物和有機過氧化物。

二、氧化劑和有機過氧化物特性

有機過氧化物中的過氧官能團的結構特徵決定了過氧化物具有如下化學性質：

（1）具有強烈的氧化作用。
（2）具有自燃分解性質，在40℃以上，大部分過氧化物活性氧降低。
（3）酸、鹼性物質可促進分解。強酸及鹼金屬、鹼土金屬的氫氧化物（固體或高濃度水溶液）可引起激烈分解。
（4）鐵、鈷、錳類有機過氧化物和氧化還原系統化合物顯著地促進分解。
（5）強還原性的胺類化合物和其他還原劑顯著地促進分解。
（6）鐵、鉛及銅合金等可促進其分解。
（7）橡膠可促進其分解。
（8）摩擦、震動或衝擊儲存容器造成局部溫度升高，可促進分解。

三、氧化劑和有機過氧化物分項

氧化性物品按化學組成分為氧化劑和有機過氧化物兩類。

1. 氧化劑

氧化劑主要有以下幾類化合物：

(1) 過氧化物，如：過氧化鈉、過氧化氫等。
(2) 氯的高價含氧酸及其鹽，如：高氯酸、高氯酸鉀等。
(3) 硝酸鹽，如：硝酸鉀、硝酸銨等。
(4) 高錳酸鹽，如：高錳酸鉀等。
(5) 過氧酸鹽，如：過硫酸銨等。
(6) 高價金屬鹽類，如：重鉻酸鈉等。
(7) 高價金屬氧化物，如：三氧化鉻、二氧化鉛等。

2. 有機過氧化物

這類物品是分子組成中含有過氧基的有機物，其本身易燃易爆，易分解，對熱、震動、摩擦等極為敏感。常見的有過氧乙酸等。

四、常見的氧化劑和有機過氧化物

1. 過氧化鈉

過氧化鈉是鈉在氧氣或空氣中燃燒的產物之一，純品過氧化鈉為白色，但一般見到的過氧化鈉呈淡黃色，原因是反應過程中生成了少量超氧化鈉。過氧化鈉易潮解、有腐蝕性，應密封保存。過氧化鈉具有強氧化性，可以用來漂白紡織類物品、麥稈、羽毛等。

過氧化鈉與有機物、易燃物等接觸能引起燃燒，甚至爆炸。與水能起劇烈反應，產生高溫，量大時能發生爆炸，有較強的腐蝕性。

2. 過氧化氫

純過氧化氫是無色的黏稠液體，熔點-0.43℃，沸點150.2℃，純的過氧化氫其分子構型會改變，所以熔沸點也會發生變化。凝固點時固體密度為 1.71g/cm^3，密度隨溫度升高而減小。它的締合程度比 H_2O 大，所以它的介電常數和沸點比水高。純過氧化氫比較穩定，加熱到153℃便猛烈地分解為水和氧氣。

過氧化氫自身不燃，但能與可燃物反應放出大量熱量和氧氣而引起著火爆炸。過氧化氫在 pH 值為 3.5~4.5 時最穩定，在鹼性溶液中極易分解，在遇強光特別是短波射線照射時也能發生分解。當加熱到100℃以上時，開始急遽分解。它與許多有機物如糖、澱粉、醇類、石油產品等形成爆炸性混合物，在撞擊、受熱或電火花作用下能發生爆炸。過氧化氫與許多無機化合物或雜質接觸後會迅速分解而導致爆炸，放出大量的熱量、氧和水蒸氣。大多數重金屬（如銅、銀、鉛、汞、鋅、鈷、鎳、鉻、錳等）及其氧化物和鹽類都是活性催化劑，塵土、香菸灰、碳粉、鐵鏽等也能加速分解。濃度超過74%的過氧化氫，在具有適當的點火源或溫度的密閉容器中，會產生氣相爆炸。

高濃度過氧化氫有強烈的腐蝕性。吸入過氧化氫蒸氣或霧，會對呼吸道產生強烈刺激性。眼直接接觸液體可致不可逆損傷甚至失明。口服中毒出現腹痛、胸口痛、呼吸困難、嘔吐、一時性運動和感覺障礙、體溫升高等。個別病例出現視力障礙、癲癇樣痙攣、輕癱。

3. 過氧乙酸

它是一種無色液體，有強烈刺激性氣味，易溶於水、乙醇、乙醚等，用於漂白、消毒劑、催化劑、氧化劑及環氧化作用。純的過氧乙酸極不穩定，在-20℃時也會爆炸。性質不穩定，在存放過程中逐漸分解，放出氧氣，加熱至100℃時即猛烈分解。易燃，遇火源可燃燒爆炸。有強腐蝕性。

3.7 有毒品

一、有毒品定義

有毒品是指進入肌體后，累積達到一定的量，能與體液和器官組織產生生物化學作用或生物物理學作用，擾亂或破壞肌體的正常生理功能，引起某些器官和系統暫時性或持久性的病理改變，甚至危及生命的物品。

急性毒性是判斷一個化學品是否為有毒品的一個重要指標。它是指一定量的毒物一次對動物所產生的毒害作用，用半數致死量LD_{50}來表示，其含義為能使一組被試驗的動物（家兔、白鼠等）死亡50%的劑量，單位為mg/kg體重，也可用半數致死濃度LC_{50}表示，其含義為試驗動物吸入後，經一定時間，能使其半數死亡的空氣中該毒物的濃度，單位為mg/L或以ppm表示。例如氰化鈉的大鼠經口半數致死量（LD_{50}）為6.4mg/kg。

有毒品的半數致死量越小，說明它的急性毒性越大。但不能依據它來判斷慢性毒性，有些毒品儘管其半數致死量的數值較大（即急性毒性較低），但小量長期攝入時，因其有積蓄作用等因素，表現為慢性毒性較高。一些化工產品如苯胺、丁基甲苯、乙二酸酯類，都具有不同程度的慢性致毒特性。

二、有毒品特性

1. 毒性

毒性是有毒品最顯著的特徵。

有毒品的化學組成和結構影響毒性的大小，如：甲基內吸磷比乙基內吸磷的毒性小50%，硝基化合物的毒性隨著硝基的增加或鹵原子的引入而增強。很多有毒品水溶性或脂溶性較強。有毒品在水中溶解度越大，毒性越大。因為易於在水中溶解的物品更易被人吸收而引起中毒。如氯化鋇易溶於水，對人危害

大，而硫酸鋇不溶於水和脂肪，故無毒。但有的毒物不溶於水但溶於脂肪，能通過溶解於皮膚表面的脂肪層浸入毛孔或滲入皮膚而引起中毒。這類物質也會對人體產生一定危害。

引起人體或其他動物中毒的主要途徑是呼吸道、消化道和皮膚。有毒的固體粉塵與揮發性液體的蒸氣容易從呼吸道吸入肺泡引起中毒，如氫氰酸、溴甲烷、苯胺、三氧化二砷、乙酸苯汞（賽力散）等；固體有毒品的顆粒越小越易引起中毒，因為顆粒小容易飛揚，容易經呼吸道吸入肺泡，被人體吸收而引起中毒。有毒品在誤食後將通過消化系統吸收，很快分散到人體各個部位，從而引起全身中毒；有些有毒品如砷和它的化合物在水中不溶或溶解度很低，但與胃液反應後會變為可溶物被人體吸收而引起人身中毒；有毒品還能通過皮膚接觸侵入肌體而引起中毒，如芳香族的衍生物、硝基苯、苯胺、聯苯胺、農藥中的有機磷、賽力散等能通過皮膚的破損處侵入人體，隨血液蔓延全身，加快中毒速度，特別是氰化物的血液中毒能極其迅速地導致死亡。液體有毒品的揮發性越大，空氣中濃度就越高，從而越容易從呼吸道侵入人體引起中毒。其中無色無味者比色濃味烈者更難以覺察，隱蔽性更強，更易引起中毒。另外，液體有毒品還易於滲漏和污染環境。

2. 遇濕易燃性

無機有毒品中金屬的氰化物和硒化物大都本身不燃，但都有遇濕易燃性。如鉀、鈉、鈣、鋅、銀、汞、鋇、銅、鎘、鈰、鉛、鎳等金屬的氰化物遇水或受潮都能放出極毒且易燃的氰化氫氣體；鎘、鐵、鋅、鉛等金屬的硒化物及硒粉遇酸、高熱、酸霧或水解能放出易燃且有毒的硒化氫氣體，硒酸、氧氯化硒還能與磷、鉀猛烈反應。

3. 氧化性

在無機有毒品中，銻、汞和鉛等金屬的氧化物大都本身不燃，但都具有氧化性，一旦與還原性強的物質接觸，容易引起燃燒爆炸，並產生毒性極強的氣體。如：五氧化二銻（銻酐）本身不燃，但氧化性很強，380℃時即分解；四氧化鉛（紅丹）、紅色氧化汞（紅降汞）、黃色氧化汞（黃降汞）、硝酸鉈、硝酸汞、釩酸鉀、釩酸銨、五氧化二釩等，它們本身都不燃，但都是弱氧化劑，在500℃時分解，當與可燃物接觸后，易引起著火或爆炸，並產生毒性極強的氣體。

4. 易燃性

在有毒品中有很多是透明或油狀的易燃液體，有的是低閃點液體，如溴乙烷的閃點低於-20℃，三氟丙酮的閃點小於-1℃，三氟乙酸乙酯的閃點為-1℃，異丁基腈的閃點為3℃，四羥基鎳的閃點為4℃。鹵代醇、鹵代酮、鹵代醛、鹵代酯等有機鹵代物，以及有機磷、有機硫、有機氯、有機砷、有機硅、腈、胺等，都是甲、乙類或丙類液體及可燃粉劑，馬拉硫磷等農藥都是丙類液體。這些有毒品既有相當的毒害性，又有一定的易燃性。硝基苯、菲醌等

芳香環、稠環及雜環化合物類有毒品，阿片生漆、菸鹼（尼古丁）等天然有機有毒品類遇明火都能燃燒，遇高熱分解出氣體。

5. 易爆性

有毒品中的疊氮化鈉，芳香族含 2、4 位兩個硝基的氯化物，萘酚，酚鈉等化合物，遇高熱、撞擊等都可以引起爆炸，並分解出有毒的氣體。如 2, 4-二硝基氯化苯毒性很高，遇明火或受熱至 150℃ 以上有引起爆炸或著火的危險。砷酸鈉、氟化砷、三碘化砷等砷及砷的化合物類，本身都不燃，但遇明火或高熱時，易升華放出極毒性的氣體。三碘化砷遇金屬鉀、鈉時還能形成對撞擊敏感的爆炸物。

6. 腐蝕性

有許多有毒品同時還具有較強的腐蝕性，如：二甲苯酚、二氯化苄、三氯乙醛、甲苯酚、氟乙酸、硫酸二甲酯、氯化汞、苯硫酚等。

三、有毒品分項

有毒品從化學組成和毒性大小上可分為以下幾種：

（1）無機劇毒品：如氰化鉀、氰化鈉等氰化合物，砷化合物，汞、鋨、鉈、磷的化合物等。

（2）有機劇毒品：如硫酸二甲酯、磷酸三甲苯酯、四乙基鉛、醋酸苯汞及某些有機農藥等。

（3）無機有毒品：如氯化鋇、氟化鈉等鉛、鋇、氟的化合物。

（4）有機有毒品：如四氯化碳、四氯乙烯、甲苯二異氰酸酯、苯胺及農藥、滅鼠藥等。

四、常見的有毒品

1. 氰化鈉

氰化鈉為立方晶系，白色結晶顆粒或粉末，易潮解，有微弱的苦杏仁氣味。劇毒，皮膚傷口接觸、吸入、微量吞食可致中毒死亡。化學式為 NaCN，熔點 563.7℃，沸點 1,496℃。它是一種重要的基本化工原料，用於提煉金、銀等貴金屬，電鍍或淬火，也用於塑料、農藥、醫藥、染料等有機合成工業。

它極易與酸作用，甚至很弱的酸亦能與之反應，鐵、鋅、鎳、銅、鈷、銀和鎘等金屬溶解於氰化鈉溶液，反應產生相應的氰化物。在氧的參與下，能溶解金和銀等貴金屬，生成絡合鹽。遇水、酸放出劇毒易燃氰化氫氣體。

該物品應儲存於陰涼、乾燥、通風良好的庫房。遠離火種、熱源。庫內相對濕度不超過 80%。包裝密封。應與氧化劑、酸類、食用化學品分開存放，切忌混儲。儲區應備有合適的材料收容泄漏物。應嚴格執行極毒物品「五雙」管理制度。

2. 三氧化二砷

三氧化二砷俗稱砒霜，無臭。白色粉末或結晶。有三種晶形：單斜晶體相對密度4.15，193℃升華；立方晶體相對密度3.865；無定形體相對密度3.738，熔點312.3℃。微溶於水生成亞砷酸。單斜晶體和立方晶體溶於乙醇、酸類和鹼類；無定形體溶於酸類和鹼類，但不溶於乙醇。工業品因所含雜質不同，略呈紅色、灰色或黃色。主要用於提煉元素砷。

該物品應存於陰涼、通風良好的專用庫房內，實行「雙人收發、雙人保管」制度。遠離火種、熱源。包裝密封。應與氧化劑、酸類、鹵素、食用化學品分開存放，切忌混儲。儲區應備有合適的材料收容泄漏物。

3. 四乙基鉛

四乙基鉛為略帶水果香甜味的無色透明油狀液體，約含鉛64%。常溫下極易揮發，即使0℃時也可產生大量蒸氣，其比重較空氣稍大。遇光可分解產生三乙基鉛。有高度脂溶性，不溶於水，易溶於有機溶劑。急性四乙基鉛中毒是以神經精神症狀為主要臨床表現的全身性疾病，重者可昏迷致死，多見於意外事故。

該物品應存於陰涼、通風良好的專用庫房內，遠離火種、熱源。包裝密封。應與氧化劑、食品添加劑分開儲存和運輸。泄漏物不許排入下水道，可用沙土、石灰等吸附后收集處理。

4. 氯化鋇

氯化鋇是白色的晶體，易溶於水，微溶於鹽酸和硝酸，難溶於乙醇和乙醚，易吸濕，需密封保存。作分析試劑、脫水劑，制鋇鹽，以及用於電子、儀表、冶金等工業。氯化鋇是一種可溶性鋇鹽，有劇毒，請小心使用，以防中毒。

該物品應儲存於陰涼、通風的庫房。遠離火種、熱源。包裝密封，應與氧化劑、酸類、食用化學品分開存放，切忌混儲。

3.8 放射性物品

一、放射性物品定義

放射性物品就是含有放射性核素，並且物品中的總放射性含量和單位質量的放射性含量均超過免於監管的限值的物品。

二、放射性物品特性

1. 放射性

放射性的危害主要表現為對造血系統的破壞，最初表現為白細胞減少、骨髓增生異常等，有時呈現出類似感冒的症狀。統計資料表明，氡已成為人們患

肺癌的主要原因，美國每年因此死亡者達 5,000~20,000 人，中國每年也約有 50,000 人因氡致肺癌而死亡。

2. 毒害性

如釙-210，它的毒性比氰化物高 1,000 億倍，也就是說，0.1 克釙可以殺死 100 億人，屬於極毒性核素。它容易通過核反衝作用而形成放射性氣溶膠，污染環境和空氣，甚至能透過皮膚進入人體，能長期滯留於骨、肺、腎和肝中，其輻射效應會引起腫瘤。

3. 不可抑制性

不能用化學、物理或其他方法使其不放出射線，只有通過放射性核素的自身衰變才能使放射性衰減到一定的水平。而許多放射性元素的半衰期十分長，並且衰變的產物又是新的放射性元素，而只能設法（如稀釋排放法、放置衰變法、瀝青固化法、水泥固化法等）把放射性物品清除或者使用適當的材料予以屏蔽。

三、放射性物品分項

放射性物品的分類方法很多，比較常用的是按物理形態和放出的射線類型進行分類。

1. 按物理形態分類：

（1）固體放射性物品，如鈷^{60}、獨居石等。

（2）粉末狀放射性物品，如夜光粉、鈰鈉復鹽等。

（3）液體放射性物品，如發光劑、醫用同位素制劑磷酸二氫鈉-P^{32}等。

（4）晶粒狀放射性物品，如硝酸鈾等。

（5）氣體放射性物品，如氪^{85}、氬^{41}等。

2. 按放出的射線類型分類：

（1）放出 α、β、γ 線的放射性物品，如鐳^{226}。

（2）放出 α、β 射線的放射性物品，如天然鈾。

（3）放出 β、γ 射線的放射性物品，如鈷^{60}。

（4）放出中子流（同時也放出 α、β 或 γ 射線中一種或兩種）的放射性物品，如鐳—鈹中子流、釙—鈹中子流等。

3.9 腐蝕品

一、腐蝕品定義

腐蝕品是指能灼傷人體組織並對金屬等物品造成損壞的固體或液體。腐蝕品與皮膚接觸在 4 小時內出現可見壞死現象，或溫度在 55℃時，對 20 號鋼的

表面均勻年腐蝕率超過 6.25mm/a。

二、腐蝕品特性

1. 強烈的腐蝕性

在化學危險物品中，腐蝕品化學性質比較活潑，能和很多金屬、有機化合物、動植物機體等發生化學反應。這類物質能灼傷人體組織，對金屬、動植物機體、纖維製品等具有強烈的腐蝕作用。

2. 毒性

多數腐蝕品有不同程度的毒性，有的還是劇毒品。

3. 易燃性

許多有機腐蝕物品都具有易燃性。如甲酸、冰醋酸、苯甲醯氯、丙烯酸等。

4. 氧化性

如硝酸、硫酸、高氯酸、溴素等，當這些物品接觸木屑、食糖、紗布等可燃物時，會發生氧化反應，引起燃燒。

三、腐蝕品分項

腐蝕品的分類方法很多，比較常用的是按其性質和腐蝕性的強弱分類。

1. 腐蝕品按其性質分為 3 類：

（1）酸性腐蝕品

酸性腐蝕品危險性較大，它能使動物皮膚受腐蝕，也能腐蝕金屬。其中強酸可使皮膚立即出現壞死現象。這類物品主要包括各種強酸和遇水能生成強酸的物質，常見的有硫酸、硝酸、氫氯酸、氫溴酸、氫碘酸、高氯酸，還有由 1 體積的濃硝酸和 3 體積的濃鹽酸混合而成的王水，等等。

（2）鹼性腐蝕品

鹼性腐蝕品危險性較大。其中強鹼易起皂化作用，故易腐蝕皮膚，可使動物皮膚很快出現可見壞死現象。本類腐蝕品常見的有氫氧化鈉、硫化鈉、乙醇鈉、二乙醇胺、二環己胺、水合肼等。

（3）其他腐蝕品

如二氯乙醛、苯酚鈉等。

2. 按其腐蝕性的強弱又細分為一級腐蝕品和二級腐蝕品，其主要品類是酸類和鹼類。

四、常見的腐蝕品

1. 硝酸

硝酸是無色透明發菸液體，工業品常呈黃色或紅棕色，能與水以任何比例

相混合。它是強氧化劑，遇金屬粉末、H 發孔劑、松節油立即燃燒，甚至爆炸。它與還原劑、可燃物，如糖、纖維素、木屑、棉花、稻草等接觸可引起燃燒。它遇氰化物則產生劇毒氣體。有強腐蝕性。主要用於化肥、染料、國防、炸藥、冶金、醫藥等工業。

該物品應儲存於鋁罐、陶瓷壇或玻璃瓶中，陶瓷壇可放露天或棚下，下墊沙土上蓋瓦鉢。遠離易燃、可燃物，並與鹼類、氰化物、金屬粉末隔離儲存。泄漏物可用沙土或白灰吸附中和，再用霧狀水冷卻稀釋後處理。

2. 氫氧化鈉

氫氧化鈉別名燒鹼、苛性鈉，分子式 NaOH，白色易潮解的固體，有塊、片、棒、粒等形狀。溶於水大量放熱，水溶液呈強鹼性，能破壞有機組織，傷害皮膚和毛織物。與酸起中和反應並放熱。易吸收空氣中的二氧化碳而變質。用於石油精煉、造紙、肥皂、人造絲、染色、制革、醫藥、有機合成等。

該物品應儲存於干燥庫房或貨棚，防止雨水浸入。遠離可燃物及酸類。

3. 苯酚鈉

苯酚鈉分子式 $NaOC_6H_5$，白色針狀結晶，易潮解，能溶於水和乙醇。可燃，受熱分解或遇酸放出有毒氣體，有腐蝕性。可用作防腐劑、有機合成中間體，在防毒面具中用以吸收光氣。

該物品應儲存於陰涼通風庫房，遠離火種、熱源。與氧化劑、酸類分開存放。

4 危險化學品安全管理

基於危險化學品的危險特性,其在生產、經營、運輸、儲存、使用及廢棄物處置過程中容易造成人身傷亡、財產毀損、環境污染。我們要按照國家頒布的法律、法規、標準的要求認真抓好危險化學品安全管理工作。

4.1 危險化學品生產的安全管理

一、危險化學品生產的特點

危險化學品生產企業主要分佈在石油和化工行業。石油和化工行業是國民基礎行業,它的發展有力促進了工農業生產,鞏固了國防,提高了人民生活水平。同時,石油化學工業生產不同於機械製造、基本建設、紡織和交通運輸等行業,是一種高危險性的行業,一旦發生火災、爆炸事故,往往造成較大的傷亡或財產損失。這主要是因為危險化學品生產具有以下特點:

1. 物料危險

危險化學品生產中使用的原料、中間產品、各種溶劑、添加劑、催化劑、試劑和產品等具有易燃易爆、有毒有害、腐蝕等危險特性,它們又多以氣體和液體狀態存在,極易泄漏和揮發。許多物料又是高毒和劇毒物質,如苯、甲苯、氰化鈉、硫化氫、氯氣等等,這些物料的處置不當或發生泄漏時,容易導致人員傷亡。石化生產過程中還要使用、產生多種強腐蝕性的酸、鹼類物質,如硫酸、鹽酸、燒鹼等,設備、管線腐蝕出現問題的可能性高;一些物料還具有自燃、暴聚特性,如金屬有機催化劑、乙烯等。物料的這些潛在危險決定了在其生產、經營、運輸、儲存、使用及廢棄物處置過程中,稍有不慎就會釀成事故。

2. 工藝複雜

石油化工生產工藝技術複雜,運行條件苛刻,易出現突發災難性事故。石油化工生產過程中,一般都需要經過許多工序和複雜的加工單元,通過多次反應或分離才能完成,一些過程控制條件異常苛刻,如高溫、高壓、低溫、真空

等。如蒸汽裂解的溫度高達 1,100℃，而一些深冷分離過程的溫度則低至 -100℃以下；高壓聚乙烯的聚合壓力達 350MPa，滌綸原料聚酯的生產壓力僅 1～2mmHg；特別是在減壓蒸餾、催化裂化、焦化等很多加工過程中，物料溫度已超過其自燃點。這些苛刻條件，對石化生產設備的製造、維護以及人員素質都提出了嚴格要求，任何一個小的失誤就有可能導致災難性后果。

3. 生產規模大型化

隨著社會對產品品種和數量需求日益增大，迫使石油化工企業向著大型的現代化聯合體方向發展，以提高加工深度，綜合利用資源，進一步擴大經濟效益。如：中國的煉油裝置規模已達 800 萬噸/年，乙烯裝置規模已達 70 萬噸/年。規模越大，使用的設備、機械就越多，發生故障的概率就越大；規模越大，儲存的物料就越多，潛在危險性就越大。一旦發生事故，后果往往越嚴重。

4. 生產過程連續化、自動化

石油化工生產具有高度的連續性，不分晝夜，不分節假日，長週期地連續倒班作業。石化生產過程的連續性強，在一些大型一體化裝置區，裝置之間相互關聯，物料互供關係密切，一個裝置的產品往往是另一裝置的原材料，局部的問題往往會影響到全局。在一個聯合企業內部，廠際之間、車間之間、工序之間，管道互通、原料產品互相利用，是一個組織嚴密，相互依存，高度統一不可分割的有機整體。任何一個廠或一個車間，乃至一道工序發生事故，都會影響到全局。

基於石油化工生產過程的複雜性、大型化和連續化，石油化工生產的自動化水平也不斷提高。但是自動控制系統和儀器儀表也有發生故障的可能，從而導致監測和控制失效，進而導致事故發生。

二、危險化學品生產單位必須具備的基本條件

《安全生產許可證條例》《危險化學品安全管理條例》《危險化學品生產企業安全生產許可證實施辦法》等對危險化學品生產單位的基本條件做出了明確規定。這些基本條件是危險化學品生產單位必須做到的，同時也是單位安全運行的基本保障。

1. 取得危險化學品安全生產許可證

企業應當依照相關規定取得危險化學品安全生產許可證（以下簡稱安全生產許可證）。未取得安全生產許可證的企業，不得從事危險化學品的生產活動。

企業涉及使用有毒物品的，除安全生產許可證外，還應當依法取得職業衛生安全許可證。

安全生產許可證的頒發管理工作實行企業申請、兩級發證、屬地監管的

原則。

2. 有符合國家標準的生產工藝、設備和儲存方式、設施

生產工藝、設備設施直接關係到生產、儲存的安全性。危險化學品生產、儲存企業的生產工藝、設備和儲存方式、設施必須符合國家標準的相關要求。新建、改建、擴建設項目須經具備國家規定資質的單位設計、製造和施工建設；涉及危險化工工藝、重點監管危險化學品的裝置，由具有綜合甲級資質或者化工石化專業甲級設計資質的化工石化設計單位設計；不得採用國家明令淘汰、禁止使用和危及安全生產的工藝、設備；新開發的危險化學品生產工藝必須在小試、中試、工業化試驗的基礎上逐步放大到工業化生產；國內首次使用的化工工藝，必須經過省級人民政府有關部門組織的安全可靠性論證；涉及危險化工工藝、重點監管危險化學品的裝置須裝設自動化控制系統；涉及危險化工工藝的大型化工裝置須裝設緊急停車系統；涉及易燃易爆、有毒有害氣體化學品的場所須裝設易燃易爆、有毒有害介質洩漏報警等安全設施。

3. 工廠、倉庫的周邊防護距離符合國家標準或者有關規定

工廠、倉庫的周邊防護距離的設定目的是為了減輕事故損失。為此，企業選址佈局、規劃設計以及與重要場所、設施、區域的距離應當符合下列要求：

（1）國家產業政策；當地縣級以上（含縣級）人民政府的規劃和佈局；新設立企業建在地方人民政府規劃的專門用於危險化學品生產、儲存的區域內。

（2）危險化學品生產裝置或者儲存危險化學品數量構成重大危險源的儲存設施，與《危險化學品安全管理條例》第十九條第一款規定的八類場所、設施、區域的距離須符合有關法律、法規、規章和國家標準或者行業標準的規定。

（3）總體佈局符合《化工企業總圖運輸設計規範》（GB50489）、《工業企業總平面設計規範》（GB50187）、《建築設計防火規範》（GB50016）等標準的要求。

石油化工企業除符合本條第一款規定條件外，還應當符合《石油化工企業設計防火規範》（GB50160）的要求。

4. 有符合生產、儲存需要的管理人員和技術人員

人是保證安全生產的主體。有關人員必須具備能夠保證本崗位安全的必要知識和技能。企業主要負責人、分管安全負責人和安全生產管理人員必須具備與其從事的生產經營活動相適應的安全生產知識和管理能力，依法參加安全生產培訓，並經考核合格，取得安全資格證書。企業分管安全負責人、分管生產負責人、分管技術負責人應當具有一定的化工專業知識或者相應的專業學歷，專職安全生產管理人員應當具備國民教育化工化學類（或安全工程）中等職業教育以上學歷或者化工化學類中級以上專業技術職稱，或者具備危險物品安

全類註冊安全工程師資格。特種作業人員應當依照《特種作業人員安全技術培訓考核管理規定》，經專門的安全技術培訓並考核合格，取得特種作業操作證書。其他從業人員應當按照國家有關規定，經安全教育培訓合格。

5. 有健全的安全管理制度

《危險化學品生產企業安全生產許可證實施辦法》規定，危險化學品生產、儲存企業應當根據化工工藝、裝置、設施等實際情況，制定完善下列主要安全生產規章制度：

（1）安全生產例會等安全生產會議制度。
（2）安全投入保障制度。
（3）安全生產獎懲制度。
（4）安全培訓教育制度。
（5）領導幹部輪流現場帶班制度。
（6）特種作業人員管理制度。
（7）安全檢查和隱患排查治理制度。
（8）重大危險源評估和安全管理制度。
（9）變更管理制度。
（10）應急管理制度。
（11）生產安全事故或者重大事件管理制度。
（12）防火、防爆、防中毒、防泄漏管理制度。
（13）工藝、設備、電氣儀表、公用工程安全管理制度。
（14）動火、進入受限空間、吊裝、高處、盲板抽堵、動土、斷路、設備檢維修等作業安全管理制度。
（15）危險化學品安全管理制度。
（16）職業健康相關管理制度。
（17）勞動防護用品使用維護管理制度。
（18）承包商管理制度。
（19）安全管理制度及操作規程定期修訂制度。

6. 符合法律、法規規定和國家標準要求的其他安全條件

如：事故應急救援預案，符合法律、法規標準的消防設施等。

三、安全生產許可證管理辦法

新修訂的《危險化學品生產企業安全生產許可證實施辦法》已經 2011 年 7 月 22 日國家安全生產監督管理總局局長辦公會議審議通過，自 2011 年 12 月 1 日起施行。

《危險化學品生產企業安全生產許可證實施辦法》根據《安全生產法》《危險化學品管理條例》的規定，對危險化學品生產許可證的發證機構、安全

生產許可證的申請與審批、監督與管理等作了具體規定。

1. 申領範圍

依法設立且取得工商營業執照或者工商核准文件從事生產最終產品或者中間產品列入《危險化學品目錄》的企業。

2. 發證機關

國家安全生產監督管理總局指導、監督全國安全生產許可證的頒發管理工作。

省、自治區、直轄市安全生產監督管理部門（以下簡稱省級安全生產監督管理部門）負責本行政區域內中央企業及其直接控股涉及危險化學品生產的企業（總部）以外的企業安全生產許可證的頒發管理。

省級安全生產監督管理部門可以將其負責的安全生產許可證頒發工作，委託企業所在地設區的市級或者縣級安全生產監督管理部門實施。涉及劇毒化學品生產的企業安全生產許可證頒發工作，不得委託實施。國家安全生產監督管理總局公布的涉及危險化工工藝和重點監管危險化學品的企業安全生產許可證頒發工作，不得委託縣級安全生產監督管理部門實施。

受委託的設區的市級或者縣級安全生產監督管理部門在受委託的範圍內，以省級安全生產監督管理部門的名義實施許可，但不得再委託其他組織和個人實施。

國家安全生產監督管理總局、省級安全生產監督管理部門和受委託的設區的市級或者縣級安全生產監督管理部門統稱實施機關。

3. 申請材料

企業申請安全生產許可證時，應當提交下列文件、資料，並對其內容的真實性負責：

（1）申請安全生產許可證的文件及申請書；

（2）安全生產責任制文件、安全生產規章制度、崗位操作安全規程清單；

（3）設置安全生產管理機構，配備專職安全生產管理人員的文件複製件；

（4）主要負責人、分管安全負責人、安全生產管理人員和特種作業人員的安全資格證或者特種作業操作證複製件；

（5）與安全生產有關的費用提取和使用情況報告，新建企業提交有關安全生產費用提取和使用規定的文件；

（6）為從業人員繳納工傷保險費的證明材料；

（7）危險化學品事故應急救援預案的備案證明文件；

（8）危險化學品登記證複製件；

（9）工商營業執照副本或者工商核准文件複製件；

（10）具備資質的仲介機構出具的安全評價報告；

（11）竣工驗收報告；

（12）應急救援組織或者應急救援人員，以及應急救援器材、設備設施清單。

有危險化學品重大危險源的企業，除提交本條第一款規定的文件、資料外，還應當提供重大危險源及其應急預案的備案證明文件、資料。

4. 審批

安全生產許可證申請受理后，實施機關應當組織對企業提交的申請文件、資料進行審查。對企業提交的文件、資料實質內容存在疑問，需要到現場核查的，應當指派工作人員就有關內容進行現場核查。工作人員應當如實提出現場核查意見。

實施機關應當在受理之日起 45 個工作日內作出是否準予許可的決定。審查過程中的現場核查所需時間不計算在本條規定的期限內。

實施機關作出準予許可決定的，應當自決定之日起 10 個工作日內頒發安全生產許可證。

實施機關作出不予許可的決定的，應當在 10 個工作日內書面告知企業並說明理由。

安全生產許可證有效期為 3 年。企業安全生產許可證有效期屆滿后繼續生產危險化學品的，應當在安全生產許可證有效期屆滿前 3 個月提出延期申請。

企業不得出租、出借、買賣或者以其他形式轉讓其取得的安全生產許可證，或者冒用他人取得的安全生產許可證、使用偽造的安全生產許可證。

5. 監督與管理

實施機關應當堅持公開、公平、公正的原則，依照本辦法和有關安全生產行政許可的法律、法規規定，頒發安全生產許可證。

實施機關工作人員在安全生產許可證頒發及其監督管理工作中，不得索取或者接受企業的財物，不得謀取其他非法利益。

實施機關應當加強對安全生產許可證的監督管理，建立、健全安全生產許可證檔案管理制度。

有下列情形之一的，實施機關應當撤銷已經頒發的安全生產許可證：

（1）超越職權頒發安全生產許可證的；

（2）違反本辦法規定的程序頒發安全生產許可證的；

（3）以欺騙、賄賂等不正當手段取得安全生產許可證的。

企業取得安全生產許可證后有下列情形之一的，實施機關應當註銷其安全生產許可證：

（1）安全生產許可證有效期屆滿未被批准延續的；

（2）終止危險化學品生產活動的；

（3）安全生產許可證被依法撤銷的；

（4）安全生產許可證被依法吊銷的。

安全生產許可證註銷后，實施機關應當在當地主要新聞媒體或者本機關網站上發布公告，並通報企業所在地人民政府和縣級以上安全生產監督管理部門。

省級安全生產監督管理部門應當在每年 1 月 15 日前，將本行政區域內上年度安全生產許可證的頒發和管理情況報國家安全生產監督管理總局。

國家安全生產監督管理總局、省級安全生產監督管理部門應當定期向社會公布企業取得安全生產許可的情況，接受社會監督。

4.2 危險化學品經營的安全管理

一、危險化學品經營許可制度

《危險化學品安全管理條例》第三十三條規定：國家對危險化學品經營（包括倉儲經營，下同）實行許可制度。未經許可，任何單位和個人不得經營危險化學品。

依法設立的危險化學品生產企業在其廠區範圍內銷售本企業生產的危險化學品，不需要取得危險化學品經營許可。

依照《中華人民共和國港口法》的規定取得港口經營許可證的港口經營人，在港區內從事危險化學品倉儲經營，不需要取得危險化學品經營許可。

危險化學品經營許可證分為甲、乙兩種。取得甲種經營許可證的單位可經行銷售劇毒化學品和其他危險化學品；取得乙種經營許可證的單位只能經行銷售除劇毒化學品以外的危險化學品。

經營許可證的頒發管理工作實行企業申請、兩級發證、屬地監管的原則。

國家安全生產監督管理總局指導、監督全國經營許可證的頒發和管理工作。

省、自治區、直轄市人民政府安全生產監督管理部門指導、監督本行政區域內經營許可證的頒發和管理工作。

設區的市級人民政府安全生產監督管理部門（以下簡稱市級發證機關）負責下列企業的經營許可證審批、頒發：

（1）經營劇毒化學品的企業；
（2）經營易制爆危險化學品的企業；
（3）經營汽油加油站的企業；
（4）專門從事危險化學品倉儲經營的企業；
（5）從事危險化學品經營活動的中央企業所屬省級、設區的市級公司（分公司）；

(6) 帶有儲存設施經營除劇毒化學品、易制爆危險化學品以外的其他危險化學品的企業。

縣級人民政府安全生產監督管理部門（以下簡稱縣級發證機關）負責本行政區域內本條第三款規定以外企業的經營許可證審批、頒發；沒有設立縣級發證機關的，其經營許可證由市級發證機關審批、頒發。

經營許可證有效期為 3 年。有效期滿后，經營單位繼續從事危險化學品經營活動的，應當在經營許可證有效期滿前 3 個月內向原發證機關提出換證申請，經審查合格后換領新證。

二、危險化學品經營條件

《危險化學品安全管理條例》第三十四條規定，從事危險化學品經營的企業應當具備下列條件：

（1）有符合國家標準、行業標準的經營場所，儲存危險化學品的，還應當有符合國家標準、行業標準的儲存設施。

《危險化學品經營企業開業條件和技術要求》（GB 18265-2000）規定：

①危險化學品經營企業的經營場所應坐落在交通便利、便於疏散處。

②危險化學品經營企業的經營場所的建築物應符合 GB J16 的要求。

③從事危險化學品批發業務的企業，應具備經縣級以上（含縣級）公安、消防部門批准的專用危險品倉庫（自有或租用）。所經營的危險化學品不得放在業務經營場所。

④零售業務只許經營除爆炸品、放射性物品、劇毒物品以外的危險化學品。

零售業務的店面應與繁華商業區或居住人口稠密區保持 500m 以上距離。

零售業務的店面經營面積（不含庫房）應不小於 $60m^2$，其店面內不得設有生活設施。

零售業務的店面內只許存放民用小包裝的危險化學品，其存放總質量不得超過 1t。

零售業務的店面內危險化學品的擺放應佈局合理，禁忌物料不能混放。綜合性商場（含建材市場）所經營的危險化學品應有專櫃存放。

零售業務的店面內顯著位置應設有「禁止明火」等警示標志。

零售業務的店面內應放置有效的消防、急救安全設施。

零售業務的店面與存放危險化學品的庫房（或罩棚）應有實牆相隔。單一品種存放量不能超過 500kg，總質量不能超過 2t。

零售店面備貨庫房應根據危險化學品的性質與禁忌分別採用隔離儲存或隔開儲存或分離儲存等不同方式進行儲存。

零售業務的店面備貨庫房應報公安、消防部門批准。

經營易燃易爆品的企業，應向縣級以上（含縣級）公安、消防部門申領易燃易爆品消防安全經營許可證。

危險化學品經營企業，應向供貨方索取並向用戶提供 GB/T17519.1-1998 第 5 章 SDS 的內容和一般形式所規定的 16 個項目的有關信息。

（2）從業人員經過專業技術培訓並經考核合格。

《危險化學品經營企業開業條件和技術要求》（GB 18265-2000）規定：

危險化學品經營企業的法定代表人或經理應經過國家授權部門的專業培訓，取得合格證書方能從事經營活動。

企業業務經營人員應經國家授權部門的專業培訓，取得合格證書方能上崗。

經營劇毒物品企業的人員，除滿足上述要求外，還應經過縣級以上（含縣級）公安部門的專門培訓，取得合格證書方可上崗。

（3）有健全的安全管理規章制度。

一般指全員安全生產責任制度、危險化學品購銷管理制度、危險化學品安全管理制度（包括防火、防爆、防中毒、防泄漏管理等內容）、安全投入保障制度、安全生產獎懲制度、安全生產教育培訓制度、隱患排查治理制度、安全風險管理制度、應急管理制度、事故管理制度、職業衛生管理制度等。

（4）有專職安全管理人員。

企業主要負責人和安全生產管理人員應具備與本企業危險化學品經營活動相適應的安全生產知識和管理能力，經專門的安全生產培訓和安全生產監督管理部門考核合格，取得相應安全資格證書。

（5）有符合國家規定的危險化學品事故應急預案和必要的應急救援器材、設備。

（6）法律、法規規定的其他條件。

三、經營危險化學品的規定

《危險化學品安全管理條例》作了規定：

（1）經營危險化學品，不得有以下幾種行為：

①向未經許可從事危險化學品生產、經營活動的企業採購危險化學品；

②經營沒有化學品安全技術說明書或者化學品安全標籤的危險化學品；

③經營國家明令禁止的危險化學品和用劇毒化學品生產的滅鼠藥以及其他可能進入人們日常生活的化學用品和日用化學用品。

（2）不得向未取得危險化學品經營許可證的單位或個人銷售危險化學品。

（3）不得向個人銷售劇毒化學品（屬於劇毒化學品的農藥除外）和易制爆危險化學品。

4.3 危險化學品儲存的安全管理

儲存是指產品在離開生產領域而尚未進入消費領域之前，在流通過程中形成的一種停留。生產、經營、儲存、使用危險化學品的企業都存在危險化學品的儲存問題。

危險化學品的儲存根據物質的理化性質和儲存量的大小分為整裝儲存和散裝儲存。

整裝儲存是指將物品裝於小型容器或包件中儲存，如各種袋裝、桶裝、箱裝或者鋼瓶裝。

散裝儲存是指物品不帶外包裝的淨貨儲存，如有機液體汽油、甲苯、二甲苯、丙酮等。

一、儲存方式

危險化學品的儲存必須具備適合儲存方式的設施。

（1）隔離貯存：在同一房間或同一區域內，不同的物料之間分開一定的距離，非禁忌物料之間用通道保持空間的貯存方式。

（2）隔開貯存：在同一建築或同一區域內，用隔板或牆，將其與禁忌物料（化學性質相抵觸或滅火方法不同的化學物料）分離開的貯存方式。

（3）分離貯存：在不同的建築物或遠離所有建築的外部區域內的貯存方式。

二、危險化學品儲存單位的審批條件

《危險化學品安全管理條例》中第十一條規定國家對危險化學品的生產、儲存實行統籌規劃、合理佈局。

《危險化學品安全管理條例》明確了危險化學品儲存企業，必須具體以下條件：

1. 有符合國家標準的生產工藝、設備和儲存方式、設施

這主要包括：建築物、儲存地點及建築結構的設置、儲存場所的電氣裝置、儲存場所通風或濕度調節、禁配要求、設備、報警裝置等。

（1）建築物

貯存化學危險品的建築物不得有地下室或其他地下建築，其耐火等級、層數、占地面積、安全疏散和防火間距，應符合國家有關規定。

貯存地點及建築結構的設置，除了應符合國家的有關規定外，還應考慮對周圍環境和居民的影響。

（2）電氣裝置

危險化學品儲存建築物場所消防用電設備應能充分滿足消防用電的需要，並符合 GBJ16 的有關規定；

危險化學品儲存區域或建築物內輸配電線路、燈具、火災事故照明和疏散指示標誌，都應符合安全要求；

儲存易燃、易爆化學危險品的建築，必須安裝避雷設備。

（3）儲存場所通風或溫度調節

儲存危險化學品的建築必須安裝通風設備，並注意設備的防護措施；

儲存危險化學品的建築通排風系統應設有導除靜電的接地裝置；

通風管應採用非燃燒材料製作；

通風管道不宜穿過防火牆等防火分隔物，如必須穿過時應用非燃燒材料分隔；

儲存危險化學品建築採暖的熱媒溫度不應過高，熱水採暖不應超過 80℃，不得使用蒸汽採暖和機械採暖。

採暖管道和設備的保溫材料，必須採用非燃燒材料。

（4）報警裝置

生產、儲存危險化學品的單位，應當在其作業場所設置通信、報警裝置，並保證處於適用狀態。

2. 工廠、倉庫的周邊防護距離符合國家標準或者有關規定

《危險化學品經營企業開業條件和技術要求》（GB 18265-2000）明確了倉儲點設置標準：

（1）危險化學品倉庫按其使用性質和經營規模分為三種類型：大型倉庫（庫房或貨場總面積大於 9,000m^2）；中型倉庫（庫房或貨場總面積在 550m^2～9,000m^2 之間）；小型倉庫（庫房或貨場總面積小於 550m^2）。

（2）大中型危險化學品倉庫應選址在遠離市區和居民區的當在主導風向的下風向和河流下遊的地域。

（3）大中型危險化學品倉庫應與周圍公共建築物、交通干線（公路、鐵路、水路）、工礦企業等距離至少保持 1,000m。

（4）大中型危險化學品倉庫內應設庫區和生活區，兩區之間應有 2m 以上的實體圍牆，圍牆與庫區內建築的距離不宜小於 5m，並應滿足圍牆建築物之間的防火距離要求。

（5）危險化學品專用倉庫應向縣級以上（含縣級）公安、消防部門申領消防安全儲存許可證。

3. 有符合生產、儲存需要的管理人員和技術人員

《安全生產法》第二十四條規定：生產經營單位的主要負責人和安全生產管理人員必須具備與本單位所從事的生產經營活動相應的安全生產知識和管理

能力。

　　危險物品的生產、經營、儲存單位以及礦山、金屬冶煉、建築施工、道路運輸單位的主要負責人和安全生產管理人員，應當由主管的負有安全生產監督管理職責的部門對其安全生產知識和管理能力考核合格。

　　危險物品的生產、儲存單位以及礦山、金屬冶煉單位應當有註冊安全工程師從事安全生產管理工作。鼓勵其他生產經營單位聘用註冊安全工程師從事安全生產管理工作。

　　《安全生產法》第二十五條規定：生產經營單位應當對從業人員進行安全生產教育和培訓，保證從業人員具備必要的安全生產知識，熟悉有關的安全生產規章制度和安全操作規程，掌握本崗位的安全操作技能，瞭解事故應急處理措施，知悉自身在安全生產方面的權利和義務。未經安全生產教育和培訓合格的從業人員，不得上崗作業。

　　《危險化學品安全管理條例》第四條規定：生產、儲存、使用、經營、運輸危險化學品的單位（以下統稱危險化學品單位）的主要負責人對本單位的危險化學品安全管理工作全面負責。

　　危險化學品單位應當具備法律、行政法規規定和國家標準、行業標準要求的安全條件，建立、健全安全管理規章制度和崗位安全責任制度，對從業人員進行安全教育、法制教育和崗位技術培訓。從業人員應當接受教育和培訓，考核合格后上崗作業；對有資格要求的崗位，應當配備依法取得相應資格的人員。

　　《危險化學品經營企業開業條件和技術要求》規定：危險化學品經營企業的法定代表人或經理應經過國家授權部門的專業培訓，取得合格證書方能從事經營活動。

　　企業業務經營人員應經國家授權部門的專業培訓，取得合格證書方能上崗。

　　經營劇毒物品企業的人員，除滿足上述要求外，還應經過縣級以上（含縣級）公安部門的專門培訓，取得合格證書方可上崗。

　　4. 有健全的安全管理制度

　　一般要有安全生產管理制度，各個崗位安全操作制度，出入庫管理制度，商品養護管理制度，安全防火責任制度，動態火源的管理制度，劇毒品的管理制度，設備的安全檢查制度等。

　　5. 符合法律、法規規定和國家標準要求的其他安全條件

　　比如，《安全生產法》第二十條規定：生產經營單位應當具備的安全生產條件所必需的資金投入，由生產經營單位的決策機構、主要負責人或者個人經營的投資人予以保證，並對由於安全生產所必需的資金投入不足導致的后果承擔責任。

三、危險化學品儲存的安全管理

1. 儲存要求

（1）《危險化學品安全管理條例》第二十四條規定，危險化學品應當儲存在專用倉庫、專用場地或者專用儲存室（以下統稱專用倉庫）內，並由專人負責管理；劇毒化學品以及儲存數量構成重大危險源的其他危險化學品，應當在專用倉庫內單獨存放，並實行雙人收發、雙人保管制度。

危險化學品的儲存方式、方法以及儲存數量應當符合國家標準或者國家有關規定。

（2）《危險化學品安全管理條例》第二十五條規定，儲存危險化學品的單位應當建立危險化學品出入庫核查、登記制度。

對劇毒化學品以及儲存數量構成重大危險源的其他危險化學品，儲存單位應當將其儲存數量、儲存地點以及管理人員的情況，報所在地縣級人民政府安全生產監督管理部門（在港區內儲存的，報港口行政管理部門）和公安機關備案。

（3）危險化學品專用倉庫應當符合國家標準、行業標準的要求，並設置明顯的標志。儲存劇毒化學品、易制爆危險化學品的專用倉庫，應當按照國家有關規定設置相應的技術防範設施。

儲存危險化學品的單位應當對其危險化學品專用倉庫的安全設施、設備定期進行檢測、檢驗。

（4）生產、儲存危險化學品的單位，應當在其作業場所和安全設施、設備上設置明顯的安全警示標志。

同一區域儲存兩種或兩種以上不同級別的危險化學品時，應按最高等級危險物品的性能標志。

（5）儲存危險化學品的倉庫必須配備具有專業知識的技術人員，其倉庫及場所應設專人管理，管理人員必須配備可靠的個人安全防護用品。

（6）危險化學品露天堆放，應符合防火、防爆的安全要求，爆炸物品、一級易燃品、遇濕易燃品、劇毒物品不得露天堆放。

（7）各類危險化學品不得與禁忌物料混合儲存，滅火方法不同的危險化學品不能同庫儲存。

（8）《危險化學品安全管理條例》第七十條規定，危險化學品單位應當制定本單位危險化學品事故應急預案，配備應急救援人員和必要的應急救援器材、設備，並定期組織應急救援演練。

2. 危險化學品的養護

（1）危險化學品入庫時，應嚴格檢驗商品質量、數量、包裝情況、有無泄漏。

（2）危險化學品入庫后應根據商品的特性採取適當的養護措施，在儲存期內，定期檢查，做到一日兩檢，並做好檢查記錄。發現其品質發生變化、包裝破損、滲透、穩定劑短缺等及時處理。

（3）庫房溫度、濕度應嚴格控制、經常檢查，發現變化及時調整。

3. 危險化學品出入庫管理

（1）儲存危險化學品的單位應當建立危險化學品出入庫核查、登記制度。

（2）對劇毒化學品以及儲存數量構成重大危險源的其他危險化學品，儲存單位應當將其儲存數量、儲存地點以及管理人員的情況，報所在地縣級人民政府安全生產監督管理部門（在港區內儲存的，報港口行政管理部門）和公安機關備案。

（3）對重複使用的危險化學品包裝物、容器，使用單位在重複使用前應當進行檢查；發現存在安全隱患的，應當維修或者更換。使用單位應當對檢查情況作出記錄，記錄的保存期限不得少於 2 年。生產、儲存危險化學品的企業，應當委託具備國家規定的資質條件的機構，對本企業的安全生產條件每 3 年進行一次安全評價，提出安全評價報告。安全評價報告的內容應當包括對安全生產條件存在的問題進行整改的方案。

（4）進入危險化學品儲存區域的人員、機動車輛和作業車輛，必須採取防火措施。

（5）裝卸、搬運危險化學品時應按照有關規定進行，做到輕裝、輕卸。嚴禁摔、碰、撞擊、拖拉、傾倒和滾動等。

（6）裝卸對人身有毒害及腐蝕性物品時，操作人員應根據危險條件，穿戴相應的防護用品。

（7）各類危險化學品分裝、改裝、開箱檢查等應在庫房外進行。

4. 消防措施

（1）根據危險化學品特性和倉庫條件，必須配置相應的消防設備、設施和滅火藥劑，並配備經過培訓的兼職或專職的消防人員。

（2）儲存危險化學品建築內應根據倉庫條件安裝自動監測和火災報警系統。

（3）儲存危險化學品建築物內，如條件允許，應安裝滅火噴淋系統（遇水燃燒的危險化學品、不可用水撲救的火災除外）。

（4）危險化學品儲存企業應設有安全保衛組織，危險化學品倉庫應有專職或義務消防、警衛隊伍。

4.4 危險化學品運輸、包裝的安全管理

一、危險化學品運輸安全管理

1. 運輸許可制度

《危險化學品安全管理條例》規定，從事危險化學品道路運輸、水路運輸的，應當分別依照有關道路運輸、水路運輸的法律、行政法規的規定，取得危險貨物道路運輸許可、危險貨物水路運輸許可，並向工商行政管理部門辦理登記手續。

（1）道路運輸企業的許可制度

主要是依據交通部於2012年12月31日經第10次部務會議通過的《道路危險貨物運輸管理規定》，具體規定如下：

申請從事道路危險貨物運輸經營，應當具備下列條件：

有符合下列要求的專用車輛及設備：

①自有專用車輛（掛車除外）5輛以上；運輸劇毒化學品、爆炸品的，自有專用車輛（掛車除外）10輛以上。

②專用車輛技術性能符合國家標準《營運車輛綜合性能要求和檢驗方法》（GB18565）的要求；技術等級達到行業標準《營運車輛技術等級劃分和評定要求》（JT/T198）規定的一級技術等級。

③專用車輛外廓尺寸、軸荷和質量符合國家標準《道路車輛外廓尺寸、軸荷和質量限值》（GB1589）的要求。

④專用車輛燃料消耗量符合行業標準《營運貨車燃料消耗量限值及測量方法》（JT719）的要求。

⑤配備有效的通訊工具。

⑥專用車輛應當安裝具有行駛記錄功能的衛星定位裝置。

⑦運輸劇毒化學品、爆炸品、易制爆危險化學品的，應當配備罐式、廂式專用車輛或者壓力容器等專用容器。

⑧罐式專用車輛的罐體應當經質量檢驗部門檢驗合格，且罐體載貨后總質量與專用車輛核定載質量相匹配。運輸爆炸品、強腐蝕性危險貨物的罐式專用車輛的罐體容積不得超過20立方米，運輸劇毒化學品的罐式專用車輛的罐體容積不得超過10立方米，但符合國家有關標準的罐式集裝箱除外。

⑨運輸劇毒化學品、爆炸品、強腐蝕性危險貨物的非罐式專用車輛，核定載質量不得超過10噸，但符合國家有關標準的集裝箱運輸專用車輛除外。

⑩配備與運輸的危險貨物性質相適應的安全防護、環境保護和消防設施

設備。

有符合下列要求的從業人員：

①專用車輛的駕駛人員取得相應機動車駕駛證，年齡不超過60周歲。

②從事道路危險貨物運輸的駕駛人員、裝卸管理人員、押運人員應當經所在地設區的市級人民政府交通運輸主管部門考試合格，並取得相應的從業資格證；從事劇毒化學品、爆炸品道路運輸的駕駛人員、裝卸管理人員、押運人員，應當經考試合格，取得註明為「劇毒化學品運輸」或者「爆炸品運輸」類別的從業資格證。

有健全的安全生產管理制度：

企業主要負責人、安全管理部門負責人、專職安全管理人員安全生產責任制度；從業人員安全生產責任制度；安全生產監督檢查制度；安全生產教育培訓制度；從業人員、專用車輛、設備及停車場地安全管理制度；應急救援預案制度；安全生產作業規程；安全生產考核與獎懲制度；安全事故報告、統計與處理制度。

（2）水路運輸企業的許可制度

水上運輸危險化學品（劇毒品除外）單位的經營許可，由國務院交通部門按其規定辦理。

2. 托運人的規定

《危險化學品安全管理條例》對危險化學品的運托人和郵寄人做出了明確的規定。

運輸危險化學品的駕駛人員、船員、裝卸管理人員、押運人員、申報人員、集裝箱裝箱現場檢查員，應當瞭解所運輸的危險化學品的危險特性及其包裝物、容器的使用要求和出現危險情況時的應急處置方法。

通過道路運輸危險化學品的，托運人應當委託依法取得危險貨物道路運輸許可的企業承運。

托運危險化學品的，托運人應當向承運人說明所托運的危險化學品的種類、數量、危險特性以及發生危險情況的應急處置措施，並按照國家有關規定對所托運的危險化學品妥善包裝，在外包裝上設置相應的標志。

運輸危險化學品需要添加抑制劑或者穩定劑的，托運人應當添加，並將有關情況告知承運人。

托運人不得在托運的普通貨物中夾帶危險化學品，不得將危險化學品匿報或者謊報為普通貨物托運。

任何單位和個人不得交寄危險化學品或者在郵件、快件內夾帶危險化學品，不得將危險化學品匿報或者謊報為普通物品交寄。郵政企業、快遞企業不得收寄危險化學品。

3. 劇毒品的運輸

通過道路運輸劇毒化學品的，托運人應當向運輸目的地的縣級人民政府公安部門申請辦理劇毒化學品道路運輸通行證。

申請劇毒化學品道路運輸通行證，托運人應當向縣級人民政府公安機關提交擬運輸的劇毒化學品品種、數量的說明、運輸始發地、目的地、運輸時間和運輸路線的說明、承運人取得危險貨物道路運輸許可、運輸車輛取得營運證以及駕駛人員、押運人員取得上崗資格的證明文件等材料。

劇毒化學品道路運輸通行證管理辦法由國務院公安部門制定。

劇毒化學品、易制爆危險化學品在道路運輸途中丟失、被盜、被搶或者出現流散、泄漏等情況的，駕駛人員、押運人員應當立即採取相應的警示措施和安全措施，並向當地公安機關報告。公安機關接到報告后，應當根據實際情況立即向安全生產監督管理部門、環境保護主管部門、衛生主管部門通報。有關部門應當採取必要的應急處置措施。

禁止利用內河以及其他封閉水域等航運渠道運輸劇毒化學品及國務院交通部門規定禁止運輸的其他危險化學品。

二、危險化學品包裝的安全管理

1. 包裝的分級

按包裝結構強度和防護性能及內裝物的危險程度，分為三個等級：

Ⅰ級包裝：適用內裝危險性極大的貨物；

Ⅱ級包裝：適用內裝危險性中等的貨物；

Ⅲ級包裝：適用於內裝危險性較小的貨物。

2. 包裝的基本要求

危險貨物運輸包裝應結構合理，具有一定強度，防護性能好。包裝的材質、形式、規格、方法和單件質量（重量），應與所裝危險貨物的性質和用途相適應，並便於裝卸、運輸和儲存。

包裝應質量良好，其構造和封閉形式應能承受正常運輸條件下的各種作業風險，不應因溫度、濕度或壓力的變化而發生任何滲（撒）漏，包裝表面應清潔，不允許粘附有害的危險物質。

包裝與內裝物直接接觸部分，必要時應有內塗層或進行防護處理，包裝材質不得與內裝物發生化學反應而形成危險產物或導致削弱包裝強度。

內容器應予固定。如屬易碎性的應使用與內裝物性質相適應的襯墊材料或吸附材料襯墊妥實。

盛裝液體的容器，應能經受在正常運輸條件下產生的內部壓力。灌裝時必須留有足夠的膨脹余量（預留容積），除另有規定外，並應保證在溫度 55℃ 時，內裝液體不致完全充滿容器。

包裝封口應根據內裝物性質採用嚴密封口、液密封口或氣密封口。

盛裝需浸濕或加有穩定劑的物質時，其容器封閉形式應能有效地保證內裝液體（水、溶劑和穩定劑）的百分比，在貯運期間保持在規定的範圍以內。

有降壓裝置的包裝，其排氣孔設計和安裝應能防止內裝物泄漏和外界雜質進入，排出的氣體量不得造成危險和污染環境。

複合包裝的內容器和外包裝應緊密貼合，外包裝不得有擦傷內容器的凸出物。

盛裝爆炸品包裝的附加要求：

a. 盛裝液體爆炸品容器的封閉形式，應具有防止滲漏的雙重保護。

b. 除內包裝能充分防止爆炸品與金屬物接觸外，鐵釘和其他沒有防護塗料的金屬部件不得穿透外包裝。

c. 雙重卷邊接合的鋼桶、金屬桶或以金屬做襯裡的包裝箱，應能防止爆炸物進入隙縫；鋼桶或鋁桶的封閉裝置必須有合適的墊圈。

d. 包裝內的爆炸物質和物品，包括內容器，必須襯墊妥實，在運輸中不得發生危險性移動。

e. 盛裝有對外部電磁輻射敏感的電引發裝置的爆炸物品，包裝應具備防止所裝物品受外部電磁輻射源影響的功能。

4.5　危險化學品廢棄處置的安全管理

一、廢棄物處置的有關規定

（1）《安全生產法》第三十六條規定，生產、經營、運輸、儲存、使用危險物品或者處置廢棄危險物品的，由有關主管部門依照有關法律、法規的規定和國家標準或者行業標準審批並實施監督管理。

生產經營單位生產、經營、運輸、儲存、使用危險物品或者處置廢棄危險物品，必須執行有關法律、法規和國家標準或者行業標準，建立專門的安全管理制度，採取可靠的安全措施，接受有關主管部門依法實施的監督管理。

（2）《刑法》第三百三十八條規定，違反國家規定，向土地、水體、大氣排放、傾倒或者處置有放射性的廢物、含傳染病病原體的廢物、有毒物質或者其他危險廢物，造成重大環境污染事故，致使公私財產遭受重大損失或者人身傷亡的嚴重后果的，處三年以下有期徒刑或者拘役，並處或者單處罰金；后果特別嚴重的，處三年以上七年以下有期徒刑，並處罰金。

（3）《危險化學品安全管理條例》中第二條規定，危險化學品生產、儲存、使用、經營和運輸的安全管理，適用本條例。廢棄危險化學品的處置，依

照有關環境保護的法律、行政法規和國家有關規定執行。

（4）《廢棄危險化學品污染環境防治方法》對廢棄危險化學品的廢棄處置作了詳細的規定。

二、廢棄物處置的基本方法

廢棄危險品在最終處置之前可以用多種不同的處理技術進行處理，其目的都是改變其物理性質、如減容、固定有毒成分和解毒等。處理某種廢物應選用何種最佳的方法取決於許多因素，比如處理或處置的有效性及適用性、安全標準和成本等因素。廢棄危險化學品處理常採用的方法包括物理技術、化學技術、生物技術及其混合技術。

1. 物理處理技術

物理處理技術是通過濃縮或相變化的方式改變危險物質的形態，使之成為便於運輸、儲存、利用或處置的形態。物理處理技術涉及的方法包括固化、沉降、分選、吸附、萃取等，主要是對廢物進行資源回收或處置前的預處理。

（1）固化技術

固化法，也稱固定法，是將廢物轉化為不溶性的堅硬物料，通常用作填埋處理前的預處理，將廢棄物與各種反應劑混合，轉化成一種水泥狀產物。例如，玻璃製造、木材防腐、皮革及毛皮處理等工藝都會產生含砷廢物，通常是在最嚴格的安全措施下將各種含砷廢物進行包裹處理，對於大量含砷廢物，將廢物裝入混凝土箱中是符合要求的。

（2）沉降技術

沉降是依靠重力從液體中除去懸浮固體的過程。沉降用於去除相對密度大於液體的懸浮顆粒，只要懸浮物質是可沉降的，可使用包括絮凝劑在內的化學助劑，使沉降效率得到提高。在化學處理的沉澱法中通常也要用沉降技術。

（3）萃取技術

溶劑萃取，即溶液與對雜質有更高親和力的另一種不相溶的液體相接觸，使其中某種成分分離出來的過程。這種分離是兩種溶劑之間溶解度不同或是發生了某種化學反應的結果。

2. 化學處理技術

化學處理技術是將危險廢棄物通過化學反應，轉化為無毒無害的化學成分，或者將其中的有毒有害成分從廢棄物中轉化分離出來，或者降低其危害危險特性。化學處理技術應用最為廣泛、最為有效。氰化物是一種常見的有毒物質，可以是液態的或者固態的，可以用比較簡單的方法將氰化物轉化為無毒無害的其他物質，這樣需要處理的廢棄物就大大減少。常用的化學處理技術包括化學沉澱法、氧化法、還原法、中合法、焚燒法等。

(1) 化學沉澱法

對廢棄化學品中的各種有毒有害的重金屬化合物,在處理時,可以通過將其溶解后,加入氫氧化物、硫化物等沉澱劑,將其中的有毒有害陽離子從液相中沉澱或過濾分離出來,也可以加入絮凝劑加快沉澱作用。所生成的氫氧化物或硫化物沉澱還可以通過煅燒、氧化、酸化等方法對其中的重金屬回收利用,實現變廢為寶的目的。

(2) 氧化法

通過加入氧化劑,將廢棄化學品中的有毒有害成分轉化為無毒或低毒的物質。常用的氧化劑有過氧化氫、高錳酸鉀、氯化物、臭氧等。

(3) 還原法

當廢棄化學品具有氧化性的時候,可用還原法對其進行無害化或減害化處理。如鉻酸是一種應用廣泛的有腐蝕性的有毒有害化學品,而且它的許多化合物的溶解性很弱,可在后續的處理過程中通過還原反應轉化為沉澱從而得到分離和回收。

(4) 中和法

中和是將酸性或者鹼性廢液的 pH 值調至接近中性的過程。許多工廠會產生酸性或者鹼性的廢水。在諸多情況下,酸鹼性較強的廢棄物需要進行中和。例如,沉澱可溶性重金屬,防止重金屬腐蝕和對其他建築材料的損害等。

(5) 焚燒法

焚燒法指燃燒危險廢棄物使之分解並無害化的過程。焚燒是一種高溫熱處理技術,即以一定的過剩空氣與被處理的有機廢棄物在焚燒爐內進行氧化燃燒反應,廢棄物中的有毒有害成分在高溫下因氧化、熱解而破壞,是一種可同時實現廢棄物的減量化、無害化、資源化的處置技術。焚燒的主要目的是盡可能破壞廢棄物的化學組成結構,使被焚燒的物質變成無害和最大限度地減容,並盡量減少新的污染物質產生,避免造成二次污染。

焚燒法不但可以處置固體廢棄物,還可以處置液體危險廢棄物和氣體危險廢棄物。

5 事故及事故預防

5.1 事故的基本概念

一、事故

事故是發生於預期之外的造成人身傷害或財產損失的事件。事故也是發生在人們的生產、生活活動中的意外事件。對於事故，人們從不同的角度出發對其會有不同的理解。在關於事故的種種定義中，伯克霍夫（Berckhoff）的定義較為著名。

伯克霍夫認為，事故是人（個人或集體）在為實現某種意圖而進行的活動過程中，突然發生的、違反人的意志的、迫使活動暫時或永久停止，或迫使之前存續的狀態發生暫時或永久性改變的事件。事故的含義包括：

（1）事故是一種發生在人類生產、生活活動中的特殊事件，人類的任何生產、生活活動過程中都可能發生事故。

（2）事故是一種突然發生的、出乎人們意料的意外事件。由於導致事故發生的原因非常複雜，往往包括許多偶然因素，因而事故的發生具有隨機性質。在一起事故發生之前，人們無法準確地預測什麼時候、什麼地方、發生什麼樣的事故。

（3）事故是一種迫使進行著的生產、生活活動暫時或永久停止的事件。事故中斷、終止人們正常活動的進行，必然給人們的生產、生活帶來某種形式的影響。因此，事故是一種違背人們意志的事件，是人們不希望發生的事件。

事故是一種動態事件，它開始於危險的激化，並以一系列原因事件按一定的邏輯順序流經系統而造成損失，即事故是指造成人員傷害、死亡、職業病或設備設施等財產損失和其他損失的意外事件。作為安全科學研究對象的事故，主要是那些可能帶來人員傷亡、財產損失或環境污染的事故。於是，可以對事故作出如下定義：

事故是人們在生產、生活活動過程中突然發生的、違反人們意志的、迫使

活動暫時或永久停止，可能造成人員傷害、財產損失或環境污染的意外事件。

二、事故分類

根據事故發生后造成后果的情況，在事故預防工作中把事故劃分為傷害事故、損壞事故、環境污染事故和未遂事故。由於研究的目的不同、角度不同，分類的方法也就不同，事故的分類方法主要有以下幾種：

1. 按事故類別分類

《企業職工傷亡事故分類標準》（GB6441-86）按致害原因將事故類別劃分為20類，分別為物體打擊、車輛傷害、機械傷害、起重傷害、觸電、淹溺、灼燙、火災、高處墜落、坍塌、冒頂片幫、透水、爆破、火藥爆炸、瓦斯爆炸、鍋爐爆炸、容器爆炸、其他爆炸、中毒和窒息以及其他傷害等。

2. 按傷害程度分類

《企業職工傷亡事故分類標準》（GB 6441-86）規定，按傷害程度分類為：

（1）輕傷，指損失1個工作日至105個工作日以下的失能傷害；

（2）重傷，指損失工作日等於或超過105個工作日的失能傷害，重傷損失工作日最多不超過6,000工作日；

（3）死亡，發生事故后當即死亡，包括急性中毒死亡，或受傷后在30天內死亡的事故。死亡損失工作日超過6,000工作日，這是根據中國職工的平均退休年齡和平均壽命計算出來的。

3. 按事故嚴重程度分類

《生產安全事故報告和調查處理條例》規定，根據生產安全事故造成的人員傷亡或者直接經濟損失，事故一般分為以下等級：

（1）特別重大事故，是指造成30人以上死亡，或者100人以上重傷（包括急性工業中毒，下同），或者1億元以上直接經濟損失的事故；

（2）重大事故，是指造成10人以上30人以下死亡，或者50人以上100人以下重傷，或者5,000萬元以上1億元以下直接經濟損失的事故；

（3）較大事故，是指造成3人以上10人以下死亡，或者10人以上50人以下重傷，或者1,000萬元以上5,000萬元以下直接經濟損失的事故；

（4）一般事故，是指造成3人以下死亡，或者10人以下重傷，或者1,000萬元以下直接經濟損失的事故。

這裡所稱的「以上」包括本數，所稱的「以下」不包括本數。

國務院安全生產監督管理部門可以會同國務院有關部門，制定事故等級劃分的補充性規定。

三、危險化學品事故

危險化學品事故，依據事故發生方式，大體可劃分為五大類：危險化學品

運輸事故、危險化學品火災爆炸事故、危險化學品泄漏事故、危險化學品中毒污染事故、危險化學品其他事故。

1. 危險化學品運輸事故

危險化學品運輸事故是指危險化學品在運輸過程中發生的事故。危險化學品的生產、經營、儲存、使用和處置廢棄等各個環節都離不開運輸。近年來危險化學品運輸事故在各地時有發生。遏制危化品運輸事故人人有責，應當引起全社會的廣泛關注。

2. 危險化學品火災爆炸事故

近年來，中國化學工業發展迅猛，危險化學品品種、生產規模都不斷擴大，在危險化學品的生產、運輸、儲存、經營和試驗等環節中火災、爆炸事故常有發生，有的事故還造成了巨大人員傷亡、財產損失和環境的嚴重污染。例如2015年8月天津港「8·12」瑞海公司危險品倉庫特別重大火災爆炸事故，造成165人死亡，8人失聯，直接經濟損失數十億，大批房屋損毀，社會影響十分惡劣。

危險化學品發生火災爆炸事故，是由危險化學品本身易燃易爆的特性引起的。因此，瞭解和重視危險化學品火災爆炸事故的危害，正確處置危險化學品火災爆炸事故，對搞好危險化學品火災爆炸事故的應急救援工作具有指導意義。

3. 危險化學品泄漏事故

危險化學品泄漏事故是指與危險化學品有關的單位在生產、經營活動中，由於某些意外的情況，突發性地發生危險化學品泄漏；或人為的破壞，使有毒有害的化學品大量泄漏；或伴隨火災、爆炸事故次生成大量有害氣體，從而在較大範圍內造成比較嚴重的環境污染，對國家和人民的生命財產安全造成嚴重危害的災害性事故。同時，由於危險化學品本身及其燃燒產物大多具有較強的毒害性和腐蝕性，因此極易造成人員中毒等傷亡事故。

4. 危險化學品中毒、污染事故

危險化學品中毒事故主要指人體吸入、食入或接觸有毒有害危險化學品或者化學品反應的產物，而導致的中毒事故。具體包括：吸入中毒事故（中毒途徑為呼吸道）、接觸中毒事故（中毒途徑為皮膚、眼睛等）、誤食中毒事故（中毒途徑為消化道）、其他中毒事故。

5. 危險化學品其他事故

危險化學品其他事故指不能歸入上述危險化學品事故的其他危險化學品事故，如危險化學品罐體傾倒、車輛傾覆等。

5.2 事故致因理論

從事故的定義可知,事故是違背人的意志而發生的意外事件,而且事故具有明顯的規律性和因果性。因而要想預防事故發生,就必須在各種各樣的事故中發現共性的東西並進行其概括,從而指導實踐,有效防控事故。事故致因理論是從大量典型事故的本質原因的分析中所提煉出的事故機理和事故模型,反應了事故發生的規律性,能夠為事故的預測預防,安全管理工作的改進,從理論上提供科學、完整的依據。事故致因理論同安全科學一樣,也是隨工業生產的發展而發展,隨人們對安全問題的逐漸深入而深入的。現介紹幾種有代表性的事故致因理論:

一、海因里希因果連鎖論

海因里希因果連鎖論又稱海因里希模型或多米諾骨牌理論,該理論是1941年美國的海因里希從許多災害的統計中得出的,用以闡明導致傷亡事故的各種原因及與事故間的關係。該理論認為,傷亡事故的發生不是一個孤立的事件,儘管傷害可能在某瞬間突然發生,卻是一系列事件相繼發生的結果。

海因里希模型這五塊骨牌依次是:

(1) 遺傳及社會環境。遺傳及社會環境是造成人的缺點的原因。遺傳因素可能使人具有魯莽、固執、粗心等不良性格;社會環境可能妨礙教育,助長不良性格的發展。這是事故因果鏈上最基本的因素。

(2) 人的缺點。人的缺點是由遺傳和社會環境因素所造成,是使人產生不安全行為或使物產生不安全狀態的主要原因。這些缺點既包括各類不良性格,也包括缺乏安全生產知識和技能等后天的不足。

(3) 人的不安全行為和物的不安全狀態。所謂人的不安全行為或物的不安全狀態是指那些曾經引起過事故或可能引起事故的人的行為,或機械、物質的狀態,它們是造成事故的直接原因。例如,在起重機的吊荷下停留、不發信號就啟動機器、工作時間打鬧或拆除安全防護裝置等都屬於人的不安全行為;沒有防護的傳動齒輪、裸露的帶電體、照明不良等屬於物的不安全狀態。

(4) 事故。即由物體、物質或放射線等對人體發生作用導致受到傷害的、出乎意料的、失去控制的事件。例如,墜落、物體打擊等使人員受到傷害的事件是典型的事故。

(5) 傷害。直接由於事故而產生的人身傷害。

在多米諾骨牌系列中,一顆骨牌被碰倒了,則將發生連鎖反應,其餘的幾顆骨牌相繼被碰倒。如果移去連鎖中的一顆骨牌,則連鎖被破壞,事故過程被

中止。海因里希認為，企業安全工作的中心就是防止人的不安全行為，消除機械的或物質的不安全狀態，中斷事故連鎖的進程而避免事故的發生。

當然，海因里希理論也有明顯的不足，它對事故致因連鎖關係的描述過於簡單化、絕對化，也過多地考慮了人的因素。但儘管如此，由於其的形象化和其在事故致因研究中的先導作用，使其有著重要的歷史地位。后來，博德（Frank Bird）、亞當斯（Edward Adams）等人都在此基礎上進行了進一步的修改和完善，使因果連鎖的思想得以進一步發揚光大，收到了較好的效果。

二、瑟利模型

瑟利模型是在1969年由美國人瑟利（J. Surry）提出的，是一個典型的根據人的認知過程分析事故致因的理論。

該模型把事故的發生過程分為危險出現和危險釋放兩個階段，這兩個階段各自包括一組類似的人的信息處理過程，即感覺、認識和行為回應。在危險出現階段，如果人的信息處理的每個環節都正確，危險就能被消除或得到控制；反之，就會使操作者直接面臨危險。在危險釋放階段，如果人的信息處理過程的各個環節都是正確的，則雖然面臨著已經顯現出來的危險，但仍然可以避免危險釋放出來，不會帶來傷害或損害；反之，危險就會轉化成傷害或損害。

兩個階段具有相類似的信息處理過程，即三個部分。六個問題則分別是對這三個部分的進一步闡述，他們分別是：

（1）危險的出現（或釋放）有警告嗎？這裡警告的意思是指工作環境中對安全狀態與危險狀態之間的差異的指示。任何危險的出現或釋放都伴隨著某種變化，只是有些變化易於察覺，有些則不然。而只有使人感覺到這種變化或差異，才有避免或控制事故的可能。

（2）感覺到這個警告嗎？這包括兩個方面：一是人的感覺能力問題，包括操作者本身感覺能力，如視力、聽力等較差，或過度集中注意力於工作或其他方面；二是工作環境對人的感覺能力的影響問題。

（3）認識到了這個警告嗎？這主要是指操作者在感覺到警告信息之後，是否正確理解了該警告所包含的意義，進而較為準確地判斷出危險的可能的後果及其發生的可能性。

（4）知道如何避免危險嗎？主要指操作者是否具備為避免危險或控制危險，做出正確的行為回應所需要的知識和技能。

（5）決定要採取行動嗎？無論是危險的出現或釋放，其是否會對人或系統造成傷害或破壞是不確定的。而且在某些情況下，採取行動固然可以消除危險，卻要付出相當大的代價。特別是對於冶金、化工等企業中連續運轉的系統更是如此。究竟是否採取立即的行動，應主要考慮兩個方面的問題：一是該危險立即造成損失的可能性，二是現有的措施和條件控制該危險的可能性，包括

操作者本人避免和控制危險的技能。當然，這種決策也與經濟效益、工作效率緊密相關。

（6）能夠避免危險嗎？在操作者決定採取行動的情況下，能否避免危險則取決於人採取行動的迅速、正確、敏捷與否，是否有足夠的時間等其他條件使人能做出行為回應。

上述六個問題中，前兩個問題都是與人對信息的感覺有關的，第3～5個問題是與人的認識有關的，最後一個問題與人的行為回應有關。這六個問題涵蓋了人的信息處理全過程，並且反應了在此過程中有很多發生失誤進而導致事故的機會。

瑟利模型不僅分析了危險出現、釋放直至導致事故的原因，而且還為事故預防提供了一個良好的思路。即要想預防和控制事故，首先應採用技術的手段使危險狀態充分地顯現出來，使操作者能夠有更好的機會感覺到危險的出現或釋放，這樣才有預防或控制事故的條件和可能；其次應通過培訓和教育的手段，提高人感覺危險信號的敏感性，包括抗干擾能力等，同時也應採用相應的技術手段幫助操作者正確地感覺危險狀態信息，如採用能避開干擾的警告方式或加大警告信號的強度等；第三應通過教育和培訓的手段使操作者在感覺到警告之後，準確地理解其含義，並知道應採取何種措施避免危險發生或控制其後果。同時，在此基礎上，結合各方面的因素做出正確的決策；最後，則應通過系統及其輔助設施的設計使人在做出正確的決策後，有足夠的時間和條件做出行為回應，並通過培訓的手段使人能夠迅速、敏捷、正確地做出行為回應。這樣，事故就會在相當大的程度上得到控制，取得良好的預防效果。

安德森等人在此基礎上對瑟利模型進行了進一步的擴展，增加了危險的來源及其可覺察性，運行系統內波動以控制或減少這些波動使之與人的行為的波動相一致等部分內容，在一定程度上提高了瑟利模型的理論性和實用性。

三、撒利模型

1977年由撒利提出的一種事故致因理論。這是一個關於事故致因的簡單的信息處理模型，主要針對信息處理的複雜性，這種信息處理是在完成作為重要的中間傳遞因素的任務時所需要的。該模型認為，在執行任務時，操作者掌握的信息可分為兩部分，即與生產任務有關的主要任務的信息和使可能的危險在控制下所需的第二性任務的信息即安全信息。在完成任務的過程中，困難的增加能導致所需掌握的信息量超過人的掌握能力。由於兩種信息的重要度的差別，勢必會造成對第二性任務的信息處理的減少。在這種情況下，事故就容易發生。而且當主要任務不規則且複雜，使信息量過大時，最易超過人所能關注的信息量。同時，他還得出結論，即需要操作者不斷地計劃的工作，需要從一處到另一處不斷地運動或需要進行各種各樣的調整的工作，最容易發生這類事

故。企業的維修工人就屬於這一類人。經過調查驗證，實際結果與該結論基本一致。

雖然撒利模型及其研究還不成熟，但其關於兩類信息的重要性的分析及其相應的結論，對於事故致因研究仍具有較大的影響。

四、能量轉移論

1966年美國運輸部國家安全局局長哈登引申了吉布森1961年提出的觀點：「生物體受傷害的原因只能是某種能量的轉移」，並提出了「根據有關能量對傷亡事故加以分類的方法」，以及生活區遠離污染源等觀點。

能量是物體做功的本領，人類社會的發展就是不斷地開發和利用能量的過程。但能量也是對人體造成傷害的根源，沒有能量就沒有事故，沒有能量就沒有傷害。所以吉布森、哈登等人根據這一概念，提出了能量轉移論。其基本觀點是：不希望或異常的能量轉移是傷亡事故的致因。即人受傷害的原因只能是某種能量向人體的轉移，而事故則是一種能量的不正常或不期望的釋放。

輸送到生產現場的能量，依生產的目的和手段不同，可以相互轉變為各種形式。能量按其形式可分為勢能、動能、熱能、化學能、電能、輻射能、聲能、生物能等。人受到傷害都可以歸結為上述一種或若干種能量的不正常或不期望的釋放。在能量轉移論中，把能量引起的傷害分為兩大類。

第一類傷害是由於施加了超過局部或全身性的損傷閾值的能量而產生的。人體各部分對每一種能量都有一個損傷閾值。當施加於人體的能量超過該閾值時，就會對人體造成損傷。大多數傷害均屬於此類傷害。例如，在工業生產中，一般都以36v為安全電壓，這就是說，在正常情況下，當人與電源接觸時，由於36v在人體所承受的閾值之內，就不會造成任何傷害或傷害極其輕微；而由於220v電壓大大超過人體的閾值，與其接觸，輕則灼傷或某些功能暫時性損傷，重則造成終身傷殘甚至死亡。

第二類傷害則是由於影響局部或全身性能量交換引起的。譬如因機械因素或化學因素引起的窒息（如溺水、一氧化碳中毒等）。

能量轉移論的另一個重要概念是：在一定條件下，某種形式的能量能否造成傷害及事故，主要取決於人所接觸的能量的大小，接觸的時間長短和頻率、力的集中程度、受傷害的部位及屏障設置的早晚等。

用能量轉移論的觀點分析事故致因的基本方法是：首先確認某個系統內的所有能量源，然後確定可能遭受該能量傷害的人員及傷害的可能嚴重程度；進而確定控制該類能量不正常或不期望轉移的方法。

能量轉移論與其他的事故致因理論相比，具有兩個主要優點：一是把各種能量對人體的傷害歸結為傷亡事故的直接原因，從而決定了以對能量源及能量輸送裝置加以控製作為防止或減少傷害發生的最佳手段這一原則；二是依照該

理論建立的對傷亡事故的統計分類，是一種可以全面概括、闡明傷亡事故類型和性質的統計分類方法。

能量轉移論的不足之處是：由於機械能（動能和勢能）是工業傷害的主要能量形式，因而使得按能量轉移的觀點對傷亡事故進行統計分類的方法儘管具有理論上的優越性，在實際應用上卻存在困難。它的實際應用尚有待於對機械能的分類作更為深入細緻的研究，以便對機械能造成的傷害進行分類。

5.3　事故調查及原因分析

事故調查，就是在事故發生后，為獲取有關事故發生原因的全面資料，找出事故的根本原因，防止類似事故的發生而進行的調查。

一、事故調查

1. 事故調查的目的

事故的發生既有它的偶然性，也有必然性。即如果潛在的事故發生的條件（一般稱之為事故隱患）存在，那麼，什麼時候發生事故是偶然的，發生事故是必然的。只有通過事故調查的方法，才能發現事故發生的潛在隱患，我們才能有針對性地制定出相應的安全措施，達到最佳的事故控制效果。

無論什麼樣的事故，一個科學的事故調查過程的主要目的就是防止事故再發生。此外，通過事故調查還可以描述事故的發生過程，鑑別事故的發生原因，從而累積事故資料，為事故的統計分析及類似系統、產品的設計與管理提供信息，為企業或政府有關部門安全工作的宏觀決策提供依據。

2. 事故調查人員

事故調查是一項高度專業性的工作，事故調查人員是事故調查的主體。只有具有多種品質且訓練有素的人，才能勝任這一工作。不同的事故，調查人員的組成會有所不同。2007年3月28日國務院第172次常務會議通過，2007年6月1日起施行的《生產安全事故報告和調查處理條例》明確指出：

特別重大事故由國務院或者國務院授權有關部門組織事故調查組進行調查。重大事故、較大事故、一般事故分別由事故發生地省級人民政府、設區的市級人民政府、縣級人民政府負責調查。省級人民政府、設區的市級人民政府、縣級人民政府可以直接組織事故調查組進行調查，也可以授權或者委託有關部門組織事故調查組進行調查。未造成人員傷亡的一般事故，縣級人民政府也可以委託事故發生單位組織事故調查組進行調查。

上級人民政府認為必要時，可以調查由下級人民政府負責調查的事故。自事故發生之日起30日內（道路交通事故、火災事故自發生之日起7日內），因

事故傷亡人數變化導致事故等級發生變化，依照本條例規定應當由上級人民政府負責調查的，上級人民政府可以另行組織事故調查組進行調查。特別重大事故以下等級事故，事故發生地與事故發生單位不在同一個縣級以上行政區域的，由事故發生地人民政府負責調查，事故發生單位所在地人民政府應當派人參加。

根據事故的具體情況，事故調查組由有關人民政府、安全生產監督管理部門、負有安全生產監督管理職責的有關部門、監察機關、公安機關以及工會派人組成，並應當邀請人民檢察院派人參加。事故調查組可以聘請有關專家參與調查。

3. 事故調查的基本步驟

（1）事故現場處理

事故現場處理是事故調查的初期工作。由於事故性質的不同及事故調查人員在事故調查中的角色的差異，事故現場處理工作會有所不同，但通常包括以下環節：

①安全抵達現場。

②現場危險分析。這是現場處理的中心環節，主要工作是觀察現場全貌、分析進一步危害產生的可能性及控制措施、計劃調查的實施過程等。

③現場營救。

④防止進一步危害。

⑤保護現場。這是下一步物證收集和人證問詢工作的基礎，其主要目的是使與事故有關的物體痕跡、狀態盡可能不遭到破壞，人證得到保護。

（2）事故現場勘查

事故現場勘查是事故現場調查的中心環節。其主要目的是查明當事各方在事故發生前、發生時的情節及造成的后果。通過對現場痕跡、物證的收集和檢驗分析，可以判明事故的主、客觀原因，為正確處理事故提供客觀依據。

事故現場勘查工作是一種信息處理技術，主要關注四個方面：人（People）、部件（Part）、位置（Position）、文件（Paper），表述這四方面的英文單詞均以字母P開頭，故人們也稱之為4P技術。

（3）證人的詢問和保護

所謂證人，通常指看到事故發生或事故發生后最早抵達事故現場且具有調查者所需要信息的人。在事故調查中，大約50%的事故信息由證人提供，而事故信息中大約有50%能夠起作用，另外50%的事故信息取決於調查者怎樣評價、分析和利用它們。

（4）物證的收集和保護

物證的收集和保護是現場調查的另一重要工作，前面提到的4P技術中的3P部件、位置、文件屬於物證的範疇。保護現場工作的很重要的一個目的就

是保護物證。幾乎每個物證在加以分析后都能用以確定其與事故的關係。而在有些情況下，確認某物與事故無關也一樣非常重要。

（5）事故現場照相

現場照相是收集物證的重要手段之一。其主要目的是通過拍照的手段提供現場的畫面，包括部件、環境及能幫助發現事故原因的物證等，證實和記錄人員傷害和財產破壞的情況，特別是肉眼看不到的物證、現場調查時不容易注意到的細節、容易隨時間逝去的證據及現場工作中需要移動位置的物證。

（6）事故現場圖與表格

事故現場圖是運用制圖學的原理和方法，通過幾何圖形來表示現場活動的空間形態，是記錄事故現場的重要形式，能比較精確地反應現場上重要物品的位置和比例關係。現場繪圖是一種記錄現場的重要手段，與現場筆錄、現場照相均有各自特點，相輔相成，互為補充。

二、事故原因

如上所述，事故的原因和結果之間存在著某種規律，事故調查的主要任務之一就是找出事故發生的原因。

事故的原因分為事故的直接原因和間接原因。

1. 直接原因

直接原因就是直接導致事故發生的原因，又稱一次原因。大多數學者認為，事故的直接原因只有兩個：人的不安全行為和物的不安全狀態。《企業職工傷亡事故分類標準》（GB6441-86）對人的不安全行為和物的不安全狀態作了詳細分類。

（1）物的不安全狀態

01 防護、保險、信號等裝置缺乏或有缺陷

01.1 無防護

01.1.1 無防護罩

01.1.2 無安全保險裝置

01.1.3 無報警裝置

01.1.4 無安全標志

01.1.5 無護欄或護欄損壞

01.1.6 電氣設備未接地

01.1.7 絕緣不良

01.1.8 局扇無消音系統、噪聲大

01.1.9 危房內作業

01.1.10 未安裝防止「跑車」的擋車器或擋車欄

01.1.11 其他

01.2 防護不當

01.2.1 防護罩未在適當位置

01.2.2 防護裝置調整不當

01.2.3 坑道掘進、隧道開鑿支撐不當

01.2.4 防爆裝置不當

01.2.5 採伐、集材作業安全距離不夠

01.2.6 放炮作業隱蔽所有缺陷

01.2.7 電氣裝置帶電部分裸露

01.2.8 其他

02 設備、設施、工具、附件有缺陷

2.1 設計不當，結構不符合安全要求

02.1.1 通道門遮擋視線

02.1.2 制動裝置有缺欠

02.1.3 安全間距不夠

02.1.4 攔車網有缺欠

02.1.5 工件有鋒利毛刺、毛邊

02.1.6 設施上有鋒利倒棱

02.1.7 其他

02.2 強度不夠

02.2.1 機械強度不夠

02.2.2 絕緣強度不夠

02.2.3 起吊重物的繩索不符合安全要求

02.2.4 其他

02.3 設備在非正常狀態下運行

02.3.1 設備帶「病」運轉

02.3.2 超負荷運轉

02.3.3 其他

02.4 維修、調整不良

02.4.1 設備失修

02.4.2 地面不平

02.4.3 保養不當、設備失靈

02.4.4 其他

03 個人防護用品用具——防護服、手套、護目鏡及面罩、呼吸器官護具、聽力護具、安全帶、安全帽、安全鞋等缺少或有缺陷

03.1 無個人防護用品、用具

03.2 所用的防護用品、用具不符合安全要求

04 生產（施工）場地環境不良

04.1 照明光線不良

04.1.1 照度不足

04.1.2 作業場地菸霧塵彌漫視物不清

04.1.3 光線過強

04.2 通風不良

04.2.1 無通風

04.2.2 通風系統效率低

04.2.3 風流短路

04.2.4 停電停風時放炮作業

04.2.5 瓦斯排放未達到安全濃度放炮作業

04.2.6 瓦斯超限

04.2.7 其他

04.3 作業場所狹窄

04.4 作業場地雜亂

04.4.1 工具、製品、材料堆放不安全

04.4.2 採伐時，未開闢「安全道」

04.4.3 迎門樹、坐殿樹、搭掛樹未作處理

04.4.4 其他

04.5 交通線路的配置不安全

04.6 操作工序設計或配置不安全

04.7 地面滑

04.7.1 地面有油或其他液體

04.7.2 冰雪覆蓋

04.7.3 地面有其他易滑物

04.8 貯存方法不安全

04.9 環境溫度、濕度不當

（2）不安全行為

01 操作錯誤，忽視安全，忽視警告

01.1 未經許可開動、關停、移動機器

01.2 開動、關停機器時未給信號

01.3 開關未鎖緊，造成意外轉動、通電或泄漏等

01.4 忘記關閉設備

01.5 忽視警告標志、警告信號

01.6 操作錯誤（指按鈕、閥門、扳手、把柄等的操作）

01.7 奔跑作業

01.8 供料或送料速度過快

01.9 機械超速運轉

01.10 違章駕駛機動車

01.11 酒后作業

01.12 客貨混載

01.13 衝壓機作業時，手伸進衝壓模

01.14 工件緊固不牢

01.15 用壓縮空氣吹鐵屑

01.16 其他

02 造成安全裝置失效

02.1 拆除了安全裝置

02.2 安全裝置堵塞，失掉了作用

02.3 調整的錯誤造成安全裝置失效

02.4 其他

03 使用不安全設備

03.1 臨時使用不牢固的設施

03.2 使用無安全裝置的設備

03.3 其他

04 手代替工具操作

04.1 用手代替手動工具

04.2 用手清除切屑

04.3 不用夾具固定、用手拿工件進行機加工

05 物體（指成品、半成品、材料、工具、切屑和生產用品等）存放不當

06 冒險進入危險場所

06.1 冒險進入涵洞

06.2 接近漏料處（無安全設施）

06.3 採伐、集材、運材、裝車時，未離危險區

06.4 未經安全監察人員允許進入油罐或井中

06.5 未「敲幫問頂」開始作業

06.6 冒進信號

06.7 調車場超速上下車

06.8 易燃易爆場合明火

06.9 私自搭乘礦車

06.10 在絞車道行走

06.11 未及時瞭望

07 攀、坐不安全位置（如平臺護欄、汽車擋板、吊車吊鈎）

08 在起吊物下作業、停留
09 機器運轉時加油、修理、檢查、調整、焊接、清掃等工作
10 有分散注意力行為
11 在必須使用個人防護用品用具的作業或場合中，忽視其使用
11.1 未戴護目鏡或面罩
11.2 未戴防護手套
11.3 未穿安全鞋
11.4 未戴安全帽
11.5 未佩戴呼吸護具
11.6 未佩戴安全帶
11.7 未戴工作帽
11.8 其他
12 不安全裝束
12.1 在有旋轉零部件的設備旁作業穿過肥大服裝
12.2 操縱帶有旋轉零部件的設備時戴手套
12.3 其他
13 對易燃、易爆等危險物品處理錯誤

2. 間接原因

事故的間接原因，是指事故的直接原因得以產生和存在的原因。事故的間接原因有以下幾種：技術上和設計上有缺陷，教育培訓不夠，身體的原因，精神的原因，管理上有缺陷，學校教育原因，社會歷史原因。其中前五條又稱二次原因，后兩條又稱基礎原因。

（1）技術上和設計上有缺陷

這是指從安全的角度來分析，在設計上和技術上存在與事故發生原因有關的缺陷。其包括工業構件、建築物、機械設備、儀器儀表、工藝過程等在設計、施工和材料使用中存在的缺陷。

（2）教育培訓不夠

這是指從形式上對職工進行了安全生產知識的教育和培訓，但是在組織管理、方法、時間、效果、廣度、深度等方面還存在一些差距，對國家安全生產方針、政策不瞭解，對安全技術知識和勞動紀律沒有完全掌握，對本崗位的安全操作辦法、安全防護辦法、安全生產特點等一知半解等等，以致不能防止事故的發生。

（3）身體的原因

這包括身體有缺陷，身體過度疲勞，醉酒、藥物的作用等。

（4）精神的原因

這包括怠慢、反抗、不滿等不良狀態，煩躁、緊張、恐怖等精神狀態，偏

狹、固執等性格缺陷等。

（5）管理上有缺陷

這包括勞動組織不合理，企業主要領導人對安全生產的責任心不強，作業標準不明確、人事不完善，對現場工作缺乏檢查或指導錯誤等。

（6）學校教育的原因

這是指各級教育組織中的安全教育不完全、不徹底等。學校，無論大學、中學還是小學，在對學生進行文化教育的同時，也擔負著提高學生全面素質、培養符合社會需要的人才的重任。素質中就包括安全素質。許多事件表明，正是由於學校教育在安全教育方面的不完全、不徹底，大多數還停留在常識式的初級階段，使得學生面對形形色色的突發性事件，不知所措，遭受了不必要的傷害和損失。

（7）社會歷史的原因

這包括有關安全法規或行政管理機構不完善、人們的安全意識不夠等。

三、事故的處理

事故發生后，應按照「四不放過」的原則，進行調查處理。即事故原因未查清不放過，責任人員未處理不放過，責任人和群眾未受到教育不放過，整改措施未落實不放過。

對於事故責任者的處理，應堅持思想教育從嚴，行政處理從寬的原則。但是對於情節特別惡劣，后果特別嚴重，構成犯罪的責任者，要堅決依法懲處。

1. 事故結案類型

責任事故：在生產、作業中違反有關的法律、法規、規章制度管理規定而造成的事故。

非責任事故：主要由自然界等不可抗力造成的事故，或由於未知領域的技術問題而造成的事故。

破壞事故：為達到一定目的而蓄意製造的事故。

2. 責任事故的處理

對於責任事故，應區分事故的直接責任者、領導責任者和主要責任者。其行為與事故的發生有直接因果關係的，為直接責任者；對事故的發生負有領導責任的，為領導責任者；在直接責任者和領導責任者中，對事故的發生起主要作用的，為主要責任者。

對事故責任者的處理一定要嚴肅認真。根據造成事故的責任大小和情節輕重，進行批評教育或給予必要的行政處分。對后果特別嚴重的，應根據《中華人民共和國刑法》第114條的規定，追究刑事責任。

5.4 事故預防與控制

事故預防與控制包括兩部分內容，即事故預防和事故控制，前者是指通過採用技術和管理的手段使事故不發生，而后者則是通過採用技術和管理的手段，使事故發生后不造成嚴重后果或使損失盡可能地減少。

對事故預防和控制，應從安全技術、安全教育、安全管理三個方面入手，採取相應措施。技術（Engineering）、管理（Enforcement）和教育（Education）三個英文單詞的第一個字母均為 E，也有人稱之為 3E 原則。安全技術對策著重解決物的不安全狀態的問題，安全教育對策和安全管理對策則主要著眼於人的不安全行為的問題。安全教育對策主要使人知道應該怎麼做，而安全管理對策則要求人必須怎麼做。

一、安全技術對策

安全技術措施是指運用工程技術手段消除物的不安全因素，實現生產工藝和機械設備等生產條件本質安全的措施。常用的防止事故發生的安全技術措施有：

1. 控制能量

對於任何事故，其后果的嚴重程度與事故中所涉及的能量的大小緊密相關，因為事故中涉及的能量絕大多數情況下就是系統所具有的能量，因而用控制能量的方法，可以從根本上保證系統的安全性。如系統的電源部分，可以採取 36V 安全電壓或電池的，盡量不用 220V 交流電；可以用 220V 交流電的，不用高壓電，可以大大減少電氣事故發生的可能性。

2. 危險最小化設計

通過設計消除危險或使危險最小化，是避免事故發生，確保系統的安全水平的最有效的方法。而本質安全技術則是其中最理想的方法。

本質安全技術，是指不是從外部採取附加的安全裝置或設備，而是依靠自身的安全設計，進行本質方面的改善，即使發生故障或錯誤操作，設備和系統仍能保證安全。

這類研究目前已擴展到了所有機械裝置和其他相關領域，尤其是人的能力難以適應和控制的設備和裝置。

3. 隔離

隔離是採用物理分離、護板和柵欄等將已識別的危險同人員和設備隔開，以防止危險或將危險降低到最低水平，並控制危險的影響。隔離是最常用的一種安全技術措施。

隔離措施包括分離和屏蔽兩種。前者是空間上的分離，後者是應用物理的屏蔽措施進行隔離，它比空間上的分離更加可靠，因而最為常見。

4. 故障—安全設計

在系統、設備的一部分發生故障或失效的情況下，在一定時間內也能保證安全的安全技術措施稱之為故障—安全設計。故障—安全設計確保故障不會影響系統安全，或使系統處於不會傷害人員或損壞設備的工作狀態。一般情況下，故障—安全設計能在故障發生後，使系統、設備處於低能量狀態，防止能量意外釋放。

故障—安全設計包含三種類型：

故障—安全消極設計，當系統發生故障時，系統停止工作，並將能量降低到最低值，直至採取矯正措施。如電氣系統中的熔斷器在電路過負荷時熔斷，把電路斷開以保證安全。

故障—安全積極設計，故障發生後，保持系統以一種安全的形式帶有正常能量，直至採取矯正措施。如在交通信號指示系統的大部分故障模式中，一旦發生信號系統故障，信號將轉為紅燈，以避免事故發生。

故障—安全工作設計，這種設計保證在採取矯正措施前，設備、系統正常地發揮其功能。這是最理想的工作方式。

5. 告警

告警通常用於向有關人員通告危險、設備問題和其他值得注意的狀態，以便使有關人員採取糾正措施，避免事故發生。按照人的感覺方式，告警可分為視覺告警、聽覺告警、嗅覺告警和味覺告警等。

現擇常見的告警方式作一介紹。

（1）顏色

通過明亮、鮮明的顏色，或明暗交替的顏色，引起人們的注意，發出告警信息。如環衛工人身穿橘紅色的背心，有毒、有害、可燃、易爆的氣體、液體管路上塗上特殊的顏色等。《安全色》（GB 2893-2008）規定了安全色、對比色的意義及使用方法。

安全色是傳遞安全信息含義的顏色，包括紅、藍、黃、綠四種顏色。

紅色表示禁止、停止、危險以及消防設備的意思。凡是禁止、停止、消防和有危險的器件或環境均應塗以紅色的標記作為警示的信號。

藍色表示指令，傳遞人們必須遵守的規定。

黃色表示提醒人們注意。凡是警告人們注意的器件、設備及環境都應以黃色表示。

綠色表示給人們提供安全的信息。

對比色是使安全色更加醒目的反襯色，包括黑、白兩種顏色。黑色用於安全標志的文字、圖形符號和警告標志的幾何邊框。白色用作安全標志紅、藍、

綠的背景色，也可用於安全標志的文字和圖形符號。

（2）信號燈

一般情況下，紅色表示存在危險、緊急情況、故障、錯誤和中斷等。黃色表示接近危險、臨界狀態、注意和緩行等。綠色表示良好狀態、繼續進行、準備好的狀態、功能正常和在規定的參數限度內。

（3）標志

《安全標志及其使用導則》（GB2894-2008）規定，安全標志即用以表達特定安全信息的標志，由圖形符號、安全色、幾何形狀（邊框）或文字構成。

安全標志分為禁止標志、警告標志、指令標志、提示標志四類，此外還有補充標志。

禁止標志：不準或制止人們的某些行動。禁止標志的幾何圖形是帶斜杠的圓環，其中圓環與斜杠相連，用紅色；圖形符號用黑色，背景用白色。中國規定的禁止標志共有28個，如：禁止放置易燃物、禁止吸菸、禁止通行、禁止菸火、禁止用水滅火、禁止帶火種、禁止啟動、禁止轉動、禁止跨越、禁止乘人、禁止攀登等。

警告標志：警告人們可能發生的危險。警告標志的幾何圖形是黑色的正三角形、黑色符號和黃色背景。中國規定的警告標志共有30個，如：注意安全、當心觸電、當心爆炸、當心火災、當心腐蝕、當心中毒、當心機械傷人、當心傷手、當心吊物、當心扎腳、當心落物、當心墜落、當心車輛、當心弧光、當心冒頂、當心塌方、當心坑洞、當心電離輻射、當心裂變物質、當心激光、當心微波、當心滑倒等。

指令標志：表示必須遵守。指令標志的幾何圖形是圓形，藍色背景，白色圖形符號。指令標志共有15個，如：必須戴安全帽、必須穿防護鞋、必須系安全帶、必須戴防護眼鏡、必須戴防毒面具、必須戴護耳器、必須戴防護手套、必須穿防護服等。

提示標志：示意目標的方向。提示標志的幾何圖形是方形，綠、紅色背景，白色圖形符號及文字。提示標志共有13個，其中一般提示標志（綠色背景）的6個如：安全通道、太平門等；消防設備提示標志（紅色背景）有7個：消防警鈴、火警電話、地下消火栓、地上消火栓、消防水帶、滅火器、消防水泵結合器。

補充標志：對前述四種標志的補充說明，以防誤解。補充標志分為橫寫和豎寫兩種。橫寫的為長方形，寫在標志的下方，可以和標志連在一起，也可以分開；豎寫的寫在標志杆上部。補充標志的顏色：豎寫的，均為白底黑字；橫寫的，用於禁止標志的用紅底白字，用於警告標志的用白底黑字，用於指令標志的用藍底白字。

二、安全教育對策

安全教育是事故預防與控制的重要手段的一。安全教育是採用一種緩和的說服、誘導的方式，授人以改造、改善和控制危險的手段和指明通往安全穩定境界的途徑。通過接受安全教育，人們會逐漸提高安全素質，使得其在面對新環境、新條件時，仍有一定的保證安全的能力和手段。其目的是提高職工的安全意識，增強職工的安全操作技能和安全管理水平，最大程度減少人身傷害事故的發生。它真正體現了「以人為本」的安全管理思想，是搞好企業安全管理的有效途徑。

1. 安全教育的內容

（1）安全態度教育

要想增強人的安全意識，首先應使之對安全有一個正確的態度。安全態度教育包括思想教育和態度教育兩個方面。思想教育包括安全意識教育、安全生產方針政策教育和法紀教育。

（2）安全知識教育

安全知識教育包括安全管理知識教育和安全技術知識教育。對於帶有潛在的危險因素的操作，安全知識教育尤為重要。安全技術知識教育的內容主要包括一般生產技術知識、一般安全技術知識和專業安全技術知識教育。

（3）安全技能教育

掌握了安全技術知識，並不等於能夠安全地從事操作，還必須把安全技術知識變成進行安全操作的本領，才能取得預期的安全效果。要實現從「知道」到「會做」的過程，就要借助於安全技能操作。

2. 安全教育的形式

按照教育對象，可以把安全教育分為對管理人員的安全教育和對生產崗位職工的安全教育兩大部分。

（1）各級管理人員的安全教育

企業管理人員安全教育是指對企業車間主任（工段長）以上幹部、工程技術人員和行政管理幹部的安全教育。具體的培訓要求在本書前面的法律法規部分都有涉及，在此不再贅述。

（2）生產崗位職工安全教育

生產崗位職工的安全教育一般有三級安全教育，特種作業人員安全教育，經常性安全教育，「五新」作業安全教育，復工、調崗安全教育等。

三級安全教育：三級安全教育是指新入廠職員、工人的廠級安全教育、車間級安全教育和崗位（工段、班組）安全教育。三級安全教育制度是企業安全教育的基本教育制度。教育時間不得少於40學時。

特種作業人員安全教育：特種作業，是指容易發生事故，對操作者本人、

他人的安全健康及設備、設施的安全可能造成重大危害的作業。特種作業人員，是指直接從事特種作業的從業人員。特種作業人員必須經專門的安全技術培訓並考核合格，取得《中華人民共和國特種作業操作證》后，方可上崗作業。特種作業操作證有效期為 6 年，在全國範圍內有效。特種作業操作證每 3 年復審 1 次。特種作業人員在特種作業操作證有效期內，連續從事本工種 10 年以上，嚴格遵守有關安全生產法律法規的，經原考核發證機關或者從業所在地考核發證機關同意，特種作業操作證的復審時間可以延長至每 6 年 1 次。

經常性安全教育：由於大部分安全技術知識與技能為短期記憶，必然隨時間而衰減，因而必須開展經常性的安全教育。經常性安全教育的形式多種多樣，如班前班后會、安全活動月、安全會議、安全知識競賽、安全演講等。

「五新」作業安全教育：生產經營單位採用新技術、新工藝、新材料、新產品或者使用新設備時，由於未知因素多，變化較大，操作中極可能潛藏著不為人知的危險性，並且出現失誤的可能性也很大，因而，作業前必須瞭解、掌握其安全技術特性，採取有效的安全防護措施，並對從業人員進行專門的安全生產教育和培訓。

三、安全管理對策

由於技術水平、經濟條件等因素的限制，安全技術對策在大多數情況下不能保證系統的安全性達到人們所能接受的狀態，而管理者又不能僅僅依靠安全教育的方法保證所有人都自覺地遵守各項安全規章制度，因而安全管理對策成了必不可少的一種控制人的行為，進而控制事故的重要手段。

安全管理對策就是運用各種規章制度、獎懲條例約束人的行為和自由，達到控制人的不安全行為，減少事故的目的。這裡重點討論安全管理工作中控制事故的幾種安全管理手段，即安全檢查、安全審查、安全評價等。

1. 安全檢查

安全檢查是安全生產管理工作中的一項重要內容，是保持安全環境、矯正不安全操作，防止事故的一種重要手段，是發現不安全狀態和行為的有效途徑。

（1）安全檢查內容

安全檢查的內容主要包括查思想、查管理、查隱患、查整改。

查思想：主要是對照黨和國家有關安全生產的方針、政策及有關文件，檢查企業領導和職工群眾對安全生產的認識。

查管理：主要檢查安全管理的各項具體工作的落實情況。如：安全專職機構是否健全；改善勞動條件的措施計劃是否按年度編製和執行，安全技術措施經費是否按規定提取和使用等。

查隱患：主要是深入生產現場，檢查企業的勞動條件、生產設備以及相應

的安全衛生設施是否符合要求，職工在生產中是否存在不安全行為。

查整改：對上一次查出的問題，檢查其是否進行了及時整改和整改的效果。檢查企業對工傷事故是否及時報告、認真調查、嚴肅處理。

（2）安全檢查方式

安全檢查按照檢查的性質，可以分為一般性檢查、專業性檢查、季節性檢查和節假日前后檢查。

一般性檢查：一種經常的、普遍性的檢查，目的是對安全管理、安全技術、工業衛生的情況作一般的瞭解。

專業性檢查：針對特殊作業、特殊設備、特殊場所進行的檢查。

季節性檢查：根據季節特點，為保障安全生產的特殊要求所進行的檢查。

節假日前后檢查：由於節日前后因精力分散而造成紀律松懈等，應進行安全生產、消防保衛、文明生產等綜合檢查。

2. 安全審查

安全檢查主要是為了改善企業現實安全生產狀況，消除或控制現有設備、設施存在的危險因素和事故隱患。要從源頭上消除可能造成傷亡事故和職業病的危險因素，保護職工的安全健康，保障新工程的正常投產使用，防止事故損失，避免因安全問題引起返工或因採取彌補措施造成不必要的投資擴大，對新建、擴建工程進行預先安全審查是一種極其重要的手段。

安全審查是依據有關安全法規和標準，對工程項目的初步設計、施工方案以及竣工投產進行綜合的安全審查、評價與檢驗，目的是查明系統在安全方面存在的缺陷，按照系統安全的要求，有效採取消除或控制危險的有效措施，切實保障系統的安全。

經過多年的實踐與總結，中國在安全審查工作中形成了一套較為完整且頗具特色的制度，即「三同時」審查驗收制度。「三同時」審查驗收制度是中國安全生產工作中幾十年一直堅持的一項基本制度。實踐證明，在生產建設項目和技術改造項目中貫徹執行「三同時」審查驗收制度是實現安全生產的重要措施。《安全生產法》對「三同時」審查驗收制度進一步作了詳細規定特別是對礦山建設項目和用於生產、儲存危險物品的建設項目，提出了審查、驗收部門對結果負責的新規定。

「三同時」審查包括可行性研究審查、初步設計審查和竣工驗收審查。

3. 安全評價

安全評價，國外也稱為風險評價或危險評價，它是以實現工程、系統安全為目的，應用安全系統工程原理和方法，對工程、系統中存在的危險、有害因素進行辨識與分析，判斷工程、系統發生事故和職業危害的可能性及其嚴重程度，從而為制定防範措施和管理決策提供科學依據。

安全評價目的是查找、分析和預測工程、系統、生產經營活動中存在的危

險、有害因素及可能導致的危險、危害后果和程度，提出合理可行的安全對策措施，指導危險源監控和事故預防，以實現最低事故率、最少損失和最優的安全投資效益。

安全評價按照實施階段的不同分為三類：安全預評價、安全驗收評價、安全現狀評價。

安全預評價：在建設項目可行性研究階段、工業園區規劃階段或生產經營活動組織實施之前，根據相關的基礎資料，辨識與分析建設項目、工業園區、生產經營活動潛在的危險、有害因素，確定其與安全生產法律法規、標準、行政規章、規範的符合性，預測發生事故的可能性及其嚴重程度，提出科學、合理、可行的安全對策措施建議，做出安全評價結論的活動。

安全驗收評價：在建設項目竣工后正式生產運行前或工業園區建設完成后，通過檢查建設項目安全設施與主體工程同時設計、同時施工、同時投入生產和使用的情況或工業園區內的安全設施、設備、裝置投入生產和使用的情況，檢查安全生產管理措施到位情況，檢查安全生產規章制度健全情況，檢查事故應急救援預案建立情況，審查確定建設項目、工業園區建設滿足安全生產法律法規、標準、規範要求的符合性，從整體上確定建設項目、工業園區的運行狀況和安全管理情況，做出安全驗收評價結論的活動。

安全現狀評價：針對生產經營活動中、工業園區的事故風險、安全管理等情況，辨識與分析其存在的危險、有害因素，審查確定其與安全生產法律法規、規章、標準、規範要求的符合性，預測發生事故或造成職業危害的可能性及其嚴重程度，提出科學、合理、可行的安全對策措施建議，做出安全現狀評價結論的活動。安全現狀評價既適用於對一個生產經營單位或一個工業園區的評價，也適用於某一特定的生產方式、生產工藝、生產裝置或作業場所的評價。

6 防火防爆技術

6.1 燃燒

燃燒，俗稱著火。一旦失去對燃燒的控制，就會發生火災，造成危害。深入認識、防控火災就要從研究燃燒開始。

一、燃燒的本質

燃燒是伴有發光、放熱的劇烈的氧化還原反應。

它的三個主要特徵是：發光、放熱、氧化還原反應。根據其特徵我們可以把燃燒和其他現象區別開來。如，燈泡通電後，燈絲雖然發光、發熱，但僅是電能轉變為光能和熱能的物理變化，沒有發生氧化還原反應，不是燃燒。鐵生鏽是一種氧化還原反應，但反應不劇烈，雖然放熱，但放出的熱量不足以使反應產物發光，所以也不是燃燒。

除上述三個主要特徵外，燃燒還可能伴隨有其他物理、化學、生物等變化，如升溫、蒸發、升壓、噪聲、振動、分解、化合、燒傷等。

二、燃燒的條件

燃燒是一種很普遍的現象，但燃燒是有條件的，不是隨便就會發生的，它必須同時具備可燃物質、氧化劑和點火源這三個基本要素（三要素），並且這三個基本要素相互作用才能發生。

1. 可燃物質

不論固體、液體、氣體，凡是能與空氣中的氧或其他氧化劑起劇烈化學反應的物質，都叫可燃物質（簡稱可燃物）。

其中，可燃氣體如：煤氣、天然氣、石油液化氣、沼氣、氫氣、甲烷、乙炔等；可燃液體如：汽油、煤油、柴油、乙醇、甲醇、植物油等；可燃固體如：木材、棉花、紙張、煤炭、橡膠、塑料、鉀、鈉、鎂、鋁、鈣、磷、硫黃、松香等，均屬可燃物質。

2. 氧化劑

凡是能和可燃物發生反應並引起燃燒的物質，稱為氧化劑（也稱助燃物）。如：空氣、氧、氟、氯、溴等。氧化劑的種類很多，除氧氣外，還有許多化合物如硝酸鹽、氯酸鹽、重鉻酸鹽、高錳酸鉀以及過氧化物等，都是氧化劑。這些化合物含氧較多，當受到熱、光或摩擦、撞擊等作用時，都能發生分解，放出氧氣，起到助燃的作用。

3. 點火源

點火源是指具有一定能量，能夠引起可燃物質燃燒的能源。有時也稱著火源或火源。常見的有以下幾種：

（1）明火。如火柴火、蠟燭火、打火機火、菸頭火、爐火、焚燒等。

（2）電火。電器線路或設備由於漏電、短路、過負荷、接觸電阻過大或絕緣被擊穿所造成的高溫、電火花、電弧以及雷擊等。

（3）高溫物質。如燒紅的電熱絲、灼熱鐵塊、高溫設備、管道及正在使用的爐竈、菸囪等。

（4）化學熱。物質氧化、分解、聚合反應時發熱。

（5）摩擦熱。如機械摩擦、壓縮、撞擊產生的熱。

（6）生物能。如生物在新鮮植物中發酵而發熱。

（7）光能。如輻射熱、陽光聚集而產生的熱。

（8）核能。如核裂變產生的熱。

此外，還有自然界存在的地熱、火山爆發、等等。

以上各種熱能都能引起可燃物質的燃燒。

燃燒三要素的數量變化，三者能否相互作用，直接影響燃燒能否發生和持續進行。在某些情況下，雖然三者具備了，但並沒有發生燃燒，是什麼原因呢？這是由於可燃物質數量不夠，氧氣不足，或者著火源熱量不大，燃燒條件不充分，三者之間沒有相互結合、相互作用的緣故。實際上，燃燒反應在可燃物質、氧化劑和點火源等方面都存在著極限值。燃燒需要達到以下三個充分條件：

（1）必須具有一定數量的可燃氣體或達到可燃蒸汽濃度。例如，在室溫20℃的同樣條件下，用明火瞬間接觸汽油和煤油時，汽油就會立即燃燒起來，而煤油卻不燃。這是因為汽油的蒸汽量已經達到燃燒所必需的濃度，而煤油由於蒸汽量不夠，沒有達到燃燒濃度，雖有足夠的空氣（氧）和著火源接觸，卻不會發生燃燒。

（2）必須有足夠數量的氧化劑。大家知道，空氣中的含氧量為21%，當空氣中含氧量減少到14%～18%時，可燃物質燃燒十分緩慢，直至熄滅。例如，點燃的蠟燭用玻璃罩罩起來，不使周圍空氣進入，經過較短時間，蠟燭就會熄滅。通過對玻璃罩內氣體的分析，發現這些氣體中只含有15%的氧氣。這

說明蠟燭燃燒時，空氣中的含氧量不低於15%（精確值是14.4%），否則就不能燃燒。

（3）點火源必須具有一定的溫度和熱量。例如，從菸囪裡冒出的碳火星，溫度約有600℃，已超過一般可燃物質的燃點。如果這些火星落在易燃的柴草或刨花上，就能引起燃燒，這說明這種火星有引燃這些物質的溫度和熱量。如果這些火星落在大塊木材上，就不能引起燃燒。這是因為火星溫度雖然很高，但缺乏足夠的熱量引起大塊木材燃燒。

綜上所述，可以知道燃燒是有條件的，它必須是三個要素同時存在，並且相互作用，燃燒才能發生。

掌握物質燃燒的本質和燃燒三要素的性質和相互關係，就可以瞭解用火、防火和滅火的基本道理。從消防的觀點來說，一切防火措施都是為了防止和避免三要素的相互作用，一切滅火措施，都是為了破壞三要素的結合，或者抑制連鎖反應，使燃燒反應中的遊離基消失。

三、燃燒的分類

按照不同的分類標準，燃燒有不同的分類方法。

1. 按著火方式

可分為強制著火（點燃）及自發著火（自燃）兩類。

強制著火：由外部能源與可燃物直接接觸（一般是局部或點接觸）引起的燃燒。

自發著火：又可細分為受熱自燃和本身自燃兩種情況。受熱自燃一般也需要外部提供一定的熱量，但是提供能量的方式與強制著火不同，點火源並不與可燃物直接接觸，而是間接地、整體地加熱可燃物，從而引起可燃物整體瞬間著火。本身自燃不需要外界提供熱量，而是靠可燃物本身內部的某種過程如物理、化學或生物化學過程，使其溫度升高而自發著火。

2. 按燃燒物的狀態

可分為氣相燃燒、液相燃燒和固相燃燒三類。

氣相燃燒：指在進行燃燒反應過程中，可燃物和助燃物均為氣體，這種燃燒的特點是有火焰產生。氣相燃燒是一種最基本的燃燒形式，因為絕大多數可燃物質（包括氣態、多數液態和固態物質）的燃燒都是在氣態下進行的。

液相燃燒：燃燒時可燃物呈液態，稱為液相燃燒（注意：並非液體燃燒）。只有某些液體在高溫狀態下直接發生燃燒。

固相燃燒：燃燒時可燃物呈固態，稱為固相燃燒。固相燃燒的特點是沒有火焰、只產生光和熱（陰燃）。只有一些固體在燃燒時，既有氣相燃燒，又有固相燃燒。

3. 按燃燒過程的控制因素

分為擴散燃燒和動力燃燒兩類。

擴散燃燒：可燃物和氧化劑的混合是在燃燒過程中進行的，即邊混合邊燃燒，稱為擴散燃燒。由於在擴散燃燒過程中，擴散速度要比化學反應速度慢得多，因此整個燃燒速度的快慢要由擴散速度決定。一般來說，擴散燃燒是比較平穩的。

動力燃燒：可燃物與氧化劑已經混合均勻，並且完全是氣相，遇火源而燃燒，稱為動力燃燒。動力燃燒的速度取決於化學反應的速度。一般來說，動力燃燒速度很快，可能導致爆炸。

四、不同狀態物質的燃燒過程

1. 氣體的燃燒

氣體的燃燒情況比較簡單。由於氣體在燃燒時所需要的熱量僅僅用於氧化或分解氣體以及將氣體加熱到燃點，因此，一般來說，氣體比較容易燃燒，而且燃燒速度比較快。

2. 液體的燃燒

多數液體呈氣相燃燒。液體在點火源作用下，首先被蒸發成氣態，而後蒸氣氧化分解，開始燃燒。只由液體產生的蒸氣進行的燃燒叫做蒸氣燃燒，而由液體熱分解產生可燃氣體再燃燒的叫做分解燃燒。蒸氣燃燒和分解燃燒都屬於氣相燃燒。

3. 固體的燃燒

多數固體呈氣相燃燒，有些固體則是同時產生氣相燃燒與固相燃燒。

不同化學組成的固體燃燒過程有所不同。有些固體如硫、磷、石蠟等，受熱時首先熔化為液體，然後蒸發、燃燒。有些固體如瀝青、木柴等則是受熱后先分解成氣態和液態產物，而后氣態和液態產物的蒸氣著火燃燒即產生氣相燃燒。

五、燃燒類型

1. 閃燃

閃燃是在一定溫度下，液態可燃物（包括可升華固體）液面上蒸發出的蒸氣與空氣形成的混合氣體遇火源產生的一閃即滅的現象。

閃燃是可燃液體的特徵之一。在規定的試驗條件下，液體發生閃燃的最低溫度，叫做閃點。

閃燃是短暫的閃火，不是持續的燃燒，其火焰是瞬間的火苗或閃光。一閃即滅的原因是液體的溫度不夠高，因為氣體蒸發速度不快，液面上聚集的可燃蒸汽一瞬間燃盡，新的可燃蒸氣來不及補充，致使液體表面空間的可燃蒸汽濃

度在閃燃階段下降過多，達不到燃燒的條件。

閃點是評定液體火災危險特性的主要依據。液體的閃點越低，火災危險性越大。在實際工作中，要根據不同液體的閃點，採取相應的防火安全措施。

2. 自燃

自燃是指可燃物在空氣中沒有外來火源的作用，靠自熱或外熱而發生燃燒的現象。

自燃分為受熱自燃和本身自燃兩種情況。我們在這裡討論的重點是本身自燃。本身自燃不需要外來熱源，在常溫下，甚至有的物質在低溫下，就能發生自燃，所以能夠發生本身自燃的物質潛在的火災危險性就更大些，需特別注意。

在規定的試驗條件下，可燃物質產生自燃的最低溫度叫做自燃點。

3. 點燃

點燃也稱強制著火。即可燃物質與明火直接接觸引起燃燒，在火源移去後仍能保持繼續燃燒的現象。物質被點燃后，先是局部被強烈加熱，首先達到引燃溫度，產生火焰，該局部燃燒產生的熱量，足以把臨近部分加熱到引燃溫度，燃燒就得以蔓延開去。

物質能被點燃的最低溫度叫做燃點。

6.2　爆炸

一、爆炸的概念

1. 爆炸的定義

爆炸是大量能量（物理能量或化學能量）在瞬間迅速釋放或急遽轉化為功和機械、光、熱等能量狀態的現象。

按照爆炸的初始能量不同，爆炸通常分為物理爆炸、化學爆炸和核爆炸三種形式。物理爆炸是由於物理因素（如溫度、體積、壓力等）變化而引起的爆炸現象，物理爆炸的前後，爆炸物質的化學成分不變。化學爆炸是使物質在短時間內完成化學反應，同時產生大量氣體和能量而引起的爆炸現象，化學爆炸前後，物質的性質和化學成分均發生了根本的變化。核爆炸是核武器或核裝置在幾微秒的瞬間釋放出大量能量的過程，不在本書研究的範疇內。

一般說來，爆炸現象具有以下特徵：

爆炸過程進行得很快。

爆炸點附近壓力急遽升高，多數爆炸伴有溫度升高。

發出或大或小的響聲。

周圍介質發生震動或鄰近的物質遭到破壞。

爆炸的最主要特徵是壓力急遽升高。

2. 化學爆炸與燃燒的區別

化學爆炸從本質上看，屬於快速的燃燒反應引起的爆炸，是燃燒性質的化學爆炸，但與燃燒又有區別。

爆炸的最主要特徵是壓力急遽上升，並不一定著火（發光、放熱）；而燃燒一定有著火現象。

化學爆炸（其中絕大多數是氧化反應）與燃燒現象本質上都屬於氧化反應，也同樣有溫度與壓力升高現象。但二者反應速度、放熱速率不同，火焰傳播速度也不同，前者比后者快得多。

二、爆炸極限

1. 爆炸極限的概念

可燃物質（可燃氣體、蒸氣和粉塵）與空氣（或氧氣）必須在一定的濃度範圍內均勻混合，形成預混氣，遇著火源才會發生爆炸，這個濃度範圍稱為爆炸極限，或爆炸濃度極限。例如一氧化碳與空氣混合的爆炸極限為12.5%~74%。可燃性混合物能夠發生爆炸的最低濃度和最高濃度，分別稱為爆炸下限和爆炸上限，這兩者有時亦稱為著火下限和著火上限。在低於爆炸下限時不爆炸也不著火；在高於爆炸上限時不會爆炸，但能燃燒。這是由於前者的可燃物濃度不夠，過量空氣的冷卻作用，阻止了火焰的蔓延；而后者則是空氣不足，導致火焰不能蔓延的緣故。當可燃物的濃度大致相當於反應當量濃度時（即根據完全燃燒反應方程式計算的濃度比例），具有最大的爆炸威力。

爆炸極限一般用可燃氣體在空氣中的體積百分數（%）來表示。

2. 影響爆炸極限的主要因素

可燃氣體的爆炸極限不是一個固定的常數，而是受許多因素的影響而變化的。影響爆炸極限的主要因素有以下六種。

（1）初始溫度

可燃性混合氣的初始溫度升高，使爆炸極限範圍增大，即爆炸極限下限降低，上限增高。

（2）初始壓力

初始壓力對爆炸極限有影響，在高壓下影響比較明顯，但情況比較複雜，必須實測。

一般來說，壓力增高，爆炸極限範圍擴大。壓力降低，則爆炸極限範圍縮小。當壓力降到某值時，則爆炸上限濃度與爆炸下限濃度相重合，則此時對應的壓力稱為爆炸的臨界壓力。

（3）點火源

增加點火源的能量，增大點火源的表面積和延長火源與混合物的接觸時間都會使可燃氣爆炸範圍增大。當點火能量高到一定程度時，爆炸極限就趨近於一個穩定值。所以，一般情況下，測定混合氣爆炸極限時應採用較高的點火能量。

（4）氧含量

可燃混合氣中氧含量增加，一般對爆炸下限影響不大，因為在下限濃度時氧氣對可燃氣是過量的。由於在上限濃度時氧含量相對不足，所以增加氧含量會使上限顯著增高。

（5）惰性氣體含量及雜質

若在可燃混合氣體中加入惰性氣體，將使其爆炸極限範圍縮小，當惰性氣體含量逐漸增多達到一定濃度時，可使混合氣體不爆炸。

對於有氣體參與的反應，雜質也有很大的影響。例如，少量的硫化氫會大大降低水煤氣和混合氣體的燃點，並因此促使其爆炸；而當可燃氣體中含有鹵代烷時，則能顯著縮小爆炸極限的範圍，因此，氣體滅火劑大部分都是鹵代烷。

三、幾類典型的爆炸過程

1. 可燃氣體—空氣混合系爆炸

可燃氣體或可燃液體蒸氣同助燃性氣體按照一定比例混合，在點火源作用下而引起爆炸，如天然氣、乙炔、液化石油氣、汽油蒸氣等。

該混合系在引燃能量作用下，使活性原子（分子）或自由基生成，並成為鏈鎖反應的中心。此時產生的熱量及鏈鎖載體同時向四周傳播，促使鄰近一層的混合物發生燃燒反應。火焰便如此以一層層同心球面擴張的形式向各方向傳播。混合系如果在密閉容器、管線、地溝等局限化空間被點燃，可因火焰的快速傳播而引起爆炸。

2. 熱分解爆炸

在熱作用下，某些爆炸性物質、熱敏感性物質、單一氣體以及化合物，可能在極短的時間內，發生不屬於燃燒反應的化學分解爆炸。它們在沒有空氣或氧氣存在時同樣可發生爆炸，如某些含碳、氫、氧、氮等的炸藥等，當受熱氣相分解時，就會發生分子中最不穩定的鍵如 C-N 鍵、N-N 鍵、O-N 鍵的斷裂，生成分子碎片、自由基和氣體分解產物。凡是熱分解過程出現高熱，產生大量氣體且具有很快的速度時，都可能引起爆炸。

3. 噴霧爆炸

可燃液體霧滴與助燃氣體形成爆炸性混合系引起爆炸，如油壓機噴出的油霧爆炸。生產裝置中液相或含液混合系，由於設備破裂、密封失效，以及噴

射、排空、泄壓等過程，都可能形成可燃性混合霧滴，液體霧化、熱液閃蒸、氣體驟冷等過程也可以形成液相分散霧滴。

噴霧爆炸所需的引燃能量比氣體混合系爆炸要大，較小的霧滴只需要較小的引燃能量。

4. 液化氣體蒸氣和過熱液體爆炸

液體物質在容器內處於過熱飽和狀態（且高於環境壓力）時，容器一旦破裂，氣液平衡破壞，液體就會因迅速氣化而可能發生爆炸，這種爆炸屬於物理爆炸。

蒸發與沸騰是液體氣化的兩種形式，后者發生於液體的內部。當液體受高溫作用，超過其在該壓力條件下的沸騰溫度時，可因產生大量高溫高壓蒸汽，超過容器承受能力而發生爆炸；系統內的過熱液體或液化氣體再減壓或降至大氣壓力時，液體內部產生大量的氣泡，可因液體表面迅速氣化發生一個壓力突躍而爆炸。

過熱液體蒸氣爆炸發生的條件和程度的大小，與液體本身、溫度、壓力、容器、泄壓口大小面積和位置等因素有關。

5. 粉塵爆炸

可燃固體的微細粉塵（包括纖維），呈懸浮狀態分散在空氣等助燃氣體中，由著火源作用而引起的爆炸，如分散在空氣中的煤粉、鎂、鋁、硫黃、小麥麵粉、化纖等粉塵所引起的爆炸。

粉塵爆炸時，粉塵粒子表面首先受熱使溫度上升，粒子表面的分子發生熱分解或干餾，釋放出可燃氣體圍繞在粒子周圍，與空氣形成爆炸性混合氣體，被點燃產生火焰並傳播。產生的熱量進一步促進粉塵分解，繼續放出氣體使燃燒爆炸持續蔓延傳播下去。

粉塵爆炸的實質是氣體爆炸。使粉塵表面溫度升高的主要傳熱方式是熱輻射。

影響粉塵爆炸的因素很多，主要有粉塵的化學成分、顆粒大小、粉塵濃度和含水量、空氣濕度、含氧量、可燃氣體量、溫度、熱源、爆炸空間的體積等。

危險化學品生產企業中，粉塵爆炸的危險大量存在，煤炭等可燃固體的粉碎、球磨、篩分、轉運、使用等過程，許多粉料的製造、干燥、氣力輸送、氣固分離過程，可燃粉塵的除塵系統，都存在粉塵爆炸的可能。

6.3 防火防爆基本措施

失去控制的燃燒和爆炸會引起火災與爆炸事故，威脅人身安全，造成巨大

經濟損失。因此，要認真貫徹「預防為主、防消結合」的方針，積極預防火災與爆炸事故的發生。

一、火災

1. 火災的定義

凡在時間或空間上失去控制的燃燒所造成的災害，都稱為火災。在各種災害中，火災是最經常、最普遍地威脅公眾安全和社會發展的主要災害之一。人類能夠對火進行利用和控制，是文明進步的一個重要標志。所以說人類使用火的歷史與同火災做鬥爭的歷史是相伴相生的，人們在用火的同時，不斷總結火災發生的規律，盡可能地減少火災及其對人類造成的危害。

根據《火災統計管理規定》，所有火災不論損害大小，都列入火災統計範圍，以下情況也列入火災統計範圍：

（1）易燃易爆化學物品燃燒爆炸引起的火災。

（2）破壞性試驗中引起非實驗體的燃燒。

（3）機電設備因內部故障導致外部明火燃燒或者由此引起其他物件的燃燒。

（4）車輛、船舶、飛機以及其他交通工具的燃燒（飛機因飛行事故而導致本身燃燒的除外），或者由此引起其他物件的燃燒。

2. 火災等級

根據2007年6月26日公安部下發的《關於調整火災等級標準的通知》，火災等級標準由原來的特大火災、重大火災、一般火災三個等級調整為特別重大火災、重大火災、較大火災和一般火災四個等級。

特別重大火災：指造成30人以上死亡，或者100人以上重傷，或者1億元以上直接財產損失的火災。

重大火災：指造成10人以上30人以下死亡，或者50人以上100人以下重傷，或者5,000萬元以上1億元以下直接財產損失的火災。

較大火災：指造成3人以上10人以下死亡，或者10人以上50人以下重傷，或者1,000萬元以上5,000萬元以下直接財產損失的火災。

一般火災：指造成3人以下死亡，或者10人以下重傷，或者1,000萬元以下直接財產損失的火災。（註：「以上」包括本數，「以下」不包括本數。）

3. 火災類型

在國家技術標準《火災分類》（GB/T 4968-2008）中，根據可燃物的類型和燃燒特性，將火災分為A、B、C、D、E、F六大類。

A類火災：指固體物質火災。這種物質通常具有有機物質性質，一般在燃燒時能產生灼熱的余燼，如木材、干草、煤炭、棉、毛、麻、紙張等火災。

B類火災：指液體或可熔化的固體物質火災，如煤油、柴油、原油、甲

醇、乙醇、瀝青、石蠟、塑料等火災。
　　C 類火災：指氣體火災，如煤氣、天然氣、甲烷、乙烷、丙烷、氫氣等火災。
　　D 類火災：指金屬火災，如鉀、鈉、鎂、鋁鎂合金等火災。
　　E 類火災：指帶電火災，物體帶電燃燒的火災。
　　F 類火災：指烹飪器具內的烹飪物火災，如動植物油脂火災。
　　上述分類方法對防火和滅火，特別是選用滅火劑和滅火器材有指導意義。

二、爆炸事故

1. 常見工業爆炸事故類型
（1）可燃氣體與空氣混合引起的爆炸事故。
（2）可燃液體蒸氣與空氣混合引起的爆炸事故。
（3）可燃性粉塵與空氣混合引起的爆炸事故。
（4）間接形成的可燃氣（蒸氣）與空氣混合引起的爆炸事故。
（5）火藥爆炸事故。
（6）鍋爐及壓力容器的爆炸事故。（這類爆炸屬於物理爆炸，本課程重點涉及化學爆炸，對此類爆炸事故不做討論）

2. 爆炸事故特點及危害
爆炸事故具有以下特點：
（1）突發性。爆炸事故往往是在瞬間發生的，難以預料。
（2）複雜性。爆炸事故發生的原因、災害範圍及后果各異，相差懸殊。
（3）嚴重性。爆炸事故的破壞性大，往往是摧毀性的，造成慘重損失。
　　爆炸事故的破壞作用有：衝擊波破壞、灼燒破壞、爆炸而飛散的固體碎片可能擊傷人員或砸壞物體，爆炸還可能形成地震波破壞等。其中衝擊波的破壞最為主要，破壞作用也最大。

三、火災與爆炸事故

1. 二者的區別
　　火災與爆炸事故的主要區別在於發展過程有顯著不同。一般情況下，起火后火場逐漸蔓延擴大，隨著時間的延續，損失急遽增大。經驗規律是：火災損失與火災持續時間的平方成正比關係。對於火災來講，初期的救火有顯著意義。而爆炸則是突然發生的，在大多數情況下，是在瞬間完成的。因此，對於爆炸事故，更應當強調對其的預防。

2. 二者的聯繫
　　火災與大多數化學爆炸事故均是由氧化反應導致，二者可能同時發生、也可能互相引發、轉化，形成複雜的情況。

四、防火防爆基本原理與措施

1. 基本原理

引發火災的條件是：可燃物、氧化劑和點火源同時存在、相互作用。引發爆炸的條件是：爆炸品（含還原劑及氧化劑）或者是可燃物與空氣的混合物與引爆源同時存在、相互作用。如果我們採取措施避免或消除上述條件，就可以防止火災或爆炸事故的發生。

在制定防火防爆措施時，需從以下四個方面考慮：

（1）預防性措施，這也是最理想、最重要的措施。其基本點是使可燃物（還原劑）、氧化劑與點火（引爆）源沒有結合的機會，從根本上杜絕著火（引爆）的可能性。

（2）限制性措施，這是指一旦發生火災爆炸事故，能夠起到限制其蔓延、擴大作用的措施。如在設備上或者生產系統中安裝阻火、泄壓裝置，在建築物中設置防火牆等。

（3）消防措施，按照法規或規範的要求，採取消防措施。一旦火災初起，能夠將其撲滅，避免發展成大的火災。

（4）疏散性措施，預先設置安全出口及安全通道，使得一旦發生火災爆炸事故時，能夠迅速將人員或者重要物資撤離危險區域，以減少損失。如在建築物或者飛機、車輛上設置安全門或疏散通道等。

2. 基本措施

可以把預防火災爆炸事故（以下簡稱火爆災害）的措施分為兩大類：消除導致火爆災害的物質條件（即可燃物與氧化劑的結合）以及消除導致火爆災害的能量條件（即點火或引爆的能源）。

（1）消除導致火爆災害的物質條件

盡量不使用或少使用可燃物：通過改進生產工藝或者改進技術，以不燃物或者難燃物代替可燃物或者易燃物，以燃爆危險性小的物質代替危險性大的物質，這是防火防爆的一條基本性措施。

生產設備及系統盡量密閉化：已密閉的正壓設備或系統要防止泄漏，負壓設備及系統要防止空氣滲入。

採取通風除塵措施：對於因某些生產系統或設備無法密閉或者無法完全密閉，可能存在可燃氣體、蒸氣、粉塵的生產場所，要設置通風除塵裝置以降低空氣中可燃物濃度。

合理選擇生產工藝：根據產品原材料火災危險性質，安排、選用符合安全要求的設備和工藝流程。性質不同但能相互作用的物品應分開存放。

惰性氣體保護：在存有可燃物料的系統中加入惰性氣體，使可燃物及氧氣濃度下降，可以降低或消除燃爆危險性。

對燃爆危險品的使用、儲存、運輸等都要根據其危險特性採取有針對性的防範措施。

（2）消除導致火爆災害的能量條件

防止撞擊、摩擦產生火花：在爆炸危險場所應採取相應措施，如嚴禁穿帶釘鞋進入；嚴禁使用能產生衝擊火花的工、器具，而應使用防爆工、器具或者銅制、木制工、器具；機械設備中凡會發生撞擊、摩擦的兩部分都應採用不同的金屬；火炸藥工房應鋪設不發火地面等。

防止高溫表面引起著火：對一些自燃點較低的物質尤其需要注意。為此，高溫表面應當有保溫或隔熱措施；可燃氣體排放口應遠離高溫表面；禁止在高溫表面烘烤衣物；注意清除高溫表面的油污，以防其受熱分解、自燃。

消除靜電：消除靜電有兩條途徑，其一是控制工藝過程，抑制靜電的產生。應當盡量選用在起電序列中位置相近的物質，但要完全抑制靜電的產生是很難的；其二是加速所產生靜電的泄放或者中和，限制靜電的累積，使之不超過安全限度。為此，在爆炸場所，所有可能發生靜電的設備、管道、裝置、系統都應當接地。

預防雷電火花引發火災事故：設置避雷裝置是防止或減少雷擊事故的最基本措施。

防止明火：生產過程中的明火主要是指加熱用火、維修用火以及其他火源。加熱可燃物時，應避免採用明火，宜使用水蒸汽、熱水等間接加熱。如果必須使用明火加熱，加熱設備應當嚴格密閉。對於維修用火，應當制定嚴格的管理規定，並嚴格遵守。此外，要特別注意，在生產場所因菸頭、火柴引起的火災也時有發生，應引起人們的警惕。

熱射線（日光）：直射的太陽光通過凸透鏡、弧形、有氣泡或者不平的玻璃等，都會被聚焦形成高溫焦點，可能會點燃可燃物。為此，有爆炸危險的廠房及庫房必須採取遮陽措施，如將門窗玻璃塗上白漆或者採用磨砂玻璃。

防止電氣火災爆炸事故：電氣方面的原因引起的火災爆炸事故，在火災爆炸事故中占相當大的比例。對這類事故的分析及預防，詳見本書第 7 章。

五、防火防爆安全裝置

防火防爆裝置可分為阻火裝置（設備）與防爆泄壓裝置（設備）兩大類，一旦發生火災爆炸事故時，這些裝置（設備）能夠起到阻止事態蔓延、擴大、減少事故損失的作用，屬於限制性措施。

1. 阻火裝置

阻火裝置的作用是防止火焰竄入設備、容器與管道內或阻止火焰在設備和管道內擴散。阻火裝置工作原理是在可燃氣體進出口兩側之間設置阻火介質，當一側著火時，火焰的傳播被阻而不會燒向另一側。常用的阻火裝置有安全液

封、阻火器和單向閥。

（1）安全液封

這類阻火裝置以液體作為阻火介質，目前，廣泛使用安全水封，它以水作為阻火介質，一般裝置在氣體管線與生產設備之間。常用的安全水封有敞開式和封閉式兩種。

使用安全水封時，應隨時注意水位不得低於水位計（或水位截門）所標定的位置。但水位也不應過高，否則除了可燃氣體通過困難外，水還可能隨可燃氣體一道進入出氣管。每次發生火焰倒燃后，應隨時檢查水位並補足。安全水封應保持垂直位置。冬季使用安全水封時，在工作完畢后應把水全部排出、洗淨，以免凍結。如發現凍結現象，只能用熱水或蒸汽加熱解凍，嚴禁用明火或紅鐵烘烤。為了防凍，可在水中加入少量食鹽以降低冰點（溶液內含食鹽量為 13.6% 時，冰點為 -10.4℃；溶液中含食鹽量為 22.4% 時，冰點為 -21.2℃）。使用封閉式安全水封時，由於可燃氣體（尤其是碳氫化合物）中可能帶有黏性油質的雜質，使用一段時間后容易糊在閥和閥座等處，所以需要經常檢查逆止閥的氣密性。

（2）阻火器

這類阻火裝置的工作原理是：火焰在管中蔓延的速度隨著管徑的減小而減小，最后可以達到一個火焰不蔓延的臨界直徑。這一現象按照鏈式反應理論的解釋是：管子直徑減小，器壁對遊離基的吸附作用的程度增加。用熱損失的觀點來分析，當管徑小到某個極限值時，管壁的熱損失大於反應熱，從而使火焰熄滅。阻火器是根據上述原理制成的，即在管路上連接一個內裝細孔金屬網或礫石的圓筒，可以阻止火焰從圓筒的一側蔓延到另一側。

（3）單向閥

單向閥又稱止回閥或逆止閥。用於液壓系統中防止油流反向流動，或者用於氣動系統中防止壓縮空氣逆向流動。若有逆流時，單向閥自動關閉，可以防止高壓竄入低壓引起設備、容器、管道的破裂。單向閥在生產工藝中有很多用途。阻火是其用途之一。單向閥通常設置在可燃氣管道或與設備相連接的輔助管線上，壓縮機或油泵的出口管線上，高壓系統與低壓系統相連接的低壓方向上等。

2. 防爆泄壓裝置

防爆泄壓設備包括安全閥、防爆片、防爆門和放空管等。生產系統內一旦壓強劇增或發生爆炸，可以通過這些設施將壓力釋放出去，從而減少壓力對設備的破壞和爆炸帶來的損失。

（1）安全閥

安全閥是啟閉件受外力作用下處於常閉狀態，當設備或管道內的介質壓力升高超過規定值時，通過向系統外排放介質來防止管道或設備內介質壓力超過

規定數值的特殊閥門。安全閥屬於自動閥類，主要用於鍋爐、壓力容器和管道上，控制壓力不超過規定值，對人身安全和設備運行起重要保護作用。注意安全閥必須經過壓力試驗才能使用。

設置安全閥時應注意以下幾點：

容器內有氣、液兩相物料時，安全閥應裝在氣相部分。

安全閥用於泄放可燃液體時，安全閥的出口應與事故貯罐相連。當泄放的物料是高溫可燃物時，其接收容器應有相應的防護設施。

一般安全閥可就地放空，放空口應高出操作人員1米以上且不應朝向15米以內的明火地點、散發火花地點及高溫設備。室內設備、容器的安全閥放空口應引出房頂，並高出房頂2米以上。

當安全閥入口有隔斷閥時，隔斷閥應處於常開狀態，並要加以鉛封，以免出錯。

（2）爆破片

爆破片（又稱防爆膜、防爆片）利用法蘭安裝在受壓設備、容器及系統的放空管上。簡單地說就是一次性的泄壓裝置，在設定的爆破溫度下，爆破片兩側壓力差達到預定值時，爆破片即可破裂或脫落，並泄放出流體。應該說爆破片與安全閥的作用基本相同，但安全閥可根據壓力自行開關，如一次因壓力過高開啟泄放后，待壓力正常即自行關閉；而爆破片的使用是一次性的，如果被破壞，需要重新安裝。

爆破片安全裝置具有結構簡單、靈敏、準確、無泄漏、泄放能力強等優點。能夠在黏稠、高溫、低溫、腐蝕的環境下可靠地工作，還是超高壓容器的理想安全裝置。

爆破片一般用於下列情況：壓力容器或管道內的工作介質具有黏性或易於結晶、聚合，容易將安全閥閥瓣和和底座黏住或堵塞安全閥的場所；壓力容器內的物料化學反應可能使容器內壓力瞬間急遽上升而安全閥不能及時打開泄壓的場所；壓力容器或管道內的工作介質為劇毒氣體或昂貴氣體，用安全閥可能會存在泄漏導致環境污染和浪費的場所（各種安全閥一般總有微量泄漏）；壓力容器和壓力管道要求全部泄放或全部泄放時毫無阻礙的場所；其他不適用於安全閥而適用於爆破片的場所。

爆破片安裝要可靠，表面不得有油污；運行中要經常檢查法蘭連接處有無泄漏；爆破片一般6~12個月更換一次。此外如果在系統超壓后未破裂的爆破片以及正常運行中明顯變形的爆破片應立即更換。

（3）防爆帽

防爆帽也是一種斷裂型的安全泄壓裝置。它的樣式很多，主要元件是一個一端封閉、中間具有一個薄弱斷面的厚壁短管。當容器內壓力超標時，即從薄弱斷面處斷裂，過高的壓力從此處泄放。防爆帽結構簡單製造容易且爆破壓力

易於控制，適用於超高壓容器。

（4）防爆門

防爆門是為抵抗工業建築外面裝置偶然發生的爆炸，保障人員生命安全和工業建築內部設備完好，不受爆炸衝擊波危害並有效地阻止爆炸危害延續的一種抗爆防護設備。通常採用特種工業鋼板按照嚴格設置的力學數據製作，並配以高性能的五金配件，用以保障生命和財產安全。

（5）防爆球閥

有些加熱爐還在燃燒室底部設置防爆球閥作泄壓用。防爆球閥是一種（球體）繞垂直於通道軸旋轉90°的閥門，其由回轉型角行程電子式電動執行器和O型閥結構組成，屬旋轉類型高性能調節或開關閥類，接受工業自動化控制（DCS、PLC系統）儀表來源的電流信號或電壓信號的輸入輸出，可實現對工藝管路中流體介質的比例調節或二位開關控制，從而達到對流體介質的流量、壓力、溫度、液位等參數的自動化控制。

六、防火防爆檢測報警儀表

1. 火災探測器

火災探測器是消防火災自動報警系統中，對現場進行探查，發現火災的設備。火災探測器是系統的「感覺器官」，它的作用是監視環境中有沒有火災的發生。一旦有了火情，就將火災的特徵物理量，如溫度、菸霧、氣體和輻射光強等轉換成電信號，並立即向火災報警控制器發送報警信號。一般有四種不同的分類方式：

按對現場的信息採集類型分為：感菸探測器，感溫探測器，火焰探測器，特殊氣體探測器。

按設備對現場信息採集原理分為：離子型探測器，光電型探測器，線性探測器。

按設備在現場的安裝方式分為：點式探測器，纜式探測器，紅外光束探測器。

按探測器與控制器的接線方式分：總線制，多線制。其中總線制又分編碼的和非編碼的；而編碼的又分電子編碼和撥碼開關編碼，撥碼開關編碼的又叫撥碼編碼，它又分為：二進制編碼，三進制編碼。

2. 可燃氣檢測報警器

可燃氣檢測報警器用於測量空氣中各種可燃氣（蒸氣）在爆炸下限以下的濃度，當可燃氣濃度超過報警濃度（一般是爆炸下限濃度的25%）時，報警器會報警，告知人們盡快採取措施以防止火災爆炸事故的發生。

《作業場所環境氣體檢測報警儀通用技術要求》GB12358-2006規定了作業環境檢測報警儀的術語、分類、技術要求、試驗方法檢驗規則及標志等。

6.4 火災撲救

一、滅火的原理和方法

由燃燒必須同時具備三個基本條件可知，消除其中任何一個條件，燃燒就會終止，滅火就是破壞燃燒條件使燃燒反應終止的過程。基於以上原理，可把滅火方法歸納為以下四類：

（1）冷卻滅火法：針對可燃物必須達到各自的著火溫度時才能持續燃燒這一條件，將滅火劑直接噴射到燃燒物上，以降低燃燒物的溫度。當燃燒物的溫度降低到該物的燃點以下時，燃燒就停止了。或者將滅火劑噴灑在火源附近的可燃物上，使其溫度降低，防止輻射熱影響而起火。冷卻法是滅火的主要方法，主要用水和二氧化碳來冷卻降溫。

（2）窒息滅火法：根據可燃物需要足夠的氧化劑這一條件，阻止空氣流入燃燒區或用不燃燒的物質衝淡空氣，使燃燒物得不到足夠的氧氣而熄滅。實際運用時有多種措施，如用石棉毯、濕麻袋、濕棉被、濕毛巾被、黃沙、泡沫等不燃或難燃物質覆蓋在燃燒物上；用水蒸氣或二氧化碳等惰性氣體灌註容器設備；封閉起火的建築和設備門窗、孔洞等。

（3）隔離滅火法：根據發生燃燒必須具備可燃物這一條件，將著火的地方或物體與其周圍的可燃物隔離或移開，燃燒就會因為缺少可燃物而停止。實際運用時有多種措施，如將靠近火源的可燃、易燃、助燃的物品搬走；把著火的物件移到安全的地方；關閉電源、可燃氣體、液體管道閥門，中止和減少可燃物質進入燃燒區域；拆除與燃燒著火物毗鄰的易燃建築物等。

（4）抑制滅火法：這種方法是用含氟、溴的化學滅火器（如1211）噴向火焰，讓滅火劑參與到燃燒反應中去，使遊離基鏈鎖（俗稱「燃燒鏈」）反應中斷，達到滅火的目的。

以上方法在實用中，可根據實際情況，採用一種或多種方法並用，以達到迅速滅火的目的。

二、滅火劑

滅火劑是能夠有效地破壞燃燒條件，終止燃燒的物質。選擇滅火劑的基本要求是滅火效能高，使用方便，來源豐富，成本低廉，對人和物基本無害。滅火劑的種類有很多，常用的有十餘種。

1. 水

水是不燃液體，它的來源豐富，取用方便，價格便宜，是最常用的天然滅

火劑。水可以單獨使用，也可以與不同的化學劑組成混合液使用。

水滅火劑的適用範圍較廣，除以下情況下，都可以考慮用水滅火。

（1）過氧化物，如鉀、鈉、鈣、鎂等的過氧化物。這些物質遇水后發生劇烈化學反應，並同時放出熱量、產生氧氣而加劇燃燒。

（2）輕金屬，如金屬鈉、鉀、碳化鈉、碳化鉀、碳化鈣、碳化鋁等，遇水分解，並奪取水中的氧並與之化合，同時放出熱量和可燃氣體，引起加劇燃燒或爆炸的后果。

（3）高溫黏稠的可燃液體。發生火災時如用水撲救，會引起可燃液體的沸溢和噴濺現象，導致火災蔓延。

（4）其他用水撲救會使對象受嚴重破壞的火災，如高溫密閉容器等。

2. 泡沫滅火劑

凡能與水混溶，並可通過化學反應或機械方法產生泡沫的滅火藥劑，稱為泡沫滅火劑。

泡沫滅火劑一般由發泡劑、泡沫穩定劑、降黏劑、抗凍劑、助溶劑、防腐劑及水組成，分為化學泡沫、空氣泡沫、氟蛋白泡沫、水成膜泡沫和抗溶性泡沫等。滅火原理是在液體表面生成凝聚的泡沫漂浮層，起窒息和冷卻作用。主要用於撲救非水溶性可燃液體及一般固體火災。特殊的泡沫滅火劑還可以撲滅水溶性可燃液體火災。

3. 二氧化碳及惰性氣體滅火劑

二氧化碳滅火劑是一種具有一百多年歷史的滅火劑，價格低廉，獲取、制備容易，其主要依靠窒息作用和部分冷卻作用滅火。二氧化碳具有較高的密度，約為空氣的1.5倍。在常壓下，液態的二氧化碳會立即汽化，一般1kg的液態二氧化碳可產生約0.5立方米的氣體。因而，滅火時，二氧化碳氣體可以排除空氣而包圍在燃燒物體的表面或分佈於較密閉的空間中，降低可燃物周圍或防護空間內的氧濃度，產生窒息作用而滅火。另外，二氧化碳從儲存容器中噴出時，會由液態迅速汽化成氣體，而從周圍吸收部分熱量，起到冷卻的作用。二氧化碳滅火劑可以用於液體或可熔固體物質火災和氣體火災、帶電火災。

除二氧化碳外，其他惰性氣體如氮氣等也可用作滅火劑。

4. 鹵代烷滅火劑

鹵代烷即碳氫化合物中氫原子完全地或部分地被鹵族元素取代而生成的化合物。最常用的鹵代烷滅火劑多為甲烷和乙烷的鹵化物，分子中的鹵素原子為氟、氯、溴，鹵代烷滅火劑對大氣臭氧層有一定的破壞作用。

鹵代烷滅火劑主要通過抑制燃燒的化學反應過程，使燃燒中斷，達到滅火的目的。

鹵代烷滅火劑滅火后不容易留下痕跡，所以鹵代烷滅火劑主要用於撲救各

種易燃可燃氣體火災、甲、乙、丙類液體火災，可燃固體的表面火災和電器設備火災如銀行帳庫、電教室、計算機中心。與二氧化碳相比，其滅火效率高，是二氧化碳滅火率的五倍，而且二氧化碳易使人窒息，鹵代烷毒性則小些。但鹵代烷生產成本高、價格貴；鹵代烷滅火劑對臭氧大氣層造成破壞，應盡量少用。鹵代烷不能撲救鋰、鎂、鉀、鋁、銻、鈦、鎘等金屬的火災，也不能撲滅在惰性介質中自身供氧燃燒硝化纖維、火藥等的火災；也不能撲滅金屬氫化物如氫化鉀、氫化鈉火災及自行分解的化學物質，如過氧化物、聯氨等。

5. 干粉滅火劑

干粉滅火劑是由滅火基料（如小蘇打、碳酸銨、磷酸的銨鹽等）和適量潤滑劑（硬脂酸鎂、雲母粉、滑石粉等）、少量防潮劑（硅膠）混合后共同研磨製成的細小顆粒。在救火中，干粉借助氣體壓力從容器中噴出，一般以粉霧形式滅火。

干粉滅火劑按照其使用範圍，主要分為普通和多用兩大類。普通干粉滅火劑主要適用於撲救可燃液體、可燃氣體及帶電設備的火災。多用干粉滅火劑不僅適用於撲救可燃液體、可燃氣體及帶電設備的火災，還適用於撲救一般固體火災。

干粉滅火劑平時儲存在干粉滅火器或干粉滅火設備中。滅火時靠加壓氣體二氧化碳或氮氣的壓力將干粉從噴嘴射出，形成一股夾著加壓氣體的霧狀粉流，射向燃燒物。干粉與火焰接觸，干粉中碳酸氫鈉受高溫作用分解，該反應是吸熱反應，反應放出大量的二氧化碳和水，水受熱變成水蒸氣並吸收大量的熱量，起到冷卻、稀釋可燃氣體的作用，干粉進入火焰後，由於干粉的吸收和散射作用，減少火焰對燃料的熱輻射，降低液體的蒸發速率。

該產品廣泛用於油田、油庫、煉油廠、化工廠、化工倉庫、船舶、飛機場以及工礦企業，主要用於撲救各種非水溶性和水溶性可燃、易燃液體的火災，以及天然氣和液化石油氣等可燃氣體的火災或一般帶電設備的火災。

6. 其他

用砂、土覆蓋物來滅火也很廣泛。它們覆蓋在燃燒物上，主要起到與空氣隔絕的作用，砂、土也可以從燃燒物吸收熱量，起到一定的冷卻作用。

三、滅火器

滅火器是指在其壓力作用下，將所裝填的滅火劑噴出，以撲救初起火災的小型滅火器具。

滅火器的種類很多，按其移動方式可分為：手提式和推車式；按驅動滅火劑的動力來源可分為：儲氣瓶式、儲壓式、化學反應式；按所充裝的滅火劑則又可分為：泡沫、干粉、鹵代烷、二氧化碳、水型滅火器等。

1. 水型滅火器

水型滅火器中的滅火劑為清水。水在常溫下具有較低的黏度、較高的熱穩定性、較大的密度和較高的表面張力，是一種古老而又使用範圍廣泛的天然滅火劑，易於獲取和儲存。

在滅火時，由水汽化產生的水蒸氣將占據燃燒區域的空間、稀釋燃燒物周圍的氧含量，阻礙新鮮空氣進入燃燒區，使燃燒區內的氧濃度大大降低，從而達到窒息滅火的目的。當水呈噴淋霧狀時，形成的水滴和霧滴的比表面積將大大增加，增強了水與火之間的熱交換作用，從而強化了其冷卻和窒息作用。

另外，對一些易溶於水的可燃、易燃液體還可起稀釋作用；採用強射流產生的水霧可使可燃、易燃液體產生乳化作用，使液體表面迅速冷卻、可燃蒸汽產生速度下降而達到滅火的目的。

主要用來撲救 A 類物質，如木材、紙張、棉麻織物等的初起火災。

2. 泡沫滅火器

適用範圍：適用於撲救一般 B 類火災，如油製品、油脂等火災，也可適用於 A 類火災，但不能撲救 B 類火災中的水溶性可燃、易燃液體的火災，如醇、酯、醚、酮等物質火災；也不能撲救帶電設備及 C 類和 D 類火災。

使用方法：可手提筒體上部的提環，迅速奔赴火場。這時應注意不得使滅火器過分傾斜，更不可橫拿或顛倒，以免兩種藥劑混合而提前噴出。當距離著火點 10 米左右，即可將筒體顛倒過來，一只手緊握提環，另一只手扶住筒體的底圈，將射流對準燃燒物。在撲救可燃液體火災時，如已呈流淌狀燃燒，則將泡沫由遠而近噴射，使泡沫完全覆蓋在燃燒液面上；如在容器內燃燒，應將泡沫射向容器的內壁，使泡沫沿著內壁流淌，逐步覆蓋著火液面。切忌直接對準液面噴射，以免由於射流的衝擊，反而將燃燒的液體衝散或衝出容器，擴大燃燒範圍。在撲救固體物質火災時，應將射流對準燃燒最猛烈處。滅火時隨著有效噴射距離的縮短，使用者應逐漸向燃燒區靠近，並始終將泡沫噴在燃燒物上，直到撲滅。使用時，滅火器應始終保持倒置狀態，否則會中斷噴射。

泡沫滅火器存放應選擇乾燥、陰涼、通風並取用方便之處，不可靠近高溫或可能受到曝曬的地方，以防止碳酸分解而失效；冬季要採取防凍措施，以防止凍結；並應經常擦除灰塵、疏通噴嘴，使之保持通暢。

3. 干粉滅火器

適用範圍：碳酸氫鈉干粉滅火器適用於易燃、可燃液體、氣體及帶電設備的初起火災；磷酸銨鹽干粉滅火器除可用於上述幾類火災外，還可撲救固體類物質的初起火災。但都不能撲救金屬燃燒火災。

使用方法：滅火時，可手提或肩扛滅火器快速奔赴火場，在距燃燒處 5 米左右，放下滅火器。如在室外，應選擇在上風方向噴射。使用的干粉滅火器若是外掛式儲壓式的，操作者應一手緊握噴槍、另一手提起儲氣瓶上的開啓提

環。如果儲氣瓶的開啓是手輪式的，則向逆時針方向旋開，並旋到最高位置，隨即提起滅火器。當干粉噴出后，迅速對準火焰的根部掃射。使用的干粉滅火器若是內置式儲氣瓶的或者是儲壓式的，操作者應先將開啓把上的保險銷拔下，然后握住噴射軟管前端噴嘴部，另一只手將開啓壓把壓下，打開滅火器進行滅火。有噴射軟管的滅火器或儲壓式滅火器在使用時，一手應始終壓下壓把，不能放開，否則會中斷噴射。

干粉滅火器撲救可燃、易燃液體火災時，應對準火焰要部掃射，如果被撲救的液體火災呈流淌燃燒時，應對準火焰根部由近而遠，並左右掃射，直至把火焰全部撲滅。如果可燃液體在容器內燃燒，使用者應對準火焰根部左右晃動掃射，使噴射出的干粉流覆蓋整個容器開口表面；當火焰被趕出容器時，使用者仍應繼續噴射，直至將火焰全部撲滅。在撲救容器內可燃液體火災時，應注意不能將噴嘴直接對準液面噴射，防止噴流的衝擊力使可燃液體濺出而擴大火勢，造成滅火困難。如果可燃液體在金屬容器中燃燒時間過長，容器的壁溫已高於撲救可燃液體的自燃點，此時極易造成滅火后再復燃的現象，若與泡沫類滅火器聯用，則滅火效果更佳。

使用磷酸銨鹽干粉滅火器撲救固體可燃物火災時，應對準燃燒最猛烈處噴射，並上下、左右掃射。如條件許可，使用者可提著滅火器沿著燃燒物的四周邊走邊噴，使干粉滅火劑均勻地噴在燃燒物的表面，直至將火焰全部撲滅。

4. 二氧化碳滅火器

適用範圍：二氧化碳滅火器主要用於撲救貴重設備、檔案資料、儀器儀表、600伏以下電氣設備及油類的初起火災。

使用方法：滅火時只要將滅火器提到或扛到火場，在距燃燒物5米左右，拔出滅火器保險銷，一手握住喇叭筒根部的手柄，另一只手緊握啓閉閥的壓把。對沒有噴射軟管的二氧化碳滅火器，應把喇叭筒往上扳70~90度。使用時，不能直接用手抓住喇叭筒外壁或金屬連線管，防止手被凍傷。滅火時，當可燃液體呈流淌狀燃燒時，使用者將二氧化碳滅火劑的噴流由近而遠向火焰噴射。如果可燃液體在容器內燃燒時，使用者應將喇叭筒提起。從容器的一側上部向燃燒的容器中噴射。但不能將二氧化碳射流直接衝擊可燃液面，以防止將可燃液體衝出容器而擴大火勢，造成滅火困難。

注意事項：使用二氧化碳滅火器時，在室外使用的，應選擇在上風方向噴射，並且手要放在鋼瓶的木柄上，防止凍傷。在室內窄小空間使用的，滅火后操作者應迅速離開，以防窒息。

5. 鹵代烷滅火器

這類滅火器內充裝的滅火劑是鹵代烷滅火劑。該類滅火劑品種較多，而中國只發展兩種鹵代烷滅火器，即二氟一氯一溴甲烷和三氟一溴甲烷，簡稱「1211滅火器」「1301滅火器」。

試驗和實際應用結果表明，鹵代烷1211是一種性能良好、應用範圍廣泛的滅火劑。它的滅火效率高，滅火速度快，當防火區內的滅火劑濃度達到臨界滅火值時，一般為體積的5%就能在幾秒鐘內甚至更短的時間內將火焰撲滅。鹵代烷1211滅火主要不是依靠冷卻、稀釋氧或隔絕空氣等物理作用來實現的，而是通過抑制燃燒的化學反應過程，中斷燃燒的鏈反應而迅速滅火的，屬於化學滅火。

鹵代烷的蒸汽有一定的毒性，在使用時要避免吸入蒸汽和與皮膚接觸，使用后應通風換氣至少10分鐘再進入使用區域。

四、消防給水設施

消防給水設施是一般工廠必備的。在國家標準《建築設計防火規範》中，對消防給水做了明確規定，這裡擇其要介紹如下：

（1）在進行建築設計時，必須同時設計消防給水系統。

（2）消防給水宜與生產、生活給水管道系統合併，如不經濟或技術上不可能，可採用獨立的消防給水管道系統。

（3）室外消防給水可採用高壓或臨時高壓或低壓給水系統。

（4）民用與工業建築室外消防用水量，應按同一時間內的火災次數和一次滅火用水量確定。

（5）室外消防給水管道應布置成環狀，其進水管不宜少於兩條，並宜從兩條市政給水管道引入，當其中一條進水管發生故障時，其余進水管應仍能保證全部用水量。環狀管道應用閥門分為若干獨立段，每段內消火栓數量不宜超過5個。

室外消防給水管道最小直徑不應小於100mm。

（6）消火栓分室外與室內兩種，室外消火栓又分地上式和地下式兩種。

室外消火栓的數量應按室外消火栓用水量經計算確定，每個消火栓的用水量應為10~15L/s。室外消火栓應沿高層建築均勻布置，消火栓距高層建築外牆的距離不宜小於5.00m，並不宜大於40m；距路邊的距離不宜大於2.00m。

室外消火栓宜採用地上式，當採用地下式消火栓時，應有明顯標志。

設有消防給水的建築物，其各層應設置（室內）消火栓。

（7）必要時應設消防水池和消防水源泵。

（8）某些特定部位應設固定滅火裝置。如閉式自動噴水滅火設備、水幕設備、雨淋噴水滅火設備、水噴霧滅火設備、蒸汽滅火設備等。

此外，大中型企業還應根據自身實際需要，在生產裝置、倉庫、罐區等部位，設置使用水蒸氣、氮氣、泡沫、干粉或1211等的滅火裝置。

7 電氣安全技術

7.1 電氣安全基礎知識

一、電氣事故

電氣事故是電能的傳遞和轉換過程中發生的異常情況。電氣事故包括觸電事故、雷電、靜電、電磁場危害、電氣火災與爆炸、電氣線路和設備故障等。

1. 電氣事故的特點

(1) 電氣事故的危險因素不能被感覺器官察覺而預防。電是沒有形狀、沒有顏色、沒有氣味、可以說也沒有聲音的一種客觀存在的、實實在在的東西。我們在使用過程中，對它的存在容易忽視，對它的危險性認識不足，這樣就很容易出事故。

(2) 電氣事故的危險性大，損失嚴重、死亡率也較高。電氣事故一旦發生，輕者損壞設備，造成停電影響生產；人如觸電，輕者電傷，重者致殘，甚至死亡；電氣事故還能引起電氣火災、爆炸。

(3) 電氣事故涉及領域廣。電的使用極為廣泛，遍布各個行業和領域。可以說，哪裡使用電，哪裡就有可能發生觸電事故，哪裡就必須考慮電氣事故預防。

2. 電氣事故的類型

根據電能的不同作用形式，可以將電氣事故分為以下五類：

(1) 觸電事故。觸電事故是由電流的能量造成的，觸電是電流對人體的傷害。電流對人體的傷害可以分為電傷和電擊。絕大部分觸電傷亡事故都含有電擊的成分，與電弧燒傷相比，電擊致命的電流小得多，但電流作用時間較長，在人體表面一般不留下明顯的痕跡。

(2) 靜電危害事故。靜電指生產工藝過程中和工作人員操作過程中，由於某些材料的相對運動、接觸與分離等原因而累積起來的相對靜止的正電荷和負電荷。這些電荷周圍的場中儲存的能量不大，不會直接使人致命。但是，靜

電電壓可能高達數萬乃至數十萬伏，可能在現場發生放電，產生靜電火花。在火災和爆炸危險場所，靜電火花是一個十分危險的因素。

（3）雷電災害事故。雷電是大氣電，是由大自然的力量分離和累積的電荷，也是在局部範圍內暫時失去平衡的正電荷和負電荷。雷電放電具有電流大、電壓高等特點，其能量釋放出來可能產生極大的破壞力。雷擊除可能毀壞設施和設備外，還可能直接傷及人畜，還可能引起火災和爆炸。

（4）射頻電磁場危害。射頻輻射危害即電磁場傷害。人體在高頻電磁場作用下吸收輻射能量，使人的中樞神經系統、心血管系統等受到不同程度的傷害。射頻輻射危害還表現為感應放電。

（5）電路故障。電路故障是由電能傳遞、分配、轉換失去控製造成的。斷線、短路、接地、漏電、誤合閘、誤掉閘、電氣設備或電氣元件損壞等都屬於電路故障。電氣線路或電氣設備故障可能影響到人身安全。

二、觸電事故的種類

觸電一般是指人體觸及帶電體。由於人體是導體，人體觸及帶電體，電流會對人體造成傷害而發生觸電事故。觸電事故按照電流能量施加方式的不同，可分為電擊和電傷。

1. 電擊

電擊是電流通過人體內部，人體吸收局外能量受到的傷害，主要傷害部位是心臟、中樞神經系統和肺部。人體遭受十毫安工頻電流電擊時，時間稍長就會致命。電擊是全身傷害，但一般不在人身表面留下大面積明顯的傷痕。

低壓系統的觸電事故大多是電擊造成的。電擊按其形成方式可分為單線電擊、雙線電擊及跨步電壓電擊三種。

2. 電傷

電傷是電流轉變成其他形式的能量造成的人體傷害，即由電流的熱效應、化學效應、機械效應形成的對人體外部組織或器官的傷害，如電灼傷、金屬濺傷、電烙印、電光眼等。電傷多數是局部性傷害，在人身表面留有明顯的痕跡。

觸電傷亡事故中，純電傷性質的及帶有電傷性質的約占75%（電燒傷約占40%）。儘管大約85%以上的觸電死亡事故是電擊造成的，但其中大約70%含有電傷成分。對專業電工自身的安全而言，預防電傷具有更加重要的意義。

三、電流對人體的傷害

人體受到電擊傷害的原因主要是由於人體通過電流引起的。具體說，人體電擊致死是由於電流流過心臟引起心室震顫，最終心臟停止跳動而死亡；或是電流強烈刺激控制呼吸的神經系統引起窒息致死；或是流過人體的電流過大，

時間過長，發熱燒傷致死。但是，一般人誤認為人體觸電致死是高電壓引起的，這樣的理解是片面的。為什麼電業工人能在帶電高壓下操作或者一隻飛鳥停在裸露的高壓線上卻不會發生觸電死亡呢？其原因就在於人體或動物體僅僅觸到高電壓，而體內未通過電流，故不會觸電死亡。因此發生觸電事故時，電流比電壓對人體的作用更具有直接關係。

電流對人體的傷害程度與下列因素直接相關：
（1）流經人體的電流強度。
（2）電流通過人體的持續時間。
（3）電流通過人體的途徑。
（4）電流的頻率。
（5）人體的健康情況等。

電氣設備通常都採用工頻（50Hz）交流電，這對人的安全來說恰恰是最危險的頻率。

四、觸電防護措施

觸電事故儘管各種各樣，但最常見的情況是偶然觸及那些正常情況下不帶電而意外帶電的導體。觸電事故雖然具有突發性，但具有一定的規律性，針對其規律性採取相應的安全技術措施，很多事故是可以避免的。預防觸電事故的主要技術措施如下：

1. 採用安全電壓

安全電壓，是指為了防止觸電事故而由特定電源供電所採用的電壓系列，是制定電氣安全規程和一系列電氣安全技術措施的基礎依據。

根據生產和作業場所的特點，採用相應等級的安全電壓，是防止發生觸電傷亡事故的根本性措施，應根據作業場所、操作員條件、使用方式、供電方式、線路狀況等因素選用。例如特別危險環境中使用的手持電動工具應採用42V特低電壓；有電擊危險環境中使用的手持照明燈和局部照明燈應採用36V或24V特低電壓；金屬容器內、特別潮濕處等特別危險環境中使用的手持照明燈就採用12V特低電壓；水下作業等場所應採用6V特低電壓。

2. 保證絕緣性能

絕緣就是使用不導電的物質將帶電體隔離或包裹起來，以對觸電起防護作用的一種安全措施。良好的絕緣對於保證電氣設備與線路的安全運行，防止人身觸電事故的發生而言，是最基本的和最可靠的手段。

絕緣通常可分為氣體絕緣、液體絕緣和固體絕緣三類。在實際應用中，固體絕緣仍是最為廣泛使用、最為可靠的一種絕緣物質。有強電作用下，絕緣物質可能被擊穿而喪失其絕緣性能。在上述三種絕緣物質中，氣體絕緣物質被擊穿后，一旦去掉外界因素（強電場）后即可自行恢復其固有的電氣絕緣性能；

而固體絕緣物質被擊穿以後，則不可逆地完全喪失了其電氣絕緣性能。因此，電氣線路與設備的絕緣選擇必須與電壓等級相配合，而且須與使用環境及運行條件相適應，以保證絕緣的安全作用。

此外，由於腐蝕性氣體、蒸氣、潮氣、導電性粉塵以及機械操作等原因，均可能使絕緣物質的絕緣性能降低甚至破壞。而且，日光、風雨等環境因素的長期作用，也可以使絕緣物質老化而逐漸失去其絕緣性能。

3. 採用屏護

屏護安全措施是指採用遮欄、護罩、護蓋、箱匣等設備，把帶電體同外界隔絕開來，防止人體觸及或接近帶電體，以避免觸電或電弧傷人等事故的發生。屏護裝置根據其使用時間分為兩種：一種是永久性屏護裝置，如配電裝置的遮欄、母線的護網等；另一種是臨時性屏護裝置，通常指在檢修工作中使用的臨時遮欄等。屏護裝置主要用在防護式開關電器的可動部分和高壓設備上。為防止傷亡事故的發生，屏護安全措施應與其他安全措施配合使用。

4. 保持安全間距

安全間距是指有關規程明確規定的、必須保持的帶電部位與地面、建築物、人體、其他設備之間的最小電氣安全空間距離。安全距離的大小取決於電壓的高低、設備的類型及安裝方式等因素。帶電體與地面之間、帶電體與帶電體之間、帶電體與人體之間、帶電體與其他設施和設備之間，均應保持安全距離。

5. 接地和接零

接地是為保證電工設備正常工作和人身安全而採取的一種用電安全措施，通過金屬導線與接地裝置連接來實現，常用的有保護接地、工作接地、防雷接地、屏蔽接地、防靜電接地等。接地裝置將電工設備和其他生產設備上可能產生的漏電流、靜電荷以及雷電電流等引入地下，從而避免人身觸電和可能發生的火災、爆炸等事故。

保護接零是借助接零線路使設備漏電形成單相短路，促使線路上的保護裝置動作，以及切斷故障設備的電源，即將設備在正常情況下不帶電的金屬部分，用導線與系統進行直接相連的方式。採取保護接零方式，可以保證人身安全，防止發生觸電事故。

6. 裝設漏電保護裝置

漏電保護裝置是用來防止人身觸電和漏電引起事故的一種接地保護裝置，當電路或用電設備漏電電流大於裝置的整定值，或人、動物發生觸電危險時，它能迅速動作，切斷事故電源，避免事故的擴大，保障人身、設備的安全。依據勞動部《漏電保護器安全監察規定》和《漏電保護器安裝和運行》的要求，在電源中性點直接接地的保護系統中，在規定的設備、場所範圍中必須安裝漏電保護器和實現漏電保護器的分級保護。對一旦發生漏電切斷電源時，會造成

事故和重大經濟損失的裝置和場所，應安裝報警式漏電保護器。

7. 合理選用電氣裝置

合理選用電氣裝置是減少觸電危險和火災爆炸危害的重要措施。選擇電氣設備時主要根據周圍環境的情況，如在干燥少塵的環境中，可採用開啟式或封閉式電氣設備；在潮濕和多塵的環境中，應採用封閉式電氣設備；在有腐蝕性氣體的環境中，必須採用封閉式電氣設備；在易燃易爆危險的環境中，必須採用防爆式電氣設備。

五、觸電的急救

進行觸電急救，應堅持迅速、就地、準確、堅持的原則。觸電急救必須分秒必爭，立即就地迅速用心肺復甦法進行搶救，並堅持不斷地進行，同時及早與醫療部門聯繫，爭取醫務人員接替救治。在醫務人員未接替救治前，不應放棄現場搶救，更不能只根據沒有呼吸或脈搏擅自判定傷員死亡，放棄搶救。只有醫生有權做出傷員死亡的診斷。

1. 脫離電源

觸電急救，首先要使觸電者迅速脫離電源，越快越好。因為電流作用的時間越長，傷害越重。脫離電源就是要把觸電者接觸的那一部分帶電設備的開關、刀閘或其他斷路設備斷開；或設法將觸電者與帶電設備脫離。在脫離電源中，救護人員既要救人，也要注意保護自己，應注意以下幾點：

（1）觸電者脫離電源前，救護人員不準直接用手觸及傷員，因為有觸電的危險。

（2）如觸電者處於高處，脫離電源後會自高處墜落，因此，要採取預防措施。

（3）觸電者觸及低壓帶電設備，救護人員應設法迅速切斷電源，如拉開電源開關或刀閘，拔除電源插頭等；或使用絕緣工具、干燥的木棒、木板、繩索等不導電的束西解脫觸電者；也可抓住觸電者干燥而不貼身的衣服，將其拖開，切記要避免碰到金屬物體和觸電者的裸露身軀；也可戴絕緣手套或將手用干燥衣物等包起絕緣后解脫觸電者；救護人員也可站在絕緣墊上或干木板上絕緣再進行救護。為使觸電者與導電體解脫，最好用一只手進行。

（4）觸電者觸及高壓帶電設備，救護人員應迅速切斷電源，或用適合該電壓等級的絕緣工具（戴絕緣手套、穿絕緣靴並用絕緣棒）解脫觸電者。救護人員在搶救過程中應注意保持自身與周圍帶電部分必要的安全距離。

（5）如果觸電發生在架空線杆塔上，如系低壓帶電線路，若可以立即切斷線路電源的，應迅速切斷電源，或者由救護人員迅速登杆，束好自己的安全皮帶后，用帶絕緣膠柄的鋼絲鉗、干燥的不導電物體或絕緣物體將觸電者拉離電源。

如系高壓帶電線路，又不可能迅速切斷電源開關的，可採用拋掛足夠截面的適當長度的金屬短路線方法，使電源開關跳開。拋掛前，將短路線一端固定在鐵塔或接地引下線上，另一端系重物。但拋擲短路線時，應注意防止電弧傷人或斷線危及人員安全。不論是何級電壓線路上觸電，救護人員在使觸電者脫離電源時都要注意防止發生高處墜落的可能和再次觸及其他有電線路的可能。

（6）如果觸電者觸及斷落在地上的帶電高壓導線，且尚未確證線路無電，救護人員在未做好安全措施（如穿絕緣靴或臨時雙腳並緊跳躍地接近觸電者）前，不能接近斷線點至8~10m範圍內，防止跨步電壓傷人。觸電者脫離帶電導線后亦應迅速帶至8~10m以外再開始觸電急救。只有在確證線路已經無電，才可在觸電者離開觸電導線后，立即就地進行急救。

（7）救護觸電傷員切除電源時，有時會同時使照明失電，因此應考慮事故照明、應急燈等臨時照明。新的照明要符合使用場所防火、防爆的要求。

2. 傷員脫離電源后的處理

（1）觸電傷員如神志清醒，應使其就地躺平，嚴密觀察，暫時不要站立或走動。

（2）觸電傷員如神志不清，應就地仰面躺平，且確保氣道通暢，並用5s時間，呼叫傷員或輕拍其肩部，以判定傷員是否意識喪失。禁止搖動傷員頭部呼叫傷員。

（3）需要搶救的傷員，應立即就地堅持正確搶救，並設法聯繫醫療部門接替救治。

（4）呼吸、心跳情況的判定：

觸電傷員如意識喪失，應在10s內，用看、聽、試的方法，判定傷員呼吸及心跳情況。

看：看傷員的胸部、腹部有無起伏動作。

聽：用耳貼近傷員的口鼻處，聽有無呼氣聲音。

試：試測口鼻有無呼氣的氣流。再用兩手指輕試一側（左或右）喉結旁凹陷處的頸動脈有無搏動。

若看、聽、試結果，既無呼吸又無頸動脈搏動，可判定呼吸及心跳停止。

7.2 電氣防火防爆

發生電氣火災及爆炸事故，要具有兩個必備條件：一是釋放源，即可以釋放出爆炸性氣體、粉塵及可燃物質的場所；二是由於電氣原因產生的引燃源。在化工生產、儲運過程中，極易形成易燃易爆的環境，因此在化工設計、生產中，根據危險場所的等級，正確選擇防爆電氣設備的類型，保證其安全運行，

對預防電氣火災及爆炸事故至為重要。

一、電氣火災和爆炸原因

發生電氣火災及爆炸事故要具備兩個條件：易燃易爆物質和環境、引燃源。

1. 易燃易爆物質和環境

在生產和生活場所中，廣泛存在著易燃易爆易揮發物質，其中煤炭、石油、化工和軍工等生產部門尤為突出。煤礦中產生的瓦斯氣體，軍工企業中的火藥，石油企業中的石油、天然氣等均為易燃易爆物質，並容易在生產、儲存、運輸和使用過程中與空氣混合，形成爆炸性混合物。在一些生活場所，亂堆亂放雜物，木結構房屋明設的電氣線路等，都導致易燃易爆環境的形成。

2. 引燃源

在生產場所的動力、照明、控制、保護等系統和生活場所中的各種電氣設備和線路，在正常工作或事故中常常會產生電弧、火花和危險的高溫而成為引燃源。如果在生產或生活場所中存在著可燃可爆物質，當空氣中的含量超過其危險程度時，在電氣設備或線路正常或事故狀態下產生的火花、電弧或在危險高溫的條件下，就會造成火災和爆炸。

二、電氣防火防爆措施

防火防爆措施是綜合性的措施，包括選用合理的電氣設備，保持必要的防火間距，電氣設備正常運行並有良好的通風，採用耐火設施，有完善的繼電保護裝置等技術措施。

1. 正確選用電氣設備

根據爆炸危險區域的分區、電氣設備的種類和防爆結構的要求，應選擇相應的電氣設備。選用的防爆電氣設備的級別和組別，不應低於該爆炸性氣體環境內爆炸性氣體混合物的級別和組別。爆炸危險區域內的電氣設備，應符合周圍環境內化學的、機械的、熱的、霉菌以及風沙等不同環境條件下對電氣設備的要求。

2. 電氣設備正常運行

電氣設備運行中產生的火花和危險溫度是引起火災的重要原因。因此，保持電氣設備的正常運行對防火防爆有著重要意義。

保持電氣設備絕緣良好，除可以免除造成人身事故外，還可以避免由於泄漏電流、短路火花或短路電流造成火災或其他設備事故。此外，保持設備清潔有利於防火。

3. 通風

在爆炸危險場所，如有良好的通風裝置能降低爆炸性混合物的濃度，達到

不致引起火災和爆炸的限度。這樣還有利於降低環境溫度。

  4. 接地

  爆炸和火災危險場所內的電氣設備的金屬外殼應可靠接地（或接零），以便在發生相線碰殼時迅速切斷電源，防止短路電流長時間通過設備而產生高溫發熱。

  5. 其他

  （1）爆炸危險場所，不準使用非防爆手電筒；應盡量少用其他攜帶式或移動式設備，以免因鐵殼之間的碰撞、摩擦以及落在水泥地面時產生火花；少用插銷座。

  （2）在爆炸危險場所內，因條件限制，如必須使用非防爆型電氣設備時，應採取臨時防爆措施。

  （3）密封也是一種有效的防爆措施。密封有兩個含義，一是把危險物質盡量裝在密閉的容器內，限制爆炸性物質的產生和逸散；二是把電氣設備或電氣設備可能引爆的部件密封起來，消除引爆的因素。

  （4）變、配電室建築的耐火等級不應低於二級，油浸電變壓室應採用一級耐火等級。

三、電氣火災的撲救知識

  1. 電氣火災的特點

  電氣火災與一般火災相比，有兩個突出的特點：

  （1）電氣設備著火後可能仍然帶電，並且在一定範圍內存在觸電危險。

  （2）充油電氣設備如變壓器等受熱後可能會噴油甚至爆炸，造成火災蔓延且危及救火人員的安全。

  所以，撲救電氣火災必須根據現場火災情況，採取適當的方法，以保證滅火人員的安全。

  2. 斷電滅火

  電氣設備發生火災或引燃周圍可燃物時，首先應設法切斷電源，必須注意以下事項：

  （1）處於火災區的電氣設備因受潮或菸熏，絕緣能力降低，所以拉開關斷電時，要使用絕緣工具。

  （2）剪斷電線時，不同相電線應錯位剪斷，防止線路發生短路。

  （3）應在電源側的電線支持點附近剪斷電線，防止電線剪斷後跌落在地上，造成電擊或短路。

  （4）如果火勢已威脅鄰近電氣設備時，應迅速拉開相應的開關。

  （5）夜間發生電氣火災，切斷電源時，要考慮臨時照明問題，以利撲救。如需要供電部門切斷電源時，應及時聯繫。

3. 帶電滅火

如果無法及時切斷電源,而需要帶電滅火時,要注意以下幾點:

(1) 應選用不導電的滅火器材滅火,如干粉、二氧化碳、1211 滅火器,不得使用泡沫滅火器帶電滅火。

(2) 要保持人及所使用的導電消防器材與帶電體之間的足夠的安全距離,撲救人員應戴絕緣手套。

(3) 對架空線路等空中設備進行滅火時,人與帶電體之間的仰角不應超過 45°,而且應站在線路外側,防止電線斷落后觸及人體。如帶電體已斷落地面,應劃出一定警戒區,以防跨步電壓傷人。

4. 充油電氣設備滅火

(1) 充油設備著火時,應立即切斷電源,如外部局部著火時,可用二氧化碳、1211、干粉等滅火器材滅火。

(2) 如設備內部著火,且火勢較大,切斷電源后可用水滅火,有事故貯油池的應設法將油放入池中,再行撲救。

7.3 靜電的危害及防護

一、靜電的產生

靜電是一種處於靜止狀態的電荷。在干燥和多風的秋天,在日常生活中,人們常常會碰到這種現象:晚上脫衣服睡覺時,黑暗中常聽到「噼啪」的聲響,而且伴有藍光;見面握手時,手指剛一接觸到對方的手,會突然感到指尖針刺般刺痛,令人大驚失色;早上起來梳頭時,頭髮會經常「飄」起來,越理越亂,拉門把手、開水龍頭時都會「觸電」,時常發出「啪啪啪」的聲響,這就是發生在人體上的靜電。

任何物質都是由原子組合而成的,而原子的基本結構為質子、中子及電子。科學家們將質子定義為正電,中子不帶電,電子帶負電。在正常狀況下,一個原子的質子數與電子數量相同,正負電平衡,所以對外表現出不帶電的現象。但是由於外界作用如摩擦或各種能量如動能、位能、熱能、化學能等形式的作用會使原子的正負電不平衡。靜電是通過摩擦引起電荷的重新分佈而形成的,也是由於電荷的相互吸引引起電荷的重新分佈形成的。當兩個不同的物體相互接觸並且相互摩擦時,一個物體的電子轉移到另一個物體上,其因為缺少電子而帶正電,而另一物體得到一些剩餘電子而帶負電,物體便帶上了靜電。

在日常生活中所說的摩擦實質上就是一種不斷接觸與分離的過程。有些情況下不摩擦也能產生靜電,如感應起電、熱電和壓電起電、亥姆霍茲層、噴射

起電等。任何兩個不同材質的物體接觸後再分離，即可產生靜電，而產生靜電的普遍方法，就是摩擦生電。材料的絕緣性越好，越容易產生靜電。因為空氣也是由原子組合而成的，所以可以這麼說，在人們生活的任何時間、任何地點都有可能產生靜電。要完全消除靜電幾乎不可能，但可以採取一些措施控制靜電使其不產生危害。

二、靜電的特點

1. 靜電電量小，電壓高

化工生產過程中產生的靜電，靜電能量不大，但其電壓很高。固體靜電可達 20×10^4 V 以上，液體靜電和粉體靜電可達數萬伏，氣體和蒸氣靜電可達 10,000V 以上，人體靜電也可達 10,000V 以上。靜電電量小，能量也很小，一般不超過數毫焦耳，少數情況能達到數十毫焦耳。靜電電量越大，發生火花放電時表現的危險性也越大。

2. 尖端放電

靜電電荷密度隨表面曲率增大而升高，因此在導體尖端部分電荷密度最大，電場最強，能夠產生尖端放電。尖端放電可以導致火災、爆炸的產生，還可以使產品質量受損。

3. 遠端放電

若廠房中一條管道或部件產生了靜電，其周圍與地絕緣的金屬設備就會在感應下將靜電擴散到遠處，並可在預想不到的地方放電，或使人受到電擊。它的放電是發生在與地絕緣的導體上，自由電荷可一次全部放掉，因此危險性很大。

4. 絕緣體上靜電洩漏慢

靜電洩漏的快慢決定於洩漏時間常數，也就是決定於材料介電常數和電阻率的乘積。因為絕緣體的介電常數和電阻率都很大，所以它們的靜電洩漏很慢，這樣就使帶電體保留危險狀態的時間也長，危險程度相應增加。

三、靜電的危害

1. 影響生產、生活

靜電的危害很多，它的第一種危害來源於帶電體的互相作用。在飛機機體與空氣、水氣、灰塵等微粒摩擦時會使飛機帶電，如果不採取措施，將會嚴重干擾飛機無線電設備的正常工作，使飛機變成聾子和瞎子；在印刷廠裡，紙頁之間的靜電會使紙頁黏合在一起，難以分開，給印刷帶來麻煩；在制藥廠裡，由於靜電吸引塵埃，會使藥品達不到標準的純度；在放電視時螢屏表面的靜電容易吸附灰塵和油污，形成一層塵埃的薄膜，使圖像的清晰程度和亮度降低；就在混紡衣服上常見而又不易拍掉的灰塵，也是靜電搗的鬼。

2. 火災和爆炸

火災和爆炸是靜電的最大危害。在有可燃液體的作業場所（如油料裝運等），可能由靜電火花引起火災。在有氣體、蒸氣爆炸性混合物或有粉塵纖維爆炸性混合物的場所（如氧、乙炔、煤粉、鋁粉、麵粉等），可能由靜電引起爆炸。

3. 電擊

當人體接近帶電體時，或帶靜電電荷的人體接近接地體時，都可能產生靜電電擊。由於靜電的電量很小，生產過程中產生的靜電所引起的電擊一般不會直接使人致命，但人體可能因電擊導致墜落、摔倒等二次事故。電擊還可能使作業人員精神緊張，影響工作。

四、防止靜電的途徑

防止和消除靜電的基本途徑有三種：一是在工藝方面控制靜電的發生量，最大限度減少靜電的產生；二是採取洩漏導走的方法，消除靜電的積聚；三是利用設備產生異性電荷，中和產生的靜電。

1. 工藝控制法

旨在使生產過程中盡量少產生靜電荷。從工藝流程、材料選擇、設備安裝和操作管理等方面採取措施，控制靜電的產生和積聚，抑制靜電電位和靜電放電的能力，使之不超過危害的程度。工藝控制的方法很多，主要有以下幾種：適當選用導電性較好的材料；降低摩擦速度或流速改變注油方式（如裝油時最好從底部注油，或沿罐壁注入）和注油管口的形狀；消除油罐或管道等中混入的雜質；降低爆炸性混合物的濃度。還有在材料選擇上，包裝材料要採用防靜電材料，盡量避免未經處理的高分子材料。

2. 洩漏導走法

旨在減少靜電的積聚。洩漏導走法即靜電接地，消除導體上的靜電，是消除靜電危害最簡單、最基本的方法，主要用來消除導電體上的靜電，而不宜用來消除絕緣體上的靜電。可以利用工藝手段對空氣增濕、添加抗靜電劑、使帶電體的電阻率下降或規定靜置時間和緩衝時間等，使所帶的靜電荷得以通過接地系統導入大地。增濕就是提高空氣的濕度以消除靜電荷的累積。有靜電危險的場所，在工藝條件允許的情況下，可以安裝空調設備、噴霧器或採用掛濕布條等方法，增加空氣的相對濕度。從消除靜電危害的角度考慮，保持相對濕度在70%以上較為適宜。對於有靜電危險的場所，相對濕度不應低於30%。

抗靜電劑是特制的輔助劑。一般只需加入千分之幾或萬分之幾的微量，即可消除生產過程中的靜電。磺酸鹽、季銨鹽等可用塑料和化纖行業的抗靜電添加劑；油酸鹽、環烷酸鹽可用作石油行業的抗靜電添加劑；乙炔炭黑等可用作橡膠行業的抗靜電添加劑等。採用抗靜電添加劑時，應以不影響產品的性能為

原則。此外，還應注意防止某些添加劑的毒性和腐蝕性。

3. 靜電中和法

旨在使靜電荷通過中和的辦法，達到消除的目的。通常利用接地消除器產生帶有異號電荷的離子與帶電體上的電荷複合，達到中和的目的。一般來說，帶電體是絕緣體時，由於電荷在絕緣體上不能流動，所以不能採用接地的辦法泄漏電荷，這時就必須採用靜電消除器產生異號離子去中和。如對生產線傳送帶上產生的靜電荷就採用這種方法進行消除。此法已被廣泛用於生產薄膜、紙、布、粉體等行業的生產中。

7.4 雷電的危害及防護

雷電是伴有閃電和雷鳴的一種雄偉壯觀而又有點令人生畏的放電現象，不僅能擊斃人、畜，破壞建築物，還能引起火災和爆炸事故。因此，防雷是石油、化工行業一項重要的防火防爆安全措施。

一、雷電的產生

產生雷電的條件是雷雨雲中有電荷累積並形成極性。雷電一般產生於對流發展旺盛的積雨雲中，因此常伴有強烈的陣風和暴雨，有時還伴有冰雹和龍捲風。積雨雲頂部一般較高，可達 20 千米，雲的上部常有冰晶。冰晶的淞附，水滴的破碎以及空氣對流等過程，使雲中產生電荷。雲中電荷的分佈較複雜，但總體而言，雲的上部以正電荷為主，下部以負電荷為主。因此，雲的上、下部之間形成一個電位差。當電位差達到一定程度后，就會產生放電，這就是我們常見的閃電現象。閃電的平均電流是 3 萬安培，最大電流可達 30 萬安培。閃電的電壓很高，約為 1 億至 10 億伏特。一個中等強度雷暴的功率可達一千萬瓦，相當於一座小型核電站的輸出功率。放電過程中，由於閃電通道中溫度驟增，使空氣體積急遽膨脹，從而產生衝擊波，導致強烈的雷鳴。帶有電荷的雷雲與地面的突起物接近時，它們之間就發生激烈的放電。在雷電放電地點會出現強烈的閃光和爆炸的轟鳴聲。這就是人們見到和聽到的電閃雷鳴。

雷電分直擊雷、靜電感應雷、電磁感應雷、球雷四種。

二、雷電的危害

雷電造成的主要危害有以下幾種：

1. 直擊雷

帶電的雲層對大地上的某一點發生猛烈的放電現象，稱為直擊雷。它的破壞力十分巨大，若不能迅速將其瀉放入大地，將導致放電通道內的物體、建築

物、設施、人畜遭受嚴重的破壞或損害——火災、建築物損壞、電子電氣系統摧毀，甚至危及人畜的生命安全。

2. 雷電波侵入

雷電不直接放電在建築和設備本身，而是對布放在建築物外部的線纜放電。線纜上的雷電波或過電壓幾乎以光速沿著電纜線路擴散，侵入並危及室內電子設備和自動化控制等各個系統。

3. 感應過電壓

雷擊在設備設施或線路的附近發生，或閃電不直接對地放電，只在雲層與雲層之間發生放電現象。閃電釋放電荷，並在電源和數據傳輸線路及金屬管道金屬支架上感應生成過電壓。

雷擊放電於具有避雷設施的建築物時，雷電波沿著建築物頂部接閃器（避雷帶、避雷線、避雷網或避雷針），引下線泄放到大地的過程中，會在引下線周圍形成強大的瞬變磁場，輕則造成電子設備受到干擾，數據丟失，產生誤動作或暫時癱瘓；嚴重時可引起元器件擊穿及電路板燒毀，使整個系統陷於癱瘓。

4. 系統內部操作過電壓

因斷路器的操作、電力重負荷以及感性負荷的投入和切除、系統短路故障等系統內部狀態的變化而使系統參數發生改變，引起的電力系統內部電磁能量轉化，從而產生內部過電壓，即操作過電壓。

操作過電壓的幅值雖小，但發生的概率卻遠遠大於雷電感應過電壓。實驗證明，無論是感應過電壓還是內部操作過電壓，均為暫態過電壓（或稱瞬時過電壓），最終以電氣浪湧的方式危及電子設備，包括破壞印刷電路印製線、元件和絕緣過早老化壽命縮短、破壞數據庫或使軟件誤操作，使一些控制元件失控。

5. 地電位反擊

如果雷電直接擊中具有避雷裝置的建築物或設施，接地網的地電位會在數微秒之內被抬高數萬或數十萬伏。高度破壞性的雷電流將從各種裝置的接地部分，流向供電系統或各種網路信號系統，或者擊穿大地絕緣而流向另一設施的供電系統或各種網路信號系統，從而反擊破壞或損害電子設備。同時，在未實行等電位連接的導線回路中，可能誘發高電位而產生火花放電的危險。

三、防雷的基本措施

根據不同保護對象，對直擊雷、雷電感應、雷電波侵入均應採取適當的安全措施。

1. 應對直擊雷的保護措施

直擊雷的防護一般採用避雷針、避雷器、避雷網、避雷線等裝置。

避雷針的保護原理是將雷電引向自身，從而保護其他設備免遭雷擊。主要

用來保護露天變配電設備、建築物和構築物等。

避雷線又叫架空地線，是沿線路架設在杆塔頂端並具有良好接地的金屬導線，主要用來保護電力線路。

避雷網是利用鋼筋混凝土結構中的鋼筋網作為雷電防護的方法。在房屋建築雷電防護上，用扁平的金屬帶代替鋼線接閃的方法稱之為避雷帶，它是由避雷線改進而來。避雷網和避雷帶主要用來保護高大的建築物。

避雷器是用於保護電氣設備免受高瞬態過電壓危害並限制續流時間也常限制續流賦值的一種電器，主要用來保護電力設備。

2. 應對雷電感應的保護措施

為了防止感應雷對供電線路、傳輸電纜和架空天線及高層導電線建築的破壞，可以在線路上安裝碳化硅閥型避雷器或金屬氧化物避雷器。對於高層建築，可將建築物內的金屬設施聯合接地；對於非金屬屋頂，可加裝金屬防護網並可靠接地。

3. 應對雷電波侵入的保護措施

雷電波侵入造成的雷害事故很多，特別在電氣系統。防止雷電波的防護裝置有閥型避雷針、管型避雷針和保護間隙，主要用於保護電力設備，也用作防止高壓電侵入室內。

四、人體防雷措施

1. 室內預防雷擊

（1）雷雨天，人體最好離開可能傳來雷電波的線路和設備 1.5m 以上。盡量暫時不用電器，最好拔掉電源插頭；不要打電話；不要靠近室內的金屬設施如暖氣片、自來水管、下水管；要盡量離開電源線、電話線、廣播線，以防止這些線路和設備對人體的二次放電。另外，不要穿潮濕的衣服，不要靠近潮濕的牆壁。

（2）雷雨天氣應關好門窗，防止球形雷竄入室內造成危害。

（3）電視機的室外天線在雷雨天要與電視機脫離，而與接地線連接。

2. 室外預防雷擊

（1）為了防止雷擊事故和跨步電壓傷人，要遠離建築物的避雷針及其接地引下線。

（2）要遠離各種天線、電線杆、高塔、菸囪、旗杆，如有條件應進入有寬大金屬構架、有防雷設施的建築物或金屬殼的汽車和船隻等。應盡快遠離山丘、海濱、河邊、池塘、鐵絲網、金屬曬衣繩、孤立的樹木和沒有防雷裝置的孤立的建築物等。

（3）雷雨天氣盡量不要在曠野裡行走。如果有急事需要趕路時，要穿塑料等製成的不浸水的雨衣；要小步慢走；不要騎自行車和摩托車；不要使用金屬杆的雨傘和鐵製工具等。

8 安全生產資格考試題庫

一、選擇題

1. 有機過氧化物按其危險性的大小劃分為（　　）種類型。
   A. 6　　　　　　　　　　　　B. 7
   C. 8

2. 爆炸品庫房內部照明應採用防爆型燈具，開關應設在庫房（　　）。
   A. 裡面　　　　　　　　　　　B. 外面
   C. 裡、外都行

3. 在外界作用下，能發生劇烈化學反應，瞬時產生大量氣體和熱量，使周圍壓力急遽上升而發生爆炸的危險化學品是（　　）。
   A. 氧氣　　　　　　　　　　　B. 乙醇
   C. 瓦斯

4. 勞動者對用人單位提供的工作場所職業病危害因素檢測結果等資料有異議，或者無用人單位提供資料的，診斷、鑒定機構應當提請（　　）。
   A. 衛生行政部門進行調查　　　B. 安全生產監督管理部門進行調查
   C. 工會組織進行調查

5. 職業性多發病是指由於（　　）中存在諸多因素所致的病損，或雖然原為非職業性疾病，由於接觸職業病危害因素而使之加劇或發病率增高。
   A. 休息場所　　　　　　　　　B. 日常生活
   C. 生產環境

6. 向用人單位提供可能產生職業病危害的設備的，應當提供中文說明書，並在設備的醒目位置（　　）。
   A. 設置警示標示和中文警示說明　　B. 張貼中文說明書
   C. 設置安全注意事項

7. 安全泄放裝置能自動迅速地泄放壓力容器內的介質，以便使壓力容器始終保持在（　　）範圍內。
   A. 工作壓力　　　　　　　　　B. 最高允許工作壓力
   C. 設計壓力

8. 爆炸危險環境應優先採用（　　）線。
   A. 鋁　　　　　　　　　　　B. 銅
   C. 鐵

9. 危險化學品零售業務店面單一品種存放量不能超過（　　）kg。
   A. 200　　　　　　　　　　B. 500
   C. 1,000

10. 鐵路發送劇毒化學品時必須配備（　　）名以上押運人員。
    A. 2　　　　　　　　　　　B. 1
    C. 5

11. 根據《生產安全事故報告和調查處理條例》規定，事故發生單位及其有關人員謊報或者瞞報事故的，對主要負責人、直接負責的主管人員和其他直接責任人員處上一年年收入至少（　　）的罰款。
    A. 40%　　　　　　　　　　B. 80%
    C. 60%

12. （　　）是把被保護對象與意外釋放的能量或危險物質等隔開，屬於防止事故發生和減少事故損失的安全技術措施。
    A. 隔開　　　　　　　　　　B. 隔離
    C. 分離

13. 下列（　　）是通過有計劃、有組織、有目的的形式來實現的。
    A. 定期安全生產檢查
    B. 季節性及節假日前後安全生產檢查
    C. 專業（項）安全生產檢查

14. 安全設施「三同時」是危險化學品生產經營單位安全生產的重要保障措施，是一種（　　）保障措施。
    A. 事中　　　　　　　　　　B. 事前
    C. 事後

15. 安全生產責任制是按照安全生產方針和「（　　）」的原則，將各級負責人員、各職能部門及其工作人員和各崗位生產人員在安全生產方面應做的事情和應負的責任加以明確規定的一種制度。
    A. 安全生產、人人有責　　　B. 三同時
    C. 管生產的同時必須管安全

16. （　　）認為，推動安全管理活動的基本力量是人，必須有能夠激發人的工作能力的動力。
    A. 動力原則　　　　　　　　B. 激勵原則
    C. 能級原則

17. 儲存危險化學品的建築通排風系統的通風管應採用（　　）製作。

A. 易燃材料 　　　　　　　　B. 非燃燒材料

C. 木質材料

18. 化學泡沫滅火原理主要是（　　）作用。

A. 降溫 　　　　　　　　　　B. 隔離與窒息

C. 化學抑制

19. 根據《工傷保險條例》的規定，工傷保險費的繳納，以下正確的是（　　）。

A. 由用人單位繳納，職工個人不繳納

B. 按照國家、集體和個人三方負擔的原則，由國家、用人單位和職工個人三方繳納

C. 國家承擔主要部分，用人單位次之，個人再次之

20. 《危險化學品經營企業開業條件和技術要求》適用於中華人民共和國境內從事危險化學品交易配送的（　　）企業。

A. 外貿 　　　　　　　　　　B. 內貿

C. 任何經營

21. 生產、儲存、經營其他物品的場所與居住場所設置在同一建築物內的，應當符合國家工程建設（　　）技術標準。

A. 安全 　　　　　　　　　　B. 環保

C. 消防

22. 中國的職業病防治工作原則是「分類管理、（　　）治理」。

A. 綜合 　　　　　　　　　　B. 徹底

C. 分期

23. 《中華人民共和國安全生產法》規定，生產經營單位必須建立、健全安全生產責任制度和安全生產規章制度，改善安全生產條件，推進（　　），提高安全生產水平。

A. 安全生產標準化建設 　　　B. 企業安全文化建設

C. 事故預防體系建設

24. 生產經營單位因兼併、重組、轉制等導致隸屬關係、經營方式、法定代表人發生變化的應急預案應當（　　）。

A. 三年后修訂 　　　　　　　B. 不修訂

C. 及時修訂

25. 制定應急預案的目的是抑制（　　），減少對人員、財產和環境的危害。

A. 突發事件 　　　　　　　　B. 火災爆炸事件

C. 中毒事件

26. 危險化學品事故應急救援根據事故（　　）及其危險程度，可採取單

位自救和社會救援兩種形式。

 A. 波及範圍   B. 影響大小

 C. 爆炸程度

27. 在爆炸品的分類中，按爆炸品的用途，爆炸品可分為（　　）種。

 A. 2   B. 3

 C. 4

28. 自燃物品是指在空氣中易於發生（　　）反應，放出熱量而自行燃燒的物品。

 A. 氧化   B. 還原

 C. 聚合

29. 個人防護措施屬於（　　）。

 A. 第二級預防   B. 第一級預防

 C. 第三級預防

30. 由於小量毒物長期地進入機體所致，毒性反應不明顯而不為人所重視，隨著毒物的蓄積和毒性作用的累積而引起的嚴重傷害，稱為（　　）。

 A. 急性中毒   B. 慢性中毒

 C. 亞中毒

31. 《使用有毒物品作業場所勞動保護條例》規定，用人單位應當依照本條例和其他有關法律、行政法規的規定，採取有效的防護措施，預防（　　）的發生，依法參加工傷保險，保障勞動者的生命安全和身體健康。

 A. 職業中毒事故   B. 事故

 C. 火災

32. 不銹鋼容器進行水壓試驗時，應該控制水中的（　　）含量，防止腐蝕。

 A. 氫離子   B. 氧離子

 C. 氯離子

33. 一般情況下雜質會（　　）靜電的趨勢。

 A. 降低   B. 增加

 C. 不影響

34. 《危險貨物運輸包裝通用技術條件》適用於（　　）。

 A. 盛裝各種物質的運輸包裝   B. 淨重超過 400kg 的包裝

 C. 盛裝危險貨物的運輸包裝

35. 按照《化學品安全標籤編寫規定》的要求，化學品的名稱應用（　　）標明。

 A. 英文   B. 中文

 C. 中文和英文分別

36. 化學品安全標籤裡用 CNNo. 代表（　　）。
   A. 聯合國危險貨物編號　　　B. 中國危險貨物編號
   C. 物質的分子式

37. 按照《危險化學品安全管理條例》的規定，（　　）不得購買劇毒化學品（屬於劇毒化學品的農藥除外）和易制爆危險化學品。
   A. 個人　　　　　　　　　　B. 醫療單位
   C. 科研單位

38. 化學品安全技術說明書主要用途是（　　）。
   A. 指示產品用途　　　　　　B. 傳遞安全信息
   C. 商品品名標註

39. 進入危險化學品儲存區域的機動車輛應安裝（　　）。
   A. 防靜電裝置　　　　　　　B. 防雷裝置
   C. 防火罩

40. 可造成人員死亡、傷害、職業病、財產損失或其他損失的意外事件稱為（　　）。
   A. 事故　　　　　　　　　　B. 不安全
   C. 危險源

41. 下列不屬於安全生產投入形式的有（　　）。
   A. 加工機床的維修　　　　　B. 火災報警器更新
   C. 防塵口罩的配備

42. （　　）是把被保護對象與意外釋放的能量或危險物質等隔開，屬於防止事故發生和減少事故損失的安全技術措施。
   A. 隔離　　　　　　　　　　B. 隔開
   C. 分離

43. 不屬於炸藥爆炸的三要素的是（　　）。
   A. 反應過程的高速性　　　　B. 反應過程的放熱性
   C. 反應過程的燃燒性

44. 《危險化學品安全管理條例》規定，危險化學品生產企業應當提供與其生產的危險化學品相符的化學品安全技術說明書，並在危險化學品包裝（包括外包裝件）上粘貼或者拴掛與包裝內危險化學品相符的化學品（　　）。
   A. 安全標籤　　　　　　　　B. 運輸標籤
   C. 安全標志

45. 《危險化學品安全管理條例》規定，化學品安全技術說明書和化學品安全標籤所載明的內容應當符合（　　）的要求。
   A. 國家標準　　　　　　　　B. 行業標準
   C. 企業標準

46.《安全生產法》規定,生產經營單位的( )對本單位的安全生產工作全面負責。

A. 主要負責人　　　　　　　B. 負責人
C. 工作人員

47. 產生職業病危害的用人單位的工作場所應當生產佈局合理,符合有害與無害作業( )的原則。

A. 不分開　　　　　　　　　B. 分開
C. 適當分開

48. 應急結束必須明確( ),事故現場得以控制,環境符合有關標準,導致次生、衍生事故隱患消除後,經事故現場應急指揮機構批准後,現場應急結束。

A. 衍生事故隱患消除　　　　B. 次生事故隱患消除
C. 應急終止的條件

49. ( )指因危險性質、數量可能引起事故的危險化學品所在場所或設施。

A. 一般危險源　　　　　　　B. 重大危險源
C. 危險目標

50. 一般來說,可燃物中( )的火災危險性較小。

A. 氣體　　　　　　　　　　B. 液體
C. 固體

51. 在同一房間或同一區域內,不同物品之間分開一定的距離,非禁忌物料之間用通道保持空間的儲存方式,屬於( )。

A. 隔離儲存　　　　　　　　B. 隔開儲存
C. 分離儲存

52. 隔開儲存需要在同一建築或同一區域內,用( ),將其與禁忌物料(即化學性質相抵觸或滅火方法不同的化學物料)分離開的儲存方式。

A. 道路　　　　　　　　　　B. 隔板或牆
C. 廠區

53. 用人單位應當按照國務院安全生產監督管理部門的規定,定期對工作場所進行職業病危害因素檢測、評價。檢測、評價結果存入用人單位職業衛生檔案,定期( )。

A. 向上級機構報告並向勞動者公布
B. 向所在地衛生行政部門報告並向勞動者公布
C. 向所在地安全生產監督管理部門報告並向勞動者公布

54.《使用有毒物品作業場所勞動保護條例》規定,使用有毒物品作業的用人單位維護、檢修存在高毒物品的生產裝置,必須事先制訂維護、檢修方

案，明確（　　），確保維護、檢修人員的生命安全和身體健康。

　　A. 安全措施　　　　　　　　　B. 救護措施

　　C. 職業中毒危害防護措施

55. 發生汽水共騰的主要原因是（　　）。

　　A. 爐水含鹽量太低　　　　　　B. 爐水 pH 值太低

　　C. 爐水含鹽量太高

56. 靜電最為嚴重的危險是（　　）。

　　A. 靜電電擊　　　　　　　　　B. 妨礙生產

　　C. 引起爆炸和火災

57. 班組安全活動每次活動時間不少於（　　）學時。

　　A. 1　　　　　　　　　　　　B. 2

　　C. 3

58. 企業安全目標管理體系的建立是一個（　　）過程，是全體職工努力的結果，是集中管理與民主相結合的結果。

　　A. 自上而下、自下而上反覆進行　B. 自下而上

　　C. 各部門間橫向反覆

59. 人們在從事管理工作時，運用系統觀點、理論和方法，對管理活動進行充分的系統分析，以達到管理的優化目標，這是（　　）原理。

　　A. 系統　　　　　　　　　　　B. 人本

　　C. 預防

60. 安全管理必須要有強大的動力，並且正確地應用動力，從而激發人們保障自身和集體安全的意識，自覺地、積極地搞好安全工作。這種管理原則就是人本原理中的（　　）原則。

　　A. 反饋　　　　　　　　　　　B. 封閉

　　C. 激勵

61. 安全生產管理工作應該做到預防為主，通過有效的管理和技術手段，減少和防止人的不安全行為和物的不安全狀態，這就是（　　）。

　　A. 強制原理　　　　　　　　　B. 預防原理

　　C. 人本原理

62. 爆炸品、易燃氣體、劇毒品用警示詞為（　　）。

　　A. 危險　　　　　　　　　　　B. 警告

　　C. 注意

63. 安全色黃色的含義為（　　）。

　　A. 必須遵守規定的指令性信息　　B. 注意、警告的信息

　　C. 安全的指示性信息

64. 用人單位分立、合併、轉讓的，（　　）應當承擔原用人單位的工傷

保險責任。

  A. 承繼單位   B. 政府

  C. 安全監督管理部門

65. 劇毒化學品以及儲存構成重大危險源的其他危險化學品，應當在專用的倉庫內單獨存放，實行（　　）制度。

  A. 雙人收發一人保管   B. 一人收發雙人保管

  C. 雙人收發雙人保管

66. 容器內液體過熱、氣化而引起的爆炸屬於（　　）。

  A. 物理性爆炸   B. 化學性爆炸

  C. 粉塵爆炸

67. 《危險化學品安全管理條例》規定，申請（　　）道路運輸通行證，托運人應當向縣級人民政府公安機關提交擬運輸的劇毒化學品品種、數量的說明、目的地、運輸時間和運輸路線的說明、承運人取得危險貨物道路運輸許可等相關材料。

  A. 化學品   B. 危險化學品

  C. 劇毒化學品

68. 《危險化學品安全管理條例》規定，托運危險化學品的，（　　）應當向承運人說明所托運的危險化學品的種類、數量、危險特性以及發生危險情況的應急處置措施。

  A. 托運單位   B. 承運單位

  C. 托運人

69. 危險化學品運輸車輛應當懸掛或者噴塗符合（　　）要求的警示標志。

  A. 國家標準   B. 行業標準

  C. 企業標準

70. 《中華人民共和國安全生產法》規定，生產經營單位的特種作業人員必須按照國家有關規定，經專門的安全作業培訓，取得（　　），方可上崗作業。

  A. 相應資格   B. 特種作業操作資格證書

  C. 職業技能等級證書

71. 工傷職工在停工留薪期滿後仍需要治療的，繼續享受（　　）待遇。

  A. 醫療保險   B. 工傷醫療

  C. 養老保險

72. 企業要加強（　　），適時修訂完善應急預案，組織專家進行評審或論證，按照有關規定將應急預案報當地政府和有關部門備案，並與當地政府和有關部門應急預案相互銜接。

A. 應急預案演練　　　　　　　B. 應急預案管理
C. 應急預案宣貫

73. 企業應急救援指揮部由（　　）任總指揮；有關副職領導任副總指揮，負責一旦發生事故時應急救援的組織和指揮。

A. 企業主要負責人　　　　　B. 分管安全的領導
C. 工會主席

74. 單位或者個人違反《中華人民共和國突發事件應對法》，導致突發事件發生或者危害擴大，給他人人身、財產造成損害的，應當依法承擔（　　）。

A. 民事責任　　　　　　　　B. 刑事責任
C. 行政處罰

75. 《常用危險化學品的分類及標志》中，共設副標志（　　）種。
A. 10　　　　　　　　　　　B. 11
C. 12

76. 按照《安全生產法》規定，危險化學品生產經營單位的從業人員不服從管理，違反安全生產規章制度或者操作規程的，由（　　）給予批評教育，依照有關規章制度給予處分；造成重大事故，構成犯罪的，依照刑法有關規定追究刑事責任。

A. 上級領導　　　　　　　　B. 生產經營單位
C. 車間主任

77. 貯存的危險化學品應有（　　），並應符合 GB13690-1992 的規定。同一區域貯存兩種或兩種以上不同級別的危險品時，應懸掛最高等級危險品的性能標志。

A. 明顯的標志　　　　　　　B. 專業人員
C. 說明

78. 有關防治職業病的國家職業衛生標準，組織制定並公布的為（　　）。
A. 國家安全生產監督管理部門　B. 國務院衛生行政部門
C. 國務院勞動保障行政部門

79. 勞動者離開用人單位時，對於本人的職業健康監護檔案（　　）
A. 有權帶走原件　　　　　　B. 有權要求複印件
C. 無權要求複印件

80. 在不大於規定充裝量的條件下，液化石油氣儲罐的壓力隨（　　）變化而變化。

A. 充裝量　　　　　　　　　B. 儲存溫度
C. 輸送設備的壓力

81. 發電機起火時，不能用（　　）滅火。

A. 二氧化碳　　　　　　　　B. 噴霧水
C. 干粉

82. 危險化學品建設單位應當在建設項目的可行性研究階段，委託（　　）對建設項目進行安全評價。
　　A. 具備相應資質的安全評價機構　　B. 本地區安全監督部門
　　C. 省級安全監督部門

83. 根據生產安全事故造成的人員傷亡或者直接經濟損失，重大事故是指造成（　　）重傷（包括急性工業中毒）。
　　A. 10 人以上 30 人以下　　　　B. 30 人以上 100 人以下
　　C. 50 人以上 100 人以下

84. 職工因工死亡，其近親屬按照規定從工傷保險基金領取喪葬補助金、供養親屬撫恤金和一次性工亡補助金，喪葬補助金為（　　）個月的統籌地區上年度職工月平均工資。
　　A. 3　　　　　　　　　　　　B. 6
　　C. 12

85. 國家對危險化學品經營實行（　　）。
　　A. 許可制度　　　　　　　　B. 資質認定制度
　　C. 審批制度

86. 儲存危險化學品的庫房內（　　）
　　A. 允許住人　　　　　　　　B. 不得住人
　　C. 只允許值班員居住

87. 安全生產的「五要素」是指安全文化、安全法制、（　　）、安全科技和安全投入。
　　A. 安全環境　　　　　　　　B. 安全管理
　　C. 安全責任

88. 《安全生產法》第十八條規定了生產經營單位的主要負責人對本單位安全生產工作負有（　　）條職責。
　　A. 6　　　　　　　　　　　　B. 5
　　C. 7

89. 存放爆炸物的倉庫應採用（　　）照明設備。
　　A. 日光燈　　　　　　　　　B. 白熾燈
　　C. 防爆型燈具

90. 非藥品類易制毒化學品生產、經營許可證有效期為（　　）年。
　　A. 1　　　　　　　　　　　　B. 2
　　C. 3

91. 使用危險化學品從事生產並且使用量達到規定數量的化工企業，應當

8　安全生產資格考試題庫　197

依照《危險化學品安全管理條例》的規定取得危險化學品安全（　　）許可證。

  A. 使用   B. 生產
  C. 經營

92.《安全生產法》規定，生產經營單位的主要負責人未履行本法規定的安全生產管理職責的，責令限期改正；逾期未改正的，責令生產經營單位（　　）。

  A. 停產停業整頓   B. 轉產
  C. 限產

93. 發生危險化學品事故，事故單位（　　）應當立即按照本單位危險化學品應急預案組織救援。

  A. 安全生產管理人員   B. 主要負責人
  C. 安全管理負責人

94. 用人單位應當建立、健全（　　），加強對職業病防治的管理，提高職業病防治水平，對本單位產生的職業病危害承擔責任。

  A. 職業病防治責任制   B. 管理制度
  C. 應急預案

95. 可以預警的自然災害、事故災難和公共衛生事件的預警級別分別用紅色、（　　）、黃色、藍色標示。

  A. 紫色   B. 綠色
  C. 橙色

96. 易燃易爆物品、危險化學品、放射性物品等危險物品的生產、經營、儲運、使用單位，應當制定具體（　　），並對生產經營場所、有危險物品的建築物、構築物及周邊環境開展隱患排查，及時採取措施消除隱患，防止發生突發事件。

  A. 應急原則   B. 應急預案
  C. 應急體系

97. 沒有建立專職應急救援隊的危險化學品企業必須與鄰近的具備相應能力的專業救援隊簽訂（　　）。

  A. 應急意向書   B. 應急合同
  C. 應急救援協議

98. 危險化學品零售業務的店面應與繁華商業區或居民人口稠密區保持（　　）m 以上距離。

  A. 200   B. 300
  C. 500

99. 危險化學品露天堆放，應符合（　　）的安全要求。

A. 防輻射　　　　　　　　　B. 防火、防爆
C. 防中毒

100. 液體發生閃燃的最低溫度叫（　　）。
A. 閃點　　　　　　　　　　B. 燃點
C. 自燃點

101. 建設項目職業病危害風險分類目錄的頒布部門是（　　）。
A. 勞動和社會保障部　　　　B. 衛生部
C. 安監總局

102. 用人單位應當及時將職業健康檢查結果及職業健康檢查機構的建議以（　　）。
A. 書面形式如實告知勞動者　B. 電子郵件形式如實告知勞動者
C. 通知形式如實告知勞動者

103. 中國職業病目錄中，職業病有（　　）。
A. 10 類，115 種　　　　　B. 9 類，99 種
C. 10 類，132 種

104. 一般情況下，壓力容器的構件不允許發生（　　）變形。
A. 彈性　　　　　　　　　　B. 塑性
C. 剛性

105. 雷電放電具有（　　）的特點。
A. 電流小、電壓高　　　　　B. 電流大、電壓高
C. 電流大、電壓低

106. （　　）安全技術措施有消除危險源、限制能量或危險物質、隔離等。
A. 減少事故損失的　　　　　B. 電氣
C. 防止事故發生的

107. 人本原理體現了以人為本的指導思想，（　　）不是人本原理中的原則。
A. 動力原則　　　　　　　　B. 安全第一原則
C. 能級原則

108. 高效的現代安全生產管理必須在整體規劃下明確分工，在分工基礎上有效綜合，這就是（　　）原則。運用此原則，要求企業管理者在制定整體目標和宏觀決策時，必須將安全生產納入其中。
A. 反饋　　　　　　　　　　B. 封閉
C. 整分合

109. 儲存的危險化學品應有符合國家標準要求的明顯標志，同一區域儲存兩種或兩種以上不同級別的危險品時，應按（　　）等級危險物品的性能

標志。

  A. 最高   B. 最低
  C. 中等

110. 危險化學品的（ ）單位，應當在危險化學品的包裝內附有與危險化學品完全一致的化學品安全技術說明書，並在包裝（包括外包裝件）上加貼或者拴掛與包裝內危險化學品完全一致的化學品安全標籤。

  A. 經營   B. 生產
  C. 儲存

111. 從業人員在（ ）人以上的非高危行業的生產經營單位，應當設置安全生產管理機構或者配備專職安全生產管理人員。

  A. 1,000   B. 500
  C. 100

112. 產生職業病危害的用人單位應當在醒目位置設置公告欄，公布有關職業病防治的規章制度、操作規程、職業病危害事故應急救援措施和（ ）結果。

  A. 職工健康體檢   B. 工作場所職業病危害因素檢測
  C. 職工職業病檢查

113. （ ）是全國易制毒化學品購銷、運輸管理和監督檢查的主管部門。

  A. 公安部   B. 安監部
  C. 質檢部

114. 《中華人民共和國職業病防治法》是為了（ ）和消除職業病危害，防治職業病，保護勞動者健康及其相關權益，促進經濟發展，根據憲法而制定的。

  A. 預防、遏制   B. 預防、減少
  C. 預防、控制

115. 職工因工作遭受事故傷害或者患職業病需要暫停工作接受工傷醫療的，在停工留薪期內原（ ）待遇不變，由所在單位按月支付。

  A. 工資和醫療   B. 工傷或職業病
  C. 工資福利

116. 《安全生產法》規定，生產經營單位採用新工藝、新技術、新材料或者使用新設備，必須瞭解、掌握其（ ）特性，採取有效的安全防護措施，並對從業人員進行專門的安全生產教育和培訓。

  A. 商品   B. 材料
  C. 安全技術

117. 在應急救援過程中，社會援助隊伍到達企業時，指揮部要派人員引

導並告知（　　）。

A. 安全注意事項　　　　B. 生產注意事項

C. 安全規章制度

118. 在應急救援過程中，積聚和存放在事故現場的危險化學品，應及時轉移至（　　）。

A. 安全地帶　　　　B. 居民區域

C. 生產地點

119. 應急演練結束后，組織應急演練的部門（單位）應根據應急演練評估報告、總結報告提出的問題和建議對應急管理工作（包括應急演練工作）進行（　　）。

A. 總結　　　　B. 評估

C. 持續改進

120. 壓縮氣體和液化氣體從管口破損處高速噴出時，由於強烈的摩擦作用，會產生（　　）。

A. 靜電　　　　B. 化學反應

C. 爆炸

121. 《安全生產法》規定，生產、經營、儲存、使用危險物品的車間、商店、倉庫不得與（　　）在同一座建築物內，並應當與其保持安全距離。

A. 員工宿舍　　　　B. 調度室

C. 辦公室

122. 屬於職業危害識別的方法中定量分析法的是（　　）。

A. 檢查表法　　　　B. 類比法

C. 檢測檢驗法

123. 目前中國職業病發病率最高的是（　　）。

A. 食物中毒　　　　B. 塵肺病

C. 噪聲聾

124. 氣瓶發生化學爆炸的主要原因是（　　）。

A. 氣瓶中氣體發生混裝（可燃氣體和氧氣）

B. 氣瓶充裝過量

C. 維護不當

125. 人體直接接觸或過分接近正常帶電體而發生的觸電現象稱為（　　）觸電。

A. 直接接觸　　　　B. 間接接觸

C. 跨步電壓

126. 安全生產監督管理部門和負有安全生產監督管理職責的有關部門接到較大事故報告后，應當逐級上報至（　　）安全生產監督管理部門和負有

安全生產監督管理職責的有關部門。

　　A. 地市級人民政府

　　B. 省、自治區、直轄市人民政府

　　C. 國務院

127.《安全生產法》規定，生產經營單位的（　　）必須按照國家有關規定經專門的安全作業培訓，取得相應資格，方可上崗作業。

　　A. 班組長　　　　　　　　B. 崗位工人

　　C. 特種作業人員

128. 安全技術主要是運用工程技術手段消除（　　）不安全因素，來實現生產工藝和機械設備等生產條件的本質安全。

　　A. 人的　　　　　　　　　B. 物的

　　C. 環境的

129.（　　）作為防止事故發生和減少事故損失的安全技術，是發現系統故障和異常的重要手段。

　　A. 安全管理系統　　　　　B. 安全監控系統

　　C. 安全技術措施

130. 車間級綜合性安全檢查每月不少於（　　）次。

　　A. 1　　　　　　　　　　B. 2

　　C. 3

131. 對於事故的預防與控制，（　　）對策著重解決物的不安全狀態問題。

　　A. 安全管理　　　　　　　B. 安全規則

　　C. 安全技術

132. 鍋爐爆炸屬於（　　）。

　　A. 分解爆炸　　　　　　　B. 物理爆炸

　　C. 化學爆炸

133.《安全生產法》規定，危險物品的生產、經營、儲存單位以及礦山、金屬冶煉、建築施工、道路運輸單位的主要負責人和安全生產管理人員未按照規定經（　　）合格的，責令限期改正，可以處五萬元以下的罰款；逾期未改正的，責令停產停業整頓，並處五萬元以上十萬元以下的罰款，對其直接負責的主管人員和其他直接責任人員處一萬元以上二萬元以下的罰款。

　　A. 培訓　　　　　　　　　B. 考核

　　C. 審查

134.《危險化學品經營許可證管理辦法》規定，危險化學品經營許可證有效期為（　　）年。

　　A. 3　　　　　　　　　　B. 2

C. 4

135. 對可能發生急性職業損傷的有毒、有害工作場所，用人單位應當設置報警裝置，配置現場急救用品、沖洗設備、應急撤離通道和必要的（　　）。
　　A. 救護車　　　　　　　　B. 泄險區
　　C. 醫務室

136. 《全國人民代表大會常務委員會關於修改〈中華人民共和國安全生產法〉的決定》已由中華人民共和國第十二屆全國人民代表大會常務委員會第十次會議於2014年8月31日通過，自2014年（　　）起施行。
　　A. 10月1日　　　　　　　B. 11月1日
　　C. 12月1日

137. 一個單位的不同類型的應急救援預案要形成統一整體，救援力量要（　　）。
　　A. 隨時安排　　　　　　　B. 統籌安排
　　C. 定期安排

138. 關於有機過氧化物的陳述，錯誤的是（　　）。
　　A. 本身易燃易爆　　　　　B. 本身極易分解
　　C. 本身化學性質穩定

139. 《危險化學品經營企業開業條件和技術要求》規定了零售業務的範圍，零售業務可以經營的危險化學品是（　　）。
　　A. 放射性物品　　　　　　B. 強腐蝕品
　　C. 劇毒物品

140. 下列化合物中，屬於氧化劑是（　　）。
　　A. 過氧化氫　　　　　　　B. 氫氧化鈉
　　C. 氰化氫

141. 《使用有毒物品作業場所勞動保護條例》規定，存在高毒作業的建設項目的職業中毒危害防護設施設計，應當經（　　）部門進行衛生審查；經審查，符合國家職業衛生標準和衛生要求的，方可施工。
　　A. 安監　　　　　　　　　B. 衛生行政
　　C. 公安

142. 生產過程職業病危害因素中的（　　）屬於物理因素。
　　A. 矽塵　　　　　　　　　B. 布氏杆菌
　　C. X射線

143. 《使用有毒物品作業場所勞動保護條例》規定，使用有毒物品作業場所應當設置警示標示、中文警示說明和（　　）。
　　A. 紅色區域警示線　　　　B. 黃色區域警示線

C. 黃色警示牌

144. 如果觸電者傷勢嚴重、呼吸停止或心臟停止跳動，應竭力施行（　　）和胸外心臟按壓。

    A. 點穴　　　　　　　　　　B. 按摩

    C. 人工呼吸

145. 《危險化學品經營許可證管理辦法》適用範圍是（　　）。

    A. 在中華人民共和國境內從事列入《危險化學品目錄》的危險化學品的經營（包括倉儲經營）活動

    B. 民用爆炸品、放射性物品

    C. 核能物質和城鎮燃氣的經營

146. 《危險化學品重大危險源辨識》（GB18218-2009）標準不適用於（　　）。

    A. 危險化學品經營　　　　　B. 危險化學品生產

    C. 危險化學品運輸

147. 三級安全教育是指（　　）。

    A. 集團公司、車間、班組　　B. 總廠、分廠、車間

    C. 廠、車間、班組

148. 根據《工傷保險條例》，職工工作時間前後在工作場所內，從事與工作有關的預備性或者收尾性工作受到事故傷害的，（　　）認定為工傷。

    A. 應當　　　　　　　　　　B. 不得

    C. 視具體情況而定

149. 在企業安全生產中，各管理機構之間、各種管理制度和方法之間，必須具有緊密的聯繫，形成相互制約的回路，才能有效。這體現了對（　　）原則的運用。

    A. 封閉　　　　　　　　　　B. 反饋

    C. 整分合

150. 危險化學品經營單位經營方式發生變化的，應當（　　）辦理經營許可證。

    A. 不需　　　　　　　　　　B. 重新申請

    C. 事後重新申請

151. 化學品安全技術說明書的內容，從該化學品製作之日算起，每（　　）年更新一次。

    A. 三　　　　　　　　　　　B. 一

    C. 五

152. 在生產經營單位的安全生產工作中，最基本的安全管理制度是（　　）。

A. 安全生產目標管理制 　　　　B. 安全生產獎勵制度
C. 安全生產責任制

153. 固體可燃物表面溫度超過（　）時，可燃物接觸該表面有可能一觸即燃。

A. 100℃ 　　　　B. 可燃物燃點
C. 可燃物閃點

154. 《危險化學品經營許可證管理辦法》規定，經營許可證有效期滿後，經營單位繼續從事危險化學品經營活動的，應當在經營許可證有效期滿前（　）個月內向原發證機關提出換證申請，經審查合格后換領新證。

A. 2 　　　　B. 3
C. 1

155. 《生產安全事故報告和調查處理條例》規定，重大事故，是指造成（　）死亡，或者50人以上100人以下重傷（包括急性工業中毒），或者5,000萬元以上1億元以下直接經濟損失的事故。

A. 10人以上30人以下 　　　　B. 3人以上10人以下
C. 30人以上50人以下

156. 《中華人民共和國安全生產法》規定，礦山、金屬冶煉建設項目和用於生產、儲存、裝卸危險物品的建設項目，應當按照國家有關規定進行（　）。

A. 安全評價 　　　　B. 安全驗收
C. 安全條件論證

157. 《中華人民共和國安全生產法》規定，危險物品的生產、儲存單位以及礦山、金屬冶煉單位應當有（　）從事安全生產管理工作。

A. 註冊安全工程師 　　　　B. 安全諮詢師
C. 安全工程師

158. 《中華人民共和國安全生產法》規定，生產經營單位與從業人員訂立的勞動合同，應當載明有關保障從業人員（　）、防止職業危害，以及為從業人員辦理工傷保險的事項。

A. 福利待遇 　　　　B. 勞動安全
C. 教育和培訓

159. 對於危險性較大的重點崗位，生產經營單位應當制定重點工作崗位的（　）。

A. 綜合應急預案 　　　　B. 專項應急預案
C. 現場處置方案

160. 企業應急預案的編製要做到（　），使預案的制定過程成為隱患排查治理的過程和全員應急知識培訓教育的過程。

A. 領導參與 B. 專家參與
C. 全員參與

161. 當炸藥爆炸時，能引起位於一定距離之外的炸藥也發生爆炸，這種現象稱為（　　）。

A. 爆炸 B. 殉爆
C. 化學反應

162. 疑似職業病病人在診斷、醫學觀察期間的費用，由（　　）。

A. 用人單位承擔 B. 當地政府承擔
C. 患者本人承擔

163. 由職業病危害因素所引起的疾病稱之為職業病，由國家主管部門公布的職業病目錄所列的職業病稱（　　）職業病。

A. 重度 B. 法定
C. 勞動

164. 鍋爐和壓力容器安全三大附件為壓力表、安全閥和（　　）。

A. 溫度計 B. 水位計
C. 菸氣氧含量分析儀

165. 認為新的技術發展會帶來新的危險源，安全工作的目標就是控制危險源，努力把事故發生概率減到最低。這一觀點是包括在（　　）理論中的。

A. 事故頻發傾向 B. 海因里希因果連鎖
C. 系統安全

166. 《安全生產法》中三同時的規定是，生產經營單位新建、改建、擴建工程項目的安全設施，必須與（　　）同時設計、同時施工、同時投入生產和使用。

A. 主體工程 B. 基礎工程
C. 勞動衛生設施

167. 根據《工傷保險條例》，職工患職業病的，（　　）認定為工傷。

A. 應當 B. 不得
C. 視具體情況而定

168. 中國法定職業病有（　　）種。

A. 99 B. 100
C. 132

169. 《危險化學品安全管理條例》規定，（　　）不得在托運的普通貨物中夾帶危險化學品，不得將危險化學品匿報或者謊報為普通貨物托運。

A. 運輸單位 B. 托運人
C. 承運人

170. 《中華人民共和國安全生產法》規定，因生產安全事故受到損害的

從業人員，除依法享有工傷保險外，依照有關民事法律尚有獲得賠償的權利的，有權向（　　）提出賠償要求。

A. 保險公司　　　　　　　　B. 社會保障部門

C. 本單位

171.《中華人民共和國消防法》規定，國務院（　　）對全國的消防工作實施監督管理。

A. 環保部門　　　　　　　　B. 安監部門

C. 公安部門

172. 危險化學品單位應當將其危險化學品事故應急預案報所在地設區的市級人民政府安全生產監督管理部門（　　）。

A. 備案　　　　　　　　　　B. 評審

C. 發布

173. 企業要加強重點崗位和重點部位監控，發現事故徵兆要立即發布（　　），採取有效防範和處置措施，防止事故發生和事故損失擴大。

A. 啟動預案信息　　　　　　B. 預警信息

C. 新聞信息

174.（　　）指因危險性質、數量可能引起事故的危險化學品所在場所或設施。

A. 重大危險源　　　　　　　B. 一般危險源

C. 危險目標

175. 氫氣泄漏時，易在屋（　　）聚集。

A. 頂　　　　　　　　　　　B. 中

C. 底

176. 化學品安全技術說明書一共有（　　）部分內容。

A. 12　　　　　　　　　　　B. 10

C. 16

177. 有毒物品應貯存在陰涼、通風、乾燥的場所，嚴禁與液化氣體和其他物品共存，不應露天存放和接近（　　）。

A. 有機物　　　　　　　　　B. 鹼類物質

C. 酸類物質

178. 勞動者被診斷患有職業病，但用人單位沒有依法參加工傷保險的，其醫療和生活保障由（　　）。

A. 患者本人承擔　　　　　　B. 當地政府承擔

C. 該用人單位承擔

179.《使用有毒物品作業場所勞動保護條例》規定，使用有毒物品作業的用人單位有關（　　）應當熟悉有關職業病防治的法律、法規以及確保勞

動者安全使用有毒物品作業的知識。

  A. 管理人員   B. 業務員

  C. 辦事員

180. 安全電壓決定於（   ）。

  A. 人體允許電流和人體電阻   B. 工作環境和設備額定電壓

  C. 性別和工作環境

181. （   ）安全檢查是對某個專項問題或在施工（生產）中存在的普遍性安全問題進行的單項定性檢查。安全檢查對象的確定應本著突出重點的原則。

  A. 綜合性   B. 定期

  C. 專項

182. 根據《危險化學品重大危險源辨識》（GB18218-2009）標準，當單元中有多種危險化學物質時，如果各類物質的量滿足式（   ），則定為重大危險源。

  A. <1   B. >1

  C. ≥1

183. 生產經營單位安全生產責任制的範圍，（   ）到各級人員的安全生產責任制，（   ）到各職能部門的安全生產責任制。

  A. 橫向，縱向   B. 縱向，橫向

  C. 生產，管理

184. 通過公路運輸危險化學品，運輸車輛必須遵守公安部門規定的（   ）。

  A. 品種規定   B. 裝卸要求

  C. 行車時間和路線

185. 按安全生產績效頒發獎金是對人本原理的（   ）的應用。

  A. 動力原則和能級原則   B. 動力原則和激勵原則

  C. 激勵原則和能級原則

186. 《生產安全事故報告和調查處理條例》規定，事故發生單位（   ）有下列行為之一的，處上一年年收入40%至80%的罰款；屬於國家工作人員的，並依法給予處分；構成犯罪的，依法追究刑事責任：（一）不立即組織事故搶救的；（二）遲報或者漏報事故的；（三）在事故調查處理期間擅離職守的。

  A. 負責人   B. 主要負責人

  C. 主要管理人員

187. 危險物品的生產、經營、儲存單位以及礦山、金屬冶煉、城市軌道交通營運、建築施工單位應當建立（   ）；生產經營規模較小的，可以不建

立應急救援組織，但應當指定兼職的應急救援人員。

　　A. 應急救援組織　　　　　　B. 安全組織

　　C. 工作組織

188.《安全生產法》規定，礦山、金屬冶煉、建築施工、道路運輸單位和危險物品的生產、經營、儲存單位，應當設置（　　）或者配備專職安全生產管理人員。

　　A. 辦事機構　　　　　　　　B. 安全生產管理機構

　　C. 專門機構

189. 企業要充分利用和整合調度指揮、監測監控、辦公自動化系統等現有信息系統建立（　　）。

　　A. 應急指揮體系　　　　　　B. 應急平臺

　　C. 應急回應中心

190. 企業要積極探索與當地政府相關部門和周邊企業建立（　　），切實提高協同應對事故災難的能力。

　　A. 應急聯動機制　　　　　　B. 合作機制

　　C. 溝通機制

191.《安全生產法》規定，生產經營單位應當在較大危險因素的生產經營場所和有關設施、設備上，設置明顯的（　　）。

　　A. 安全宣教掛圖　　　　　　B. 安全宣傳標語

　　C. 安全警示標志

192. 新建、擴建、改建建設項目和技術改造、技術引進項目可能產生職業病危害的，建設單位向安全生產監督管理部門提交職業病危害預評價報告應當是在（　　）。

　　A. 設計階段　　　　　　　　B. 可行性論證階段

　　C. 施工階段

193. 在勞動過程、生產過程和生產環境中存在的危害勞動者健康的因素，稱為（　　）。

　　A. 職業病危害因素　　　　　B. 勞動生理危害因素

　　C. 勞動心理危害因素

194. 在生產過程、勞動過程、（　　）中存在的危害勞動者健康的因素，稱為職業性危害因素。

　　A. 衛生環境　　　　　　　　B. 作業環境

　　C. 家庭環境

195. 介質對壓力容器的破壞主要是由於（　　）。

　　A. 腐蝕　　　　　　　　　　B. 易燃

　　C. 有毒

196. 若發現化學品有新的危害性,在有關信息發布后的(   )內,生產企業必須對安全技術說明書的內容進行修訂。

  A. 一年   B. 半年

  C. 三個月

197. (   )就是生產經營單位的生產管理者、經營者,為實現安全生產目標,按照一定的安全管理原則,科學地組織、指揮和協調全體員工進行安全生產的活動。

  A. 安全生產   B. 安全管理

  C. 安全生產管理

198. 職工發生工傷時,(   )應當採取措施使工傷職工得到及時救治。

  A. 公安機關   B. 政府

  C. 用人單位

199. 禁止標志的含義是不準或制止人們的某種行為,它的基本幾何圖形是(   )。

  A. 三角形   B. 帶斜杠的圓環

  C. 圓形

200. 安全管理的動態相關性原則說明如果系統要素處於(   )狀態,則事故就不會發生。

  A. 發展的、變化的   B. 動態的、相關的

  C. 靜止的、無關的

201. 《中華人民共和國消防法》規定,禁止在具有火災、爆炸危險的場所吸菸、使用明火。因特殊情況需要使用明火作業的,應當按規定事先(   ),採取相應的消防安全措施;作業人員應當遵守消防安全規定。

  A. 向領導報告   B. 辦理審批手續

  C. 做好準備工作

202. 《危險化學品安全管理條例》規定,申請(   )道路運輸通行證,托運人應當向縣級人民政府公安機關提交擬運輸的劇毒化學品品種、數量的說明,目的地、運輸時間和運輸路線的說明,承運人取得危險貨物道路運輸許可的證明文件等相關材料。

  A. 危險化學品   B. 化學品

  C. 劇毒化學品

203. 《中華人民共和國職業病防治法》規定(   )依法享有職業衛生保護的權利。

  A. 用人單位   B. 單位職工

  C. 勞動者

204. 「安全第一、預防為主、綜合治理」是中國(   )的方針。

A. 組織管理　　　　　　　　B. 勞動保護

C. 安全生產工作

205. 建設項目的職業病防護設施所需費用應當納入建設項目工程預算，並與主體工程（　　），同時施工，同時投入生產和使用。

A. 同時審批　　　　　　　　B. 同時規劃

C. 同時設計

206. 企業應制訂（　　）程序，一旦發生重大事故，做到臨危不懼，指揮不亂。

A. 事故處置　　　　　　　　B. 事故

C. 事故應急

207. 生產經營單位應當及時向有關部門或者單位報告應急預案的（　　），並按照有關應急預案報備程序重新備案。

A. 備案時間　　　　　　　　B. 修訂情況

C. 演練情況

208. 企業要建立重大危險源管理制度，明確操作規程和應急處置措施，實施（　　）。

A. 全面管理　　　　　　　　B. 不間斷的監控

C. 不間斷檢測

209. 根據危險化學品性能分（　　）、分類、分庫貯存。

A. 區　　　　　　　　　　　B. 房

C. 片

210. 建設項目職業病危害預評價和職業病危害控制效果評價，應當由依法取得相應資質的（　　）。

A. 職業衛生技術服務機構承擔　　B. 評價機構承擔

C. 職業衛生檢測機構承擔

211. 《女職工勞動保護特別規定》規定，對懷孕（　　）個月以上的女職工，用人單位不得延長勞動時間或者安排夜班勞動，並應當在勞動時間內安排一定的休息時間。

A. 6　　　　　　　　　　　B. 7

C. 8

212. 安全生產監督管理部門和負有安全生產監督管理職責的有關部門接到特別重大事故和重大事故報告后，應當逐級上報至（　　）安全生產監督管理部門和負有安全生產監督管理職責的有關部門。

A. 省、自治區、直轄市人民政府

B. 地市級人民政府

C. 國務院

213. 一般事故由事故發生地（　　）負責調查。

　　A. 縣級人民政府　　　　　　　B. 設區的市級人民政府

　　C. 省級人民政府

214. 安全色紅色的含義為（　　）。

　　A. 必須遵守規定的指令性信息　　B. 禁止、停止、危險的信息

　　C. 注意、警告的信息

215. 易燃氣體不得與助燃氣體、劇毒氣體（　　）。

　　A. 同儲　　　　　　　　　　　B. 隔離儲存

　　C. 分庫儲存

216. 《危險化學品經營企業開業條件和技術要求》規定，從事危險化學品批發業務的企業，應具備經（　　）級以上公安、消防部門批准的專用危險品倉庫。所經營的危險化學品不得存放在業務經營場所。

　　A. 省　　　　　　　　　　　　B. 縣

　　C. 地、市

217. 根據《工傷保險條例》，職工在工作時間和工作場所內，因履行工作職責受到暴力等意外傷害，但本人醉酒的，（　　）認定為工傷。

　　A. 應當　　　　　　　　　　　B. 不得

　　C. 視具體情況而定

218. 可燃液體在火源作用下（　　）進行燃燒。

　　A. 蒸發成蒸氣氧化分解　　　　B. 本身直接

　　C. 高溫液體部分

219. 《安全生產法》規定，生產經營單位對（　　）應當登記建檔，進行定期檢測、評估、監控，並制定應急預案，告知從業人員和相關人員在緊急情況下應當採取的應急措施。

　　A. 設備　　　　　　　　　　　B. 重大危險源

　　C. 危險化學品

220. 《危險化學品經營企業開業條件和技術要求》規定，庫存危險化學品應根據其化學性質分區、分類、分庫儲存，（　　）不能混存。滅火方法不同的危險化學品不能同庫儲存。

　　A. 禁忌物料　　　　　　　　　B. 商品

　　C. 所有物料

221. 新建、擴建、改建建設項目和技術改造、技術引進項目可能產生職業病危害的，建設單位在可行性論證階段應當向（　　）提交職業病危害預評價報告。

　　A. 建設行政部門　　　　　　　B. 衛生行政部門

　　C. 安全生產監督管理部門

222. 所有大中型危險化學品企業都要依法按照相關標準建立（　　）。
　　A. 專業應急救援隊　　　　　　B. 兼職救援隊
　　C. 志願救援隊

223. 加壓后使氣體液化時所允許的最高溫度，稱為（　　）。
　　A. 沸點　　　　　　　　　　　B. 露點
　　C. 臨界溫度

224. 用人單位應當選擇由省級以上人民政府衛生行政部門批准的（　　）。
　　A. 職業衛生技術服務機構承擔職業健康檢查工作
　　B. 醫療衛生機構承擔職業健康檢查工作
　　C. 醫院承擔職業健康檢查工作

225. 《壓力容器安全技術監察規程》規定，容器內部有（　　）時，不得進行任何修理。
　　A. 壓力　　　　　　　　　　　B. 溫度
　　C. 雜質

226. 已經取得經營許可證的企業變更企業名稱、主要負責人、註冊地址或者危險化學品儲存設施及其監控措施的，應當自變更之日起（　　）個工作日內，向發證機關提出書面變更申請，並提交相關文件、資料。
　　A. 20　　　　　　　　　　　　B. 30
　　C. 60

227. 安全生產監督管理部門和負有安全生產監督管理職責的有關部門逐級上報事故情況，每級上報的時間不得超過（　　）小時。
　　A. 6　　　　　　　　　　　　　B. 2
　　C. 12

228. 生產、儲存危險化學品的企業，應當委託具備國家規定的資質條件的機構，對本企業的安全生產條件每（　　）年進行一次安全評價。
　　A. 一　　　　　　　　　　　　B. 兩
　　C. 三

229. 根據《工傷保險條例》，職工在上下班途中，受到非本人主要責任的交通事故或者城市軌道交通、客運輪渡、火車事故傷害的，（　　）認定為工傷。
　　A. 應當　　　　　　　　　　　B. 不得
　　C. 視具體情況而定

230. 安全色黃色的含義為（　　）。
　　A. 注意、警告的信息　　　　　B. 必須遵守規定的指令性信息
　　C. 安全的指示性信息

231. 水蒸氣的滅火原理在於降低燃燒區的（　　）。
    A. 濕度　　　　　　　　　　B. 溫度
    C. 含氧量

232. 《中華人民共和國消防法》規定，企業對建築消防設施（　　）至少進行一次全面檢測，確保完好有效，檢測記錄應當完整準確存檔備查。
    A. 每月　　　　　　　　　　B. 每年
    C. 每週

233. 《中華人民共和國消防法》規定，建設工程的消防設計、施工必須符合（　　）工程建設消防技術標準。
    A. 行業　　　　　　　　　　B. 省級
    C. 國家

234. 產生職業病危害的用人單位的工作場所應當生產佈局合理，符合有害與無害作業（　　）的原則。
    A. 不分開　　　　　　　　　B. 分開
    C. 適當分開

235. 用人單位應當設置或者指定職業衛生管理機構或者組織，配備專職或者兼職的（　　），負責本單位的職業病防治工作。
    A. 應急管理人員　　　　　　B. 職業衛生專業人員
    C. 工會督察員

236. 生產經營單位應當具備《安全生產法》和有關法律、行政法規和國家標準或者行業標準規定的（　　）。
    A. 生產條件　　　　　　　　B. 工作條件
    C. 安全生產條件

237. 危險化學品的洩漏處理包括：（　　）、洩漏物處理、危害監測。
    A. 危化品保護　　　　　　　B. 洩漏源控制
    C. 周邊的警戒

238. 水壓試驗應該在（　　）和熱處理以後進行。
    A. 焊接試驗　　　　　　　　B. 無損探傷合格
    C. 金相檢查

239. 從事危險化學品零售業務的店面內只許存放（　　）的危險化學品，其存放總量不得超過1噸。
    A. 民用小包裝　　　　　　　B. 工業用小包裝
    C. 民用大包裝

240. 大中型危險化學品倉庫應選址在遠離市區和居民區的（　　）。
    A. 當地主導風向的上風向和河流上遊的地域
    B. 當地主導風向的上風向和河流下遊的地域

C. 當地主導風向的下風向和河流下遊的地域

241. 易燃品閃點在28℃以下，氣溫高於28℃時應在（　　）運輸。

　　A. 黃昏　　　　　　　　　　B. 夜間

　　C. 白天

242. 當生產和其他工作與安全發生矛盾時，要以安全為主，生產和其他工作要服從安全，這就是（　　）原則。

　　A. 因果關係　　　　　　　　B. 預防

　　C. 安全第一

243. （　　）依法維護工傷職工的合法權益，對用人單位的工傷保險工作實行監督。

　　A. 安全監督管理部門　　　　B. 公安機關

　　C. 工會組織

244. 安全色綠色的含義為（　　）。

　　A. 必須遵守規定的指令性信息　　B. 注意、警告的信息

　　C. 安全的指示性信息

245. 可燃氣體或蒸氣的（　　）範圍越寬，其危險度越大。

　　A. 爆炸極限　　　　　　　　B. 泄漏

　　C. 混合比例

246. 用人單位實行承包經營的，工傷保險（　　）由職工勞動關係所在單位承擔。

　　A. 待遇　　　　　　　　　　B. 費用

　　C. 責任

247. 中華人民共和國境內的各類企業的職工和個體工商戶的雇工，均有依照工傷保險條例的規定享受（　　）待遇的權利。

　　A. 醫療保險　　　　　　　　B. 人身保險

　　C. 工傷保險

248. 《危險化學品安全管理條例》規定，危險化學品單位應當制定本單位危險化學品事故應急預案，配備應急救援人員和必要的應急救援器材、設備，並定期組織應急救援（　　）。

　　A. 演練　　　　　　　　　　B. 學習

　　C. 講解

249. 生產經營單位內部一旦發生危險化學品事故，單位負責人必須立即按照本單位制定的（　　）組織救援。

　　A. 控制措施　　　　　　　　B. 工作計劃

　　C. 應急救援預案

250. 評估報告重點對演練活動的組織和實施、演練目標的實現、參演人

員的表現以及（　　）進行評估。

A. 好人好事　　　　　　　　B. 演練中暴露的問題

C. 成功和欠缺之處

251. 壓縮氣體和液化氣體必須與爆炸物品、氧化劑、易燃物品、自燃物品、腐蝕性物品（　　）。

A. 隔離儲存　　　　　　　　B. 隔開儲存

C. 分開儲存

252. 閃點愈低的可燃液體，其發生火災的危險性（　　）。

A. 愈大　　　　　　　　　　B. 愈小

C. 不受影響

253. 當受熱、撞擊或強烈震動時，容器內壓力急遽增大，致使容器破裂爆炸，或導致氣瓶閥門松動漏氣，釀成火災或中毒事故的危險化學品為（　　）。

A. 爆炸品　　　　　　　　　B. 易燃液體

C. 壓縮氣體和液化氣體

254. 建設項目在竣工驗收前，建設單位應當進行（　　）。

A. 職業病危害控制效果評價　B. 職業病危害檢測與評價

C. 職業病危害現狀評價

255. 《使用有毒物品作業場所勞動保護條例》規定，從事使用高毒物品作業的用人單位應當設置淋浴間和更衣室，並設置清洗、存放或者處理從事使用高毒物品作業勞動者的工作服、工作鞋帽等物品的專用間。勞動者結束作業時，其使用的工作服、工作鞋帽等物品必須存放在（　　）。

A. 高毒作業區域內　　　　　B. 一般毒物作業區域內

C. 黃色警示區域內

256. 鍋爐嚴重缺水時可採取以下措施（　　）。

A. 緩慢進水

B. 嚴禁向鍋爐內上水，應該採取緊急停爐措施

C. 開安全閥快速降壓

257. 任何電氣設備在未驗明無電之前，一律按（　　）處理。

A. 也許有電　　　　　　　　B. 無電

C. 有電

258. 危險化學品經營單位在經營中應保證經營的危險化學品必須有（　　）。

A. 化學品安全技術說明書　　B. 化學品安全標籤

C. 化學品安全技術說明書和化學品安全標籤

259. 占地面積大於 300 ㎡ 的倉庫安全出口不應少於（　　）個。

A. 2 B. 4
C. 3

260. 毒害品性質相抵的禁止（　　）。
　　A. 分離儲存　　　　　　　B. 同庫存放
　　C. 分庫存放

261. 安全生產管理工作應該做到預防為主，通過有效的管理和技術手段，減少和防止人的不安全行為和物的不安全狀態，這就是（　　）。
　　A. 強制原理　　　　　　　B. 預防原理
　　C. 人本原理

262. 性質或消防方法相互抵觸，以及配裝號或類別不同的危險化學品（　　）在同一車船內運輸。
　　A. 不能　　　　　　　　　B. 允許但要分開一定距離
　　C. 允許混放

263. 生產、儲存、經營其他物品的場所與居住場所設置在同一建築物內的，應當符合國家工程建設（　　）技術標準。
　　A. 安全　　　　　　　　　B. 環保
　　C. 消防

264. 《易制毒化學品管理條例》規定，（　　）不得購買第一類、第二類易制毒化學品。
　　A. 單位　　　　　　　　　B. 企業
　　C. 個人

265. 生產經營單位應對重大危險源的溫度、壓力、流量、濃度等採取（　　）措施。
　　A. 人工報警　　　　　　　B. 手動監測
　　C. 自動監測報警

266. 制定應急預案的目的是抑制（　　），減少對人員、財產和環境的危害。
　　A. 突發事件　　　　　　　B. 火災爆炸事件
　　C. 中毒事件

267. 防止重大工業事故發生的第一步，是辨識或確認（　　）工業設施（危險設施）。
　　A. 高危險性　　　　　　　B. 低危險性
　　C. 沒有危險性

268. 經營化學品零售業務的店面經營面積（不含庫房）應不少於（　　）㎡。
　　A. 50　　　　　　　　　　B. 60

C. 100

269. 決定爆炸品具有爆炸性質的主要因素（　　）。

　　A. 爆炸品密度　　　　　　　B. 爆炸品的化學組成和化學結構

　　C. 爆炸品結晶

270. 在外界作用下（如受熱、受壓、撞擊等），能發生劇烈的化學反應，瞬時產生大量的氣體和熱量，使周圍壓力急遽上升，發生爆炸，對周圍環境造成破壞的物品（也包括無整體爆炸危險，但具有燃燒、拋射及較小爆炸危險的物品）為（　　）。

　　A. 易燃品　　　　　　　　　B. 爆炸品

　　C. 有毒品

271. 用人單位已經不存在或者無法確認勞動關係的職業病病人，申請醫療救助和生活等方面的救助可以向地方人民政府（　　）。

　　A. 勞動保障行政部門　　　　B. 所在地衛生行政部門

　　C. 民政部門

272. 最常用消除焊接殘余應力的方法是將焊件進行焊後（　　）。

　　A. 酸處理　　　　　　　　　B. 熱處理

　　C. 冷處理

273. 屏護裝置把（　　）同外界隔離開來，防止人體觸及或接近。

　　A. 帶電體　　　　　　　　　B. 絕緣體

　　C. 電器

274. 遇濕會發生燃燒爆炸的物品倉庫應設置防止（　　）的措施。

　　A. 水浸漬　　　　　　　　　B. 隔油

　　C. 液體流散

275. 零售業務的店面內只許存放民用小包裝的危險化學品，其存放總質量不得超過（　　）t。

　　A. 1　　　　　　　　　　　 B. 2

　　C. 4

276. 經營進口化學品的企業，應負責向供應商索取最新的（　　）安全技術說明書。

　　A. 中文　　　　　　　　　　B. 英文

　　C. 日文

277. 按照《化學品安全技術說明書編寫規定》的要求，化學品主要成分為（　　），要填寫有害組分的品名和濃度範圍。

　　A. 混合物　　　　　　　　　B. 純品

　　C. 有機物

278. 2007年5月22日，某大學學生常某為報復同宿舍的同學，以非法手

段從經營劇毒品的朋友處獲取了 250g 劇毒物質硝酸鉈。5 月 29 日下午 4 時許，常某用注射器分別向受害人牛某、李某、石某的茶杯中注入硝酸鉈，導致 3 名學生鉈中毒。根據以上情況分析，國家（　　）向個人銷售劇毒化學品（屬於劇毒化學品的農藥除外）和易制爆危險化學品。

A. 視情況而定　　　　　　　B. 可以
C. 禁止

279. 某煤氣公司液化石油氣儲罐區發生液化石油氣泄漏燃爆事故。事發當天 16 時 38 分，接班巡線職工檢查發現，白茫茫的霧狀液化氣帶著呼嘯聲從罐區容積 400L 的 11 號球罐底部噴出。雖經單位職工及當地消防隊員奮力搶險，最終還是在 18 時 50 分發生第一次爆炸，造成參加現場搶險人員中的 12 人當場死亡，31 人受傷。19 時 25 分，11 號球罐再次發生爆炸。20 時，12 號球罐也發生爆炸，引發鄰近 3 臺 100m³ 臥罐安全閥排放、著火燃燒。此次燃爆事故燒毀 400m³ 球罐 2 臺，100m³ 臥罐 4 臺，燒損槽車 7 輛，炸毀配電室、水泵房等建築物，直接經濟損失 477 萬元。根據上述情況，分析不屬於該事故防範措施的是（　　）。

A. 液化石油氣儲氣站應加強日常安全檢查和安全管理
B. 不定期更換法蘭密封墊片並檢查緊固螺栓，防止閥門泄漏
C. 制定事故應急處理預案並組織有關人員演練

280. 2005 年 6 月某職業病防治所接到報告，某電器公司員工楊某由於三氯乙烯中毒導致死亡。衛生監督人員現場檢查發現該電器公司清洗工序設有一臺超聲波清洗機，使用三氯乙烯作為清洗劑。該公司已向安監部門申報存在三氯乙烯職業危害，清洗工序未設立警示標志和中文警示說明。該單位工人進公司時檢查過肝功能，但沒有進行在崗期間、離崗時的職業健康檢查，公司沒能提供工作場所職業病危害因素監測及評價資料，訂立勞動合同時沒有告知勞動者職業病危害真實情況，經檢測清洗房中的三氯乙烯濃度最高為 243mg/L。根據上述事實，三氯乙烯可能導致的職業病有（　　）。

A. 職業性哮喘　　　　　　　B. 肝血管瘤
C. 白血病

281. 某市一公司將存放乾雜的倉庫改造成危險化學品倉庫，庫房之間防火間距不符合標準，並將過硫酸銨（氧化劑）與硫化鹼（還原劑）在同一個庫房混存。8 月 5 日因包裝破漏，過硫酸銨與硫化鹼接觸發生化學反應，起火燃燒。13 點 26 分爆炸引起大火，一小時后離著火區很近的倉庫內存放的低閃點易燃液體又發生第二次強烈爆炸，造成更大範圍的破壞和火災。至 8 月 6 日凌晨 5 時，這場大火被撲滅。這起事故造成 15 人死亡，200 多人受傷，其中重傷 25 人，直接經濟損失 2.5 億元。根據上述情況，危險化學品專用倉庫應向（　　）級以上（含縣級）公安、消防部門申領消防安全儲存許可證。

A. 省　　　　　　　　　　B. 市
C. 縣

282. 某市一公司將存放干雜的倉庫改造成危險化學品倉庫，庫房之間防火間距不符合標準，並將過硫酸銨（氧化劑）與硫化鹼（還原劑）在同一個庫房混存。8 月 5 日因包裝破漏，過硫酸銨與硫化鹼接觸發生化學反應，起火燃燒。13 點 26 分爆炸引起大火，一小時後離著火區很近的倉庫內存放的低閃點易燃液體又發生第二次強烈爆炸，造成更大範圍的破壞和火災。至 8 月 6 日凌晨 5 時，這場大火被撲滅。這起事故造成 15 人死亡，200 多人受傷，其中重傷 25 人，直接經濟損失 2.5 億元。根據上述情況，該倉庫貯存過硫酸銨與硫化鹼應採取的正確方式是（　　）。

A. 分區　　　　　　　　B. 分類
C. 分庫

283. 某化學品經營企業從化工廠購進一批（10t）氫氧化鈉（固鹼），個別包裝存在破損泄漏情況，並將其存放在一座年久失修的不符合儲存條件的庫房中。一天晚上，大雨傾盆而下庫房進水，部分氫氧化鈉被泡在水中，致使氫氧化鈉滲入水中並順水流入附近河流。倉庫保管員發現后，及時報告了單位主管領導，主管領導立即進行了應急處理，囑咐手下人員不得向外界泄漏任何消息。根據上述情況，請指出以下（　　）方面符合危險化學品安全管理要求。

A. 氫氧化鈉的包裝不夠嚴密，存在泄漏，造成水侵入，不符合危險貨物包裝的有關要求
B. 危險化學品必須儲存經審查批准的危險品倉庫中，未經批准不得隨意設置危險化學品儲存倉庫
C. 單位主管領導接到報告后立即進行了應急處理

284. 某化學品經營企業從化工廠購進一批（10t）氫氧化鈉（固鹼），個別包裝存在破損泄漏情況，並將其存放在一座年久失修的不符合儲存條件的庫房中。一天晚上，大雨傾盆而下庫房進水，部分氫氧化鈉被泡在水中，致使氫氧化鈉滲入水中並順水流入附近河流。倉庫保管員發現后，及時報告了單位主管領導，主管領導立即進行了應急處理，囑咐手下人員不得向外界泄漏任何消息。根據上述情況，依據《危險化學品經營企業開業條件和技術要求》，分析危險化學品倉庫按其使用性質和經營規模分為（　　）種類型。

A. 三　　　　　　　　　B. 二
C. 四

285. 某地一化工建材公司主要經營丙烯酸、稀釋劑、二甲苯、鐵紅等化工原料。2006 年 6 月 19 日，店內儲存的二甲苯溶劑泄漏，形成的爆炸混合氣體與員工取暖使用煤爐處的明火接觸，發生爆燃引發火災。過火面積 $60 m^2$。根據上述情況，該單位的（　　）是本單位的消防安全責任人。

A. 負責人 B. 主要負責人

C. 安全管理人員

286. 某地一化工建材公司主要經營丙烯酸、稀釋劑、二甲苯、鐵紅等化工原料。2006 年 6 月 19 日，店內儲存的二甲苯溶劑泄漏，形成的爆炸混合氣體與員工取暖使用煤爐處的明火接觸，發生爆燃引發火災。過火面積 60 ㎡。根據上述情況，該企業對建築消防設施每（　　）至少應進行一次全面檢測，確保完好有效，檢測記錄應當完整準確，存檔備查。

A. 一年 B. 半年

C. 兩年

287. 某建材商店地下塗料倉庫內，存放大量不合格的「三無」產品聚氨酯塗料（塗料是苯系物）。地下倉庫內雖有預留通風口，但通風差，無動力排風設施。某日，進入庫房作業時 1 名工人昏倒在地，一同作業的另 2 名工人，在救助時也昏倒在地。經救援人員將中毒的 3 名工人送往醫院，其中兩人經搶救無效死亡。事後，又有 2 名在地下倉庫作業的工人，發現有中毒症狀，被送到醫院住院治療。根據上述事實，該塗料倉庫內存放的「三無」產品聚氨酯塗料揮發出的苯蒸氣的毒性屬於（　　）。

A. 中毒 B. 低毒

C. 高毒

288. 某加油站汽油加油機的吸管止回閥發生故障，加油員張某請來農機站修理工進行修理，修理完畢后修理工離開，張某與另一閒雜人員周某滯留在罐室。因張某打火機掉落地上，周某揀起打火機后，隨手打火，檢修中溢出的汽油氣體遇火引起爆燃，造成 2 人死亡。根據上述情況，依據《生產安全事故報告和調查處理條例》，本事故屬於（　　）。

A. 特別重大事故 B. 重大事故

C. 一般事故

289. 某五金廠包裝車間一名工人發生嚴重皮炎和肝損害，送往職業病防治院治療，被診斷為職業性三氯乙烯剝脫性皮炎。該廠老板感到很委屈，因為，該廠清洗車間曾發生過多例三氯乙烯皮炎，后在當地衛生防疫站的指導下對通風系統進行改造，包裝車間與清洗車間距離十幾米遠，怎麼會發生三氯乙烯皮炎？經查五金構件出廠前要用一種代號為 808 的溶劑進行表面清潔，該代號產品沒有技術說明書，不知道化學組成成分。經檢驗 808 溶劑含三氯乙烯達 22%。另外包裝車間使用中央空調，只送冷風，沒有排風系統。根據上述事實，該廠不符合《工作場所化學有害因素職業接觸限值》法規的有（　　）。

A. 為職工配備防護用品 B. 對清洗車間的通風系統進行改造

C. 中央空調沒有排風系統

290. 某車庫發生了嚴重的火災，事後經調查得知，該車庫平時用於堆放

油料和紙箱之類的雜物，存放大約有 2 噸左右的汽油、柴油等油品。當晚 20 時左右，車庫老板在庫內把車庫反鎖后，在開車庫燈的時候發生爆炸，車庫門被炸開，裡面火光衝天，大火使整個車庫幾乎化為廢墟。根據上述情況，化學危險品必須貯存在經（　　　）部門批准設置的專門的化學危險品倉庫中，經銷部門自管倉庫貯存化學危險品及貯存數量必須經公安部門批准。

　　A. 公安　　　　　　　　　　B. 環保
　　C. 質檢

二、判斷題

　　1. 用於化學品運輸工具的槽罐以及其他容器，應由專業生產企業定點生產，並經檢測、檢驗合格，方可使用。（　　　）

　　2. 易燃固體在儲存、運輸、裝卸過程中，應當注意輕拿輕放，避免摩擦撞擊等外力作用。（　　　）

　　3. 為了防止危險化學品的誤用，危險化學品安全標籤的粘貼、掛拴、噴印應牢固，保證在運輸及儲存期間不脫落、不損壞。（　　　）

　　4. 存放遇濕易燃物品的庫房必須干燥，嚴防漏水或雨雪浸入，但可以在防水較好的露天存放。（　　　）

　　5. 化學品安全技術說明書規定的 16 項內容，如果不存在的可以刪除或合併，其順序也可以變更。（　　　）

　　6. 危險化學品重複使用的包裝如果符合危險貨物運輸包裝性能試驗的要求，可以重複使用。（　　　）

　　7. 風險是指發生特定危險事件的可能性與后果的結合。（　　　）

　　8. 腐蝕品類化學品其主要品類是酸類和鹼類。（　　　）

　　9. 生產過程中職業病危害因素的物理因素中一般包括：異常的氣候條件、工作環境、電離輻射線和非電離輻射線等。（　　　）

　　10. 經安全生產監督管理部門督促，用人單位仍不提供工作場所職業病危害因素檢測結果、職業健康監護檔案等資料或者提供資料不全的，職業病診斷機構應當中止職業病診斷。（　　　）

　　11. 患職業病的情形，不屬於工傷。（　　　）

　　12. 危險化學品建設項目竣工，未進行職業中毒危害控制效果評價，或者未經衛生行政部門驗收，可以投入生產、運行。（　　　）

　　13. 使用有毒物品作業的用人單位應當對從事使用有毒物品作業的勞動者進行離崗時的職業健康檢查；對離崗時未進行職業健康檢查的勞動者，不得解除或者終止與其訂立的勞動合同。（　　　）

　　14. 有毒作業環境管理中的組織管理包括對職工進行防毒的宣傳教育，使職工既清楚有毒物質對人體的危害，又瞭解預防措施，從而使職工主動地遵守

安全操作規程，加強個人防護。（ ）

15. 使用有毒物品作業的用人單位應當依照職業病防治法的有關規定，採取有效的職業衛生防護管理措施，加強勞動過程中的防護與管理。（ ）

16. 鍋爐工作壓力越低，汽、水重度差越小；壓力越高，汽、水重度差越大。（ ）

17. 外力除去后構件恢復原有的形狀，即變形隨外力的除去而消失，這種變形稱為塑性變形。（ ）

18. 《氣瓶安全監察規程》規定，充裝超量的氣瓶不準出廠。（ ）

19. 人身觸電事故特指電擊事故。（ ）

20. 電火花就是指事故火花。（ ）

21. 對於正常人體，感知閾值與時間因素無關；而擺脫閾值與時間有關。（ ）

22. 觸電事故是由於人直接接觸帶電體發生的事故。（ ）

23. 危險化學品的儲存單位在儲存場所可酌情確定是否設置通信、報警裝置，並保證處於正常狀態。（ ）

24. 儲存危險化學品建築採暖的熱媒溫度不應過高，熱水採暖不應超過80℃，也可採用蒸汽採暖和機械採暖。（ ）

25. 生產經營單位對職業安全健康管理方案應每年進行一次評審，以確保管理方案的實施，能夠實現職業安全健康目標。（ ）

26. 種類、危險程度和滅火方法不同的毒害品可同庫混存，性質相抵的禁止同庫混存。（ ）

27. 危險化學品安全標籤中要用中文和英文分別標明化學品的通用名稱。名稱要求醒目清晰，位於標籤的正上方。（ ）

28. 事故調查組的組成應當具有事故調查所需要的知識和專長，並與所調查的事故沒有直接利害關係。（ ）

29. 危險化學品倉庫工作人員應進行培訓，經考核合格后持證上崗。（ ）

30. 當危險化學品發生緊急事故後，可以按照危險化學品安全標籤中提供的應急諮詢電話和國家化學事故應急諮詢電話對遇到的技術問題進行諮詢。（ ）

31. 危險化學品的儲存應根據危險品性能分區、分類、分庫儲存。（ ）

32. 腐蝕性物品，包裝必須嚴密，不允許泄漏，嚴禁與液化氣體和其他物品共存。（ ）

33. 安全技術說明書由化學品的生產供應企業編印，並由書店單獨出售，如果用戶需要，需要到書店購買。在交付商品時提供給用戶，作為用戶的一種服務，隨商品在市場上流通。（ ）

34. 在可能發生人身傷害、設備或設施損壞和環境破壞的場合，應事先採取措施，防止事故發生。( )

35. 危險化學品專用倉庫，應當符合國家標準對安全、消防的要求，設置明顯標志。( )

36. 本質安全化原則只可以應用於設備、設施，不能應用於建設項目。( )

37. 危險化學品經行銷售實行的許可制度只適用於中華人民共和國境內國有企業，不適用於個人或私有企業。( )

38. 督促、檢查本單位的安全生產工作，及時消除生產安全事故隱患是生產經營單位安全管理人員的職責，而非主要負責人的職責。( )

39. 儲存危險化學品的採暖管道和設備的保溫材料，必須採用非燃燒材料。( )

40. 危險化學品應當儲存在專用倉庫、專用場地或者專用儲存室內，並由專人負責。( )

41. 國家對危險化學品生產、儲存實行審批制度，未經審批，任何單位和個人都不得生產、儲存危險化學品。( )

42. 享受因工傷殘保險的職工就算違法犯罪也不能被企業開除。( )

43. 輸送易爆有毒的液化氣體時應在壓出管線上裝有壓力調節和超壓切斷泵的連鎖裝置、溫控和超溫信號等安全裝置。( )

44. 無關人員可以搭乘裝有易燃易爆化學物品的運輸車輛。( )

45. 密度小於水和不溶於水的易燃液體的火災，可以用水進行撲救。( )

46. 走私易制毒化學品的，由海關沒收走私的易制毒化學品；有違法所得的，沒收違法所得，並依照海關法律、行政法規給予行政處罰；構成犯罪的，依法追究刑事責任。( )

47. 生產經營單位發生生產安全事故時，單位的主要負責人應當立即組織搶救，並不得在事故調查處理期間擅離職守。( )

48. 在生產、作業中違反有關安全管理的規定，因而發生重大傷亡事故或者造成其他嚴重后果的，處3年以下有期徒刑或者拘役；情節特別惡劣的，處3年以上7年以下有期徒刑。( )

49. 用人單位應當依照法律、法規要求，嚴格遵守國家職業衛生標準，落實職業病預防措施，從源頭上控制和消除職業病危害。( )

50. 根據《危險化學品安全管理條例》，有關單位和個人對依法進行的危險化學品安全監督檢查應當予以配合，不得拒絕、阻礙。( )

51. 《中華人民共和國安全生產法》規定，從業人員發現危及人身安全的

緊急情況時，無權停止作業或者在採取可能的應急措施后撤離作業場所。
（　　）

52. 裝卸腐蝕品人員不能使用沾染異物和能產生火花的機具，作業現場須遠離熱源和火源。（　　）

53. 建設項目在竣工驗收后，建設單位應當進行職業病危害控制效果評價。（　　）

54. 生產經營場所和員工宿舍應當設有符合緊急疏散要求、標志明顯、保持暢通的出口。禁止鎖閉、封堵生產經營場所或者員工宿舍的出口。（　　）

55. 事故應急指揮領導小組負責本單位預案的制訂、修訂，組建應急救援隊伍，檢查督促做好重大危險源事故的預防措施和應急救援的各項準備工作。（　　）

56. 應急救援隊伍接到報警后，應立即根據事故情況，調集救援力量，攜帶專用器材，分配救援任務，下達救援指令，迅速趕赴事故現場。（　　）

57. 對本單位應急裝備、應急隊伍等應急能力進行評估，並結合本單位實際，加強應急能力建設，是編製應急預案的關鍵。（　　）

58. 違反《中華人民共和國突發事件應對法》規定，構成犯罪的，依法追究民事責任。（　　）

59. 企業應對重大危險源採取便捷、有效的消防、治安報警措施和聯絡通信、記錄措施。（　　）

60. 生產經營單位應當制定本單位的應急預案演練計劃，根據本單位的事故預防重點，每半年至少組織一次現場處置方案演練。（　　）

61. 企業應制訂事故處置程序，一旦發生重大事故，做到臨危不懼，指揮不亂。（　　）

62. 儲存危險化學品建築物內不宜增設採暖設施。（　　）

63. 為防止易燃氣體積聚而發生爆炸和火災，貯存和使用易燃液體的區域要有良好的空氣流通。（　　）

64. 在無法將作業場所中有害化學品的濃度降低到最高容許濃度以下時，工人必須使用個體防護用品。（　　）

65. 一般來講，物質越易燃，其火災危險性就越小。（　　）

66. 有毒品在水中的溶解度越大，其危險性也越大。（　　）

67. 嚴禁將有毒品與食品或食品添加劑混儲混運。（　　）

68. 爆炸物品不準和其他物品同儲，必須單獨隔離限量儲存。（　　）

69. 根據《危險化學品重大危險源辨識》，乙烯臨界量為 30t。（　　）

70. 勞動者受到急性職業中毒危害或者出現職業中毒症狀時，用人單位應當立即組織有關勞動者進行應急職業健康檢查。（　　）

71. 有毒作業環境管理中的組織管理包括調查瞭解企業當前職業毒害的現

狀，只有在對職業毒害現狀正確認識的基礎上，才能制定正確的規劃，並予正確實施。（　）

72. 職業病防護設施，包括降低職業病危害因素的強度或濃度的設備和設施，也包括有關建築物和構築物。（　）

73. 建設項目的職業病防護設施發生重大變更的，建設單位應當重新進行職業病危害預評價，辦理相應的備案或者審核手續。（　）

74. 製造壓力容器受壓元件的材料要求具有較好的塑性。（　）

75.《氣瓶安全監察規程》規定，瓶裝氣體和氣瓶經銷單位必須經銷有製造許可證企業的合格氣瓶和氣體。（　）

76. 電傷是電能轉換成熱能、機械能等其他形式的能量作用於人體，對人體造成的傷害。（　）

77. 嚴禁在裝有避雷針的構築物上架設通信線、廣播線或低壓線。（　）

78. 腐蝕性物品要按不同類別、性質、危險程度、滅火方法等分區分類儲藏，性質相抵的禁止同庫儲藏。（　）

79. 建築之間的防火間距應按相鄰建築外牆的最近距離計算，如外牆有凸出的燃燒構件，應從其凸出部分外緣算起。（　）

80.《危險化學品經營許可證管理辦法》適用民用爆炸品、放射性物品、核能物質和城鎮燃氣等危險化學品經行銷售活動。（　）

81. 強制原理中，所謂強制就是絕對服從，不必經被管理者同意便可採取控制行動。（　）

82. 劇毒化學品銷售企業應當在銷售后 5 日內，將所銷售的劇毒化學品的品種、數量以及流向信息報所在地縣級人民政府公安機關備案，並輸入計算機系統。（　）

83. 儲存物品的火災危險性應根據儲存物品的性質和儲存物品中的可燃物數量等因素，分為甲、乙、丙、丁、戊類。（　）

84. 在任何情況下，安全生產監督管理部門和負有安全生產監督管理職責的有關部門不可以越級上報事故情況。（　）

85. 危險化學品生產單位在廠內銷售本單位生產的危險化學品，不再辦理經營許可證。（　）

86. 儲存毒害品倉庫應遠離居民區和水源。（　）

87. 壓縮氣體和液化氣體由於充裝容器為壓力容器，容器受熱或在火場上受熱輻射時易發生物理性爆炸。（　）

88. 從事危險化學品批發業務的企業，所經營的危險化學品可以存放在業務經營場所。（　）

89. 未取得危險化學品經營許可證，任何單位和個人不得經營危險化學品。（　）

90. 危險化學品包裝的型式、規格、方法和單件質量（重量），應當與所包裝的危險化學品的性質和用途相適應。　　　　　　　　　（　）

91. 有毒物品應儲存在陰涼、通風、干燥的場所，不要露天存放，不要接近酸類物質。　　　　　　　　　　　　　　　　　　　（　）

92. 安全設施是指企業在生產經營活動中將危險因素、有害因素控制在安全範圍內以及預防、減少、消除危害所配備的裝置和採取的措施。（　）

93. 各類危險化學品均應按其性質儲存在適宜的溫濕度內。（　）

94. 按照導致事故的原因把安全技術措施分為：預防事故發生的安全技術措施、控制事故發生的措施和消除減少事故損失的安全技術措施。（　）

95. 危險化學品倉庫應設專職或兼職危險化學品養護員，負責危險化學品技術養護、管理和監測工作。　　　　　　　　　　　　（　）

96. 液化氣罐區及貯罐的安全防火要求比汽油罐區及貯罐還嚴格。（　）

97. 加油站鄰近單位發生火災時，可繼續營業但應向上級報告。（　）

98. 危險化學品零售業務的店面內顯著位置應設有「禁止明火」等警示標志。　　　　　　　　　　　　　　　　　　　　　　（　）

99. 申請易制毒化學品運輸許可，應當提交易制毒化學品的購銷合同，貨主是企業的，應當提交營業執照；貨主是其他組織的，應當提交登記證書（成立批准文件）；貨主是個人的，應當提交其個人身分證明。經辦人還應當提交本人的身分證明。　　　　　　　　　　　　　　　　（　）

100. 依法設立的危險化學品生產企業在其廠區範圍內銷售本企業生產的危險化學品，不需要取得危險化學品經營許可。　　　　　（　）

101. 特別重大事故，是指造成 20 人以上死亡，或者 100 人以上重傷（包括急性工業中毒），或者 1 億元以上直接經濟損失的事故。　（　）

102. 《非藥品類易制毒化學品生產、經營許可辦法》規定，國家對第二類、第三類易制毒化學品的生產、經營實行備案證明管理。（　）

103. 《中華人民共和國安全生產法》規定，生產經營單位不得將生產經營項目、場所、設備，發包或者出租給不具備安全生產條件或者相應資質的單位和個人。　　　　　　　　　　　　　　　　　　　　（　）

104. 《中華人民共和國安全生產法》規定，危險物品的生產、經營、儲存單位以及礦山、建築施工單位的主要負責人和安全生產管理人員，應當由有關主管部門對其安全生產知識和管理能力考核合格後方可任職。（　）

105. 裝卸易燃液體人員需穿防靜電工作服。禁止穿帶釘鞋。大桶不得在水泥地面滾動。桶裝各種氧化劑不得在水泥地面滾動。（　）

106. 《中華人民共和國消防法》規定，生產、儲存、經營易燃易爆危險品的場所不得與居住場所設置在同一建築物內，並應當與居住場所保持安全距離。　　　　　　　　　　　　　　　　　　　　　　　　（　）

107. 應急預案是針對可能發生的事故，為迅速、有序地開展應急行動而預先制定的管理規定。　　　　　　　　　　　　　　　　（　）

108. 國家建立統一領導、綜合協調、分類管理、分級負責、屬地管理為主的應急管理體制。　　　　　　　　　　　　　　　　　（　）

109. 單位或者個人違反《中華人民共和國突發事件應對法》，不服從所在地人民政府及其有關部門發布的決定、命令或者不配合其依法採取的措施，構成違反治安管理行為的，由公安機關依法給予處罰。　　　（　）

110. 企業一旦發生重大危險源事故，本企業搶險急救力量不足，不必請求社會力量援助。　　　　　　　　　　　　　　　　　　（　）

111. 企業要加強對各種救援隊伍的培訓，保證人員能夠熟悉事故發生后所採取的對應方法和步驟，做到應知應會。　　　　　　　（　）

112. 企業發生有害物大量外泄事故或火災事故的現場應設警戒線。
　　　　　　　　　　　　　　　　　　　　　　　　　　　　（　）

113. 危險化學品庫房門應為鐵門或木質外包鐵皮，採用內開式。設置高側窗（劇毒物品倉庫的窗戶應加設鐵護欄）。　　　　　　　（　）

114. 危險化學品庫房貼近地面應增設強制通風設施，定期置換倉庫內的有毒氣體。　　　　　　　　　　　　　　　　　　　　　　（　）

115. 易燃液體的蒸氣很容易被引燃。　　　　　　　　　　　　（　）

116. 爆炸品倉庫必須選擇在人煙稀少的空曠地帶，與周圍的居民住宅及工廠企業等建築物必須有一定的安全距離。　　　　　　　　（　）

117. 在空氣充足的條件下，可燃物與火源接觸即可著火。　　　（　）

118. 安全生產行政執法人員、勞動者或者其近親屬、勞動者委託的代理人有權查閱、複印勞動者的職業健康監護檔案。　　　　　　（　）

119. 勞動者因某種原因未接受離崗時職業健康檢查，用人單位可以解除或者終止與其訂立的勞動合同。　　　　　　　　　　　　　（　）

120. 危險化學品項目的職業衛生防護設施不用與主體工程同時設計，同時施工，同時投入生產和使用，可先行投產、運行。　　　　（　）

121. 建設項目職業病防護設施建設期間，建設單位應當對其進行經常性的檢查，對發現的問題及時進行整改。　　　　　　　　　　（　）

122. 高溫高壓下的氫對碳鋼有嚴重的腐蝕作用，為了防止這種腐蝕，應選用耐氫腐蝕性能良好的低合金鉻鉬鋼作為加氫反應器等。（　）

123. 感知電流一般不會對人體造成傷害，但可能因不自主反應而導致由高處跌落等二次事故。　　　　　　　　　　　　　　　　　（　）

124. 火花放電釋放的能量較小。　　　　　　　　　　　　　　（　）

125. 電弧燒傷也叫電傷。　　　　　　　　　　　　　　　　　（　）

126. 職業安全健康管理體系中初始評審過程不包括法律、法規及其他要

求內容。（　）

127. 劇毒化學品經營企業銷售劇毒化學品，應當記錄購買單位的名稱、地址和購買人員的姓名、身分證號碼及所購劇毒化學品的品名、數量、用途。記錄應當至少保存半年。（　）

128. 大中型危險化學品倉庫應選址在遠離市區和居民區的當地主導風向的上風向和河流上遊的地域。（　）

129. 當某種化學品具有兩種及兩種以上的危險性時，用危險性最小的警示詞。（　）

130. 個人不得購買農藥、滅鼠藥、滅蟲藥以外的劇毒化學品。（　）

131. 開展安全標準化是企業的自主行為，不需要政府或其他有關部門的監督與考核。（　）

132. 通過道路運輸危險化學品的，托運人應當委託依法取得危險貨物道路運輸許可的企業承運。（　）

133. 安全技術措施計劃制度是生產經營單位生產財務計劃的一個組成部分，是提高經濟效益的重要保證制度。（　）

134. 按照因果連鎖理論，企業安全工作的中心就是防止人的不安全行為、消除機械或物質的不安全狀態、中斷連鎖的進程，從而避免事故的發生。（　）

135. 經營危險化學品的單位的主要負責人對本單位的危險化學品的安全管理工作全面負責。（　）

136. 危險化學品經營單位帶有儲存設施的經營企業變更其儲存場所的，不需要重新申請辦理危險化學品經營許可證。（　）

137. 運輸業個體戶的車輛可以從事道路危險化學品運輸經營活動。（　）

138. 安全管理原理是現代企業安全科學管理的基礎、戰略和綱領。（　）

139. 在同一建築物或同一區域內，用隔板或牆，將禁忌物料分開的儲存方式叫隔離儲存。（　）

140. 生產經營單位的從業人員未經安全生產教育和培訓合格的，不得上崗作業。（　）

141. 為了防止職工在生產過程中受到職業傷害和職業危害，按工作特點配套的勞動防護用品、用具可適當地向職工收取一定的費用。（　）

142. 防火間距就是當一幢建築物起火時，其他建築物在熱輻射的作用下，沒有任何保護措施時，也不會起火的最小距離。（　）

143. 不是任一個點火源都能引燃每一種可燃物。（　）

144. 只要具備燃燒三要素（可燃物、助燃物、點火源），即會引起燃燒。
（　）

145. 用人單位應當保障職業病病人依法享受國家規定的職業病待遇。
（　）

146. 《中華人民共和國消防法》規定，企業對建築消防設施三年至少進行一次全面檢測，確保完好有效，檢測記錄應當完整準確，存檔備查。
（　）

147. 《中華人民共和國安全生產法》規定，生產經營單位必須投保安全生產責任保險。（　）

148. 在操作各類危險化學品時，企業應在經營店面和倉庫，針對各類危險化學品的性質，準備相應的急救藥品和制定應急救援預案。（　）

149. 職工因工作遭受事故傷害或者患職業病進行治療，享受工傷醫療待遇。
（　）

150. 任何單位和個人有權對違反《中華人民共和國職業病防治法》的行為進行檢舉和控告。（　）

151. 《中華人民共和國安全生產法》規定，生產經營單位作出涉及安全生產的經營決策，應當聽取安全生產管理機構以及安全生產管理人員的意見。
（　）

152. 對產生嚴重職業病危害的作業崗位，應當在其醒目位置，設置警示標示和中文警示說明。（　）

153. 應急救援人員在控制事故發展的同時，應將傷員救出危險區域和組織群眾撤離、疏散，消除危險化學品事故的各種隱患。（　）

154. 除礦山、建築施工單位和易燃易爆物品、危險化學品、放射性物品等危險物品的生產、經營、儲存、使用單位和中型規模以上的其他生產經營單位外，其他生產經營單位應當對本單位編製的應急預案進行論證。（　）

155. 任何單位和個人發現事故隱患，均有權向安全監管監察部門和有關部門報告。（　）

156. 應急預案的編製應當符合有關法律、法規、規章和標準的規定，結合本地區、本部門、本單位的安全生產實際情況。（　）

157. 應急預案應提出詳盡、實用、明確、有效的技術和組織措施。
（　）

158. 單位或者個人違反《中華人民共和國突發事件應對法》，導致突發事件發生或者危害擴大，給他人人身、財產造成損害的，不用承擔任何責任。
（　）

159. 生產規模小、危險因素少的生產經營單位，綜合應急預案和專項應急預案可以合併編寫。（　）

160. 為了防止膨脹導致容器破裂，對盛裝易燃液體的容器，夏天要儲存於陰涼處或用噴淋冷水降溫的方法加以防護。（　）

161. 儲存危險化學品建築的通排風系統可不考慮導除靜電的接地裝置。（　）

162. 安全標準化是指為安全生產活動獲得最佳秩序，保證安全管理及生產條件達到法律、行政法規、部門規章和標準等要求制定的規則。（　）

163. 危險化學品倉庫的建築屋架可以根據所存危險化學品的類別和危險等級採用木結構、鋼結構或裝配式鋼筋混凝土結構。（　）

164. 《使用有毒物品作業場所勞動保護條例》規定，使用單位應按國家有關規定清除化學廢料和清洗盛裝危險化學品的廢舊容器。（　）

165. 職業病防護設施所需費用不能納入建設項目工程預算。（　）

166. 職業性危害因素所致職業危害的性質和強度取決於危害因素的本身理化性能。（　）

167. 在生產過程中，有毒品最主要是通過呼吸道侵入，其次是皮膚，而經消化道侵入的較少。（　）

168. 《氣瓶安全監察規程》規定，氣瓶充裝前，充裝單位應有專人對氣瓶逐只進行檢查，確認瓶內氣體並做好記錄。（　）

169. 壓力容器的設計，必須由具有相應專業技術水平的單位負責，並應經過規定的審批手續。（　）

170. 室顫電流即最小致命電流，與電流持續時間關係密切。（　）

171. 電流持續時間愈長，人體電阻因出汗等原因而降低，使通過人體的電流進一步增加，危險性也隨之增加。（　）

172. 根據系統安全理論，安全工作目標就是控制危險源，努力把事故概率降到最低，即使萬一發生事故，也可以把傷害和損失控制在較輕的程度上。（　）

173. 儲存易燃、易爆危險化學品的建築，必須安裝避雷設備。（　）

174. 化學品安全標籤指的是用文字、圖形符號和編碼的組合形式表示化學品所具有的危險性和安全注意事項。（　）

175. 生產經營單位與從業人員訂立的勞動合同，應當載明有關保障從業人員勞動安全、防止職業危害的事項，以及依法為從業人員辦理工傷保險的事項。（　）

176. 應按《常用化學危險品貯存通則》對危險化學品進行妥善貯存，加強管理。（　）

177. 質量監督檢驗檢疫部門負責核發危險化學品及其包裝物、容器的生產企業的工業產品生產許可證，負責對進出口危險化學品及其包裝實施檢驗。（　）

178. 安全第一就是要求在進行生產和其他工作時把安全工作放在一切工作的首要位置。（　）

179. 危險化學品倉庫根據危險品特性和倉庫條件，必須配置相應的消防設備、設施和滅火藥劑。（　）

180. 一般可燃物質的燃燒都經歷氧化分解、著火、燃燒等階段。（　）

181. 加油站從業人員上崗時應穿防靜電工作服。（　）

182. 經營許可證有效期屆滿后需要繼續從事危險化學品經營的，應當依照《危險化學品經營許可證管理辦法》的規定重新申請經營許可證。（　）

183. 取得第一類易制毒化學品經營許可的企業，應當憑經營許可證到工商行政管理部門辦理經營範圍變更登記。未經變更登記，不得進行第一類易制毒化學品的經營。（　）

184. 用人單位必須採用有效的職業病防護設施，並為勞動者提供個人使用的職業病防護用品。（　）

185. 職業病病人除依法享有工傷保險外，依照有關民事法律，尚有獲得賠償的權利的，有權向用人單位提出賠償要求。（　）

186. 發生危險化學品事故，事故單位安全管理人員應當立即按照本單位危險化學品應急預案組織救援，並向當地安全生產監督管理部門和環境保護、公安、衛生主管部門報告。（　）

187. 登記企業不得轉讓、冒用或者使用偽造的危險化學品登記證。（　）

188. 《中華人民共和國安全生產法》規定，國家實行生產安全事故責任追究制度，依照本法和有關法律、法規的規定，追究生產安全事故責任人員的法律責任。（　）

189. 生產經營單位未制定應急預案，導致事故救援不力或者造成嚴重后果的，由縣級以上安全生產監督管理部門依照有關法律、法規和規章的規定，責令停產停業整頓，並依法給予行政處罰。（　）

190. 在應急救援過程中生產經營單位物資供應部門負責搶險搶救物資的供應和保障等工作。（　）

191. 編製應急救援預案的目的是確保不發生事故。（　）

192. 應急預案的要點和程序應當張貼在應急地點和應急指揮場所，並設有明顯的標志。（　）

193. 散裝儲存是將物品裝於小型容器或包件中儲存；整裝儲存是物品不帶外包裝的淨貨儲存。（　）

194. 倉庫工作人員應進行培訓，經考核合格后上崗；裝卸人員也必須進行必要的教育；消防人員除了應具有一般消防知識外，還應進行專門的專業知識培訓。（　）

195. 儲存危險化學品的倉庫必須配備有專業知識的技術人員，其倉庫及場所應設專人管理，管理人員必須配備可靠的個人安全防護用品。（　）

196. 一切爆炸品嚴禁與氧化劑、自燃物品、酸、鹼、鹽類、易燃可燃物、金屬粉末和鋼鐵材料器具等混儲混運。（　）

197. 同是氧化劑，特性基本相同的化學品，可以任意混儲混運。（　）

198. 毒物毒性常以引起實驗動物死亡數所需劑量表示。（　）

199. 勞動者接受職業健康檢查應當視同正常出勤。（　）

200. 可能產生職業中毒危害的建設項目，未依照職業病防治法的規定進行職業中毒危害預評價，或者預評價未經衛生行政部門審核同意，可自行開工。（　）

201. 職業病診斷、鑒定的費用由用人單位承擔，再次鑒定的費用由個人承擔。（　）

202. 個體防毒的措施之一是正確使用呼吸防護器，防止有毒物質從呼吸道進入人體引起職業中毒。（　）

203. 壓力容器爆破時所能釋放的能量與它的工作介質的物性狀態沒有關係。（　）

204. 可靠的水循環是鍋爐安全監督的一個重要內容。（　）

205. 靜電電擊是瞬間衝擊性的電擊。（　）

206. 雷電可以分為直擊雷、感應雷、雷電波侵入和球形雷。（　）

207. 企業應嚴格執行安全設施管理制度，建立安全設施臺賬。（　）

208. 根據能量意外釋放理論，可以利用各種屏蔽或防護設施來防止意外的能量轉移，從而防止事故的發生。（　）

209. 危險化學品零售業務的店面與存放危險化學品的庫房（或罩棚）應有實牆相隔。（　）

210. 限制能量或危險物質是減少事故損失的安全技術措施。（　）

211. 道路交通事故、火災事故自發生之日起7日內，事故造成的傷亡人數發生變化的，應當及時補報。（　）

212. 經行銷售危險化學品的單位，應當取得危險化學品經營許可證並經工商管理部門登記註冊。（　）

213. 按《化學品安全技術說明書編寫規定》要求，危險化學品安全技術說明書，內容包括：標示、成分及理化特性、燃燒爆炸危險特性、毒性及健康危害性、急救、防護措施、包裝與儲運、泄漏處理與廢棄等八大部分。（　）

214. 未取得危險化學品經營許可證的企業可少量採購危險化學品。（　）

215. 易燃易爆危險場所嚴禁吸菸。（　）

216. 工會依法參加事故調查處理，但無權向有關部門提出處理意見。
（　）

217. 將易制毒化學品許可證或者備案證明轉借他人使用的，由負有監督管理職責的行政主管部門吊銷相應的許可證。
（　）

218. 同一企業生產、進口同一品種危險化學品的，按照生產企業進行一次登記，但應當提交進口危險化學品的有關信息。
（　）

219. 各類危險化學品分裝、改裝、開箱（桶）檢查等應在庫房內進行。
（　）

220. 職業病病人變動工作單位，享有的待遇發生變化。
（　）

221. 專職消防隊的隊員不能享受社會保險和福利待遇。
（　）

222. 針對應急演練活動可能發生的意外情況制定演練保障方案或應急預案，並進行演練，做到相關人員應知應會，熟練掌握。
（　）

223. 應急救援指揮部由工會主席任總指揮；有關人員任副總指揮。
（　）

224. 為使應急救援預案更有針對性和能迅速應用，一般要制定不同類型的應急預案。
（　）

225. 突發環境事件報告中初報是查清有關基本情況后隨時上報。
（　）

226. 生產經營單位應當建立健全事故隱患排查治理制度。
（　）

227. 化學品安全技術說明書（SDS）是化學品經營單位向用戶提供基本危害信息的工具。
（　）

228. 易燃、易爆品必須裝在鐵幫、鐵底車、船內運輸。
（　）

229. 爆炸品是指在外界作用下能發生劇烈的化學反應，瞬間產生大量的氣體和熱量，使周圍壓力急驟上升，發生爆炸，對周圍環境造成破壞的物品，也包括無整體爆炸危險，但具有燃燒、拋射及較小爆炸危險的物品。
（　）

230. 如果儲存容器合適的情況下，硫酸、硝酸、鹽酸及燒鹼都可儲存於一般貨棚內。
（　）

231. 個人皮膚防護的防毒措施之一是皮膚防護，主要依靠個人防護用品，防護用品可以避免有毒物質與人體皮膚的接觸。
（　）

232. 分期建設、分期投入生產或者使用的建設項目，其配套的職業病防護設施應當在建設項目全部完成后進行驗收。
（　）

233. 凡確診患有職業病的職工，可由企業決定是否享受國家規定的工傷保險待遇或職業病待遇。
（　）

234. 在職業危害識別過程中，生產中使用的全部化學品、中間產物和產品均需要進行職業衛生檢測。
（　）

235. 靜電放電時產生的火花，可引燃爆炸性混合物，導致爆炸或火災。
（　）

236. 靜電事故多發生在潮濕的季節。　　　　　　　　　　（　）
237. 電氣機械性損傷也叫電傷，是觸電事故的一種。　　　（　）
238. 成年男性平均感知電流比女性大，因此男性比女性對電流更敏感。
　　　　　　　　　　　　　　　　　　　　　　　　　　（　）
239. 事故發生後，單位負責人接到有關人員的事故報告後，應當於6小時內向事故發生地縣級以上人民政府安全生產監督管理部門和負有安全生產監督管理職責的有關部門報告。　　　　　　　　　　（　）
240. 《工作場所安全使用化學品規定》不僅要求用人單位對化學品危險性進行鑑別和分類，建立化學品安全標籤和安全技術說明書制度，而且明確提出了職工的義務和權利。　　　　　　　　　　　　（　）
241. 《安全生產法》對事故的報告作出了具體的規定：生產經營單位發生生產安全事故後，事故現場有關人員應當立即報告本單位安全管理部門。
　　　　　　　　　　　　　　　　　　　　　　　　　　（　）
242. 危險化學品經營單位不得轉讓、買賣、出租、出借、偽造或者變造經營許可證。　　　　　　　　　　　　　　　　　　（　）
243. 如果用人單位沒有統一購買勞動防護用品，應該按照法律、法規或標準的規定，發給從業人員資金由其自行購買。　　　　（　）
244. 按照《安全生產法》的規定，負有安全生產監督管理職責的部門應當建立舉報制度，公開舉報電話、信箱或者電子郵件地址，受理有關安全生產的舉報；受理的舉報事項經調查核實後，應當形成書面材料；需要落實整改措施的，報經有關負責人簽字並督促落實。　　（　）
245. 按事故頻發傾向理論，事故頻發傾向者的存在是工業事故發生的次要原因。　　　　　　　　　　　　　　　　　　　　　（　）
246. 安全設施是指企業在生產經營活動中將危險因素、有害因素控制在安全範圍內以及預防、減少、消除危害所配備的裝置和採取的措施。（　）
247. 固定泡沫裝置管線控制閥可設在防火堤內。　　　　　（　）
248. 事故調查組有權向有關單位和個人瞭解與事故有關的情況。（　）
249. 職工因工作遭受事故傷害或者患職業病進行治療，享受工傷醫療待遇。
　　　　　　　　　　　　　　　　　　　　　　　　　　（　）
250. 根據《危險化學品安全管理條例》，危險化學品是指具有毒害、腐蝕、爆炸、燃燒、助燃等性質，對人體、設施、環境具有危害的劇毒化學品和其他化學品。　　　　　　　　　　　　　　　　（　）
251. 應急組織指揮體系或者職責已經調整的生產經營單位應急預案可三年後修訂。　　　　　　　　　　　　　　　　　　　（　）
252. 有關人民政府及其部門為應對突發事件，可以徵用單位和個人的財產。
　　　　　　　　　　　　　　　　　　　　　　　　　　（　）

253. 生產經營單位風險種類多、可能發生多種事故類型的，可以不用編製本單位的綜合應急預案。　　　　　　　　　　　　　　　（　　）

254. 安全技術說明書由化學品的生產供應企業編印，在交付商品時提供給用戶，作為為用戶的一種服務，隨商品在市場上流通。　　（　　）

255. 爆炸品的包裝箱不宜直接在地面上放置，最好鋪墊20厘米左右的水泥塊或鋼材。　　　　　　　　　　　　　　　　　　　（　　）

256. 危險化學品運輸企業必須具備的條件由國務院交通部門規定。
　　　　　　　　　　　　　　　　　　　　　　　　　　　　（　　）

257. 為了防止蒸發，汽油等揮發性強的液體應在口小、深度大的容器中盛裝。　　　　　　　　　　　　　　　　　　　　　　　（　　）

258. 用人單位不得安排未成年工從事接觸職業病危害的作業，不得安排孕期、哺乳期的女職工從事對本人和胎兒、嬰兒有危害的作業。（　　）

259. 用人單位未按照規定組織職業健康檢查、建立職業健康監護檔案或者未將檢查結果如實告知勞動者的，責令限期改正，給予警告，可以並處5萬元以上10萬元以下的罰款。　　　　　　　　　　　　　　　（　　）

260. 同一工作場所，不同職業病危害因素，須分別設監測點；同一崗位，可合併設點。　　　　　　　　　　　　　　　　　　　　（　　）

261. 《使用有毒物品作業場所勞動保護條例》規定，用人單位應當盡可能使用無毒物品；需要使用有毒物品的，應當優先選擇使用低毒物品。（　　）

262. 在結構上盡量使幾何形狀不連續處緩和而平滑地過渡，以減少不連續應力。　　　　　　　　　　　　　　　　　　　　　　（　　）

263. 化學品安全標籤裡用UNNo.表示中國危險貨物編號。　　（　　）

264. 本質安全化原則是指從一開始和從本質上實現安全，從根本上消除事故發生的可能性，從而達到預防事故發生的目的。　　　　（　　）

265. 生產經營單位必須依法參加工傷社會保險，保險費由從業人員和單位各繳納一半。　　　　　　　　　　　　　　　　　　　　（　　）

266. 使用劇毒化學品的單位可以出借劇毒化學品。　　　　　（　　）

267. 危險化學品經營企業未取得危險化學品經營許可證的可以一邊經營一邊申請許可證。　　　　　　　　　　　　　　　　　　　（　　）

268. 危險化學品必須儲存在專用倉庫、專用場地或者專用儲存室內，儲存方式、方法、數量必須符合國家標準。危險化學品專用倉庫，應當符合國家標準對安全、消防的要求，設置明顯標志。　　　　　　　（　　）

269. 事故發生後，有關單位和人員應當妥善保護事故現場以及相關證據，任何單位和個人不得破壞事故現場、毀滅相關證據。　　　　（　　）

270. 機動車在加註汽油時，油箱口會有大量油氣冒出，應該注意防火。
　　　　　　　　　　　　　　　　　　　　　　　　　　　　（　　）

271. 爆炸是大量能量在短時間內迅速釋放或急遽轉化成機械功的現象。
（　）

272. 運輸第三類易製毒化學品的，應當在運輸前向運出地的縣級人民政府公安機關備案。公安機關應當於收到備案材料的當日發給備案證明。
（　）

273. 接受貨主委託運輸的承運人應當查驗貨主提供的運輸許可證或者備案證明，並查驗所運貨物與運輸許可證或者備案證明載明的易製毒化學品品種等情況是否相符，不相符的，不得承運。
（　）

274. 生產經營單位必須遵守《安全生產法》和其他有關安全生產的法律、法規，加強安全生產管理，建立、健全安全生產責任制度和安全生產規章制度，改善安全生產條件，推進安全生產標準化建設，提高安全生產水平，確保安全生產。
（　）

275. 任何單位和成年人都有參加有組織的滅火工作的義務。（　）

276. 新建的生產企業應當在竣工驗收後辦理危險化學品登記。（　）

277. 任何單位、個人不得損壞、挪用或者擅自拆除、停用消防設施、器材。
（　）

278. 事故應急救援預案應覆蓋事故發生後應急救援各階段的計劃，既預案的啟動、應急、救援、事後監測與處置等各個階段。（　）

279. 負有危險化學品安全監督管理職責的部門和環境保護、公安、衛生等有關部門，應當按照當地應急救援預案組織實施救援，盡可能不拖延、推諉。
（　）

280. 在應急救援過程中生產經營單位安全部門協助總指揮做好事故報警、情況通報及事故處置等工作。
（　）

281. 對於實行安全生產許可的生產經營單位，應急預案未備案登記的，在申請安全生產許可證時，可以不提供相應的應急預案備案登記表，僅提供應急預案。
（　）

282. 危險化學品的標志，主標志是由表示危險化學品危險特性的圖案、文字說明、底色和危險類別號四個部分組成的菱形標志。副標志圖形與主標志相同。
（　）

283. 泄漏或滲漏危險化學品的包裝容器應迅速移至安全區域。（　）

284. 危險品不得與禁忌物料混合儲存，滅火方法不同的危險化學品可以同庫儲存。
（　）

285. 選擇呼吸防護用品時應考慮有害化學品的性質、作業場所污染物可能達到的最高濃度、作業場所的空氣含量、使用者的面型和環境條件等因素。
（　）

286. 有毒物的毒性常以引起實驗動物死亡數所需劑量表示。（　）

287. 閃點是表示易燃易爆液體燃爆危險性的一個重要指標，閃點越高，爆炸危險性越大。　　　　　　　　　　　　　　　　　　（　）

288. 建設項目職業病危害分類管理目錄由國家安全生產監督管理總局制定並公布。省級安全生產監督管理部門可以根據本地區實際情況，對建設項目職業病危害分類管理目錄作出補充規定。　　　　　　　　　（　）

289. 職業病危害嚴重的建設項目，其職業病危害預評價報告應當報安全生產監督管理部門審核，職業病防護設施設計應當報安全生產監督管理部門審查，職業病防護設施竣工后，由安全生產監督管理部門組織驗收。（　）

290. 建設項目職業病防護用品必須與主體工程同時設計、同時施工、同時投入生產和使用。　　　　　　　　　　　　　　　　　　（　）

291. 《使用有毒物品作業場所勞動保護條例》規定，使用單位應將危險化學品的有關安全衛生資料向職工公開，教育職工識別安全標籤、瞭解安全技術說明書、掌握必要的應急處理方法和自救措施，經常對職工進行工作場所安全使用化學品的教育和培訓。　　　　　　　　　　　　　　（　）

292. 用人單位是職業健康監護工作的責任主體，其主要負責人對本單位職業健康監護工作全面負責。　　　　　　　　　　　　　（　）

293. 危險化學品倉庫的牆體應為砌磚牆、石牆、混凝土牆及鋼筋混凝土牆。　　　　　　　　　　　　　　　　　　　　　　　　（　）

294. 安全監控作為防止事故發生和減少事故損失的安全技術措施，是發現系統故障和異常的重要手段。　　　　　　　　　　　　（　）

295. 按照《安全生產法》的規定，從業人員可以享受的權利包括：知情權、建議權、批檢控權、拒絕權、避險權、求償權、保護權、受教育權。
　　　　　　　　　　　　　　　　　　　　　　　　　　　　（　）

296. 搞好危險化學品安全生產管理，是全面落實科學發展觀的必然要求，是建設和諧社會的迫切需要，是各級政府和生產經營單位做好安全生產工作的基礎。　　　　　　　　　　　　　　　　　　　　　　（　）

297. 危險化學品安全技術說明書是一份關於危險化學品燃爆、毒性和環境危害以及安全使用、泄漏應急處理、主要理化參數、法律法規等方面信息的綜合性文件。　　　　　　　　　　　　　　　　　　　　（　）

298. 運輸危險化學品的駕駛員、押運員、船員不需要瞭解所運輸的危險化學品的性質、危害特性、包裝容器的使用特性和發生意外時的應急措施。
　　　　　　　　　　　　　　　　　　　　　　　　　　　　（　）

299. 安全生產管理原則是指在生產管理的基礎上指導安全生產活動的通用規則。　　　　　　　　　　　　　　　　　　　　　　　（　）

300. 職工因工負傷痊愈后，經醫院檢查證明確實舊傷復發的，可按因工負傷處理。　　　　　　　　　　　　　　　　　　　　　　（　）

301. 抓好安全教育培訓工作是每一個企業的法定責任。（　）
302. 易燃易爆場所必須採用防爆型照明燈具。（　）
303. 屬於易制毒化學品的危險化學品可以使用現金或者實物進行交易。（　）
304. 火災撲滅后，發生火災的單位和相關人員應當按照公安機關消防機構的要求保護現場，接受事故調查，如實提供與火災有關的情況。（　）
305. 事故發生單位的負責人和有關人員在事故調查期間不得擅離職守，並應當隨時接受事故調查組的詢問，如實提供有關情況。（　）
306. 《中華人民共和國消防法》規定，生產、儲存、裝卸易燃易爆危險品的工廠、倉庫和專用車站、碼頭的設置，應當符合消防技術標準。（　）
307. 《中華人民共和國安全生產法》規定，生產經營單位必須依法參加工傷保險，為從業人員繳納保險費。（　）
308. 裝卸毒害品人員應具有操作有毒物品的一般知識。操作時輕拿輕放，不得碰撞、倒置，防止包裝破損商品外溢。作業人員應佩戴手套和相應的防毒口罩或面具，穿防護服。（　）
309. 用人單位必須依法參加工傷保險。（　）
310. 對於在應急預案編製和管理工作中做出顯著成績的單位和人員，安全生產監督管理部門、生產經營單位可以給予表彰和獎勵。（　）
311. 各級安全生產監督管理部門應當將應急預案的培訓納入安全生產培訓工作計劃，並組織實施本行政區域內重點生產經營單位的應急預案培訓工作。（　）
312. 應急救援組織機構應包括應急處置行動組、通信聯絡組、疏散引導組、安全防護救護組等。（　）
313. 運輸散裝固體危險物品，應根據性質，採取防火、防爆、防水、防粉塵飛揚和遮陽措施。（　）
314. 裝運危險貨物的罐（槽）應配備泄壓閥、防波板、遮陽物、壓力表、液位計、導除靜電設備等安全裝置。（　）
315. 用人單位應當將工作過程中可能產生的職業病危害及其後果，有選擇地告知勞動者。（　）
316. 建設項目中的職業病防護設施建設期間，建設單位應當對其進行經常性的檢查，對發現的問題及時進行整改。（　）
317. 壓力容器最小厚度的確定應當考慮製造、運輸、安裝等因素的影響。（　）
318. 直接接觸觸電與間接接觸觸電的最主要的區別是發生電擊時所觸及的帶電體是正常運行的帶電體還是意外帶電的帶電體。（　）
319. 通風情況是劃分爆炸危險區域的重要因素，它分為一般機械通風和

局部機械通風兩種類型。（　　）

320. 為了有利於靜電的洩露，可採用靜電導電性工具。（　　）

321. 《化學品安全技術說明書》的內容，從該化學品製作之日算起，每三年更新一次。（　　）

322. 危險化學品道路運輸托運人必須檢查托運的產品外包裝上是否加貼或拴掛危險化學品安全標籤，對未加貼或拴掛標籤的，不得予以托運。（　　）

323. 盛裝危險化學品的容器或包裝，確認危險品用完后即可撕下相應的安全標籤。（　　）

324. 無論是新型包裝、重複使用的包裝、還是修理過的包裝均應符合危險貨物運輸包裝性能試驗的要求。（　　）

325. 儲存危險化學品的建築物、區域內嚴禁吸菸和使用明火。（　　）

326. 汽車、拖拉機不準進入易燃易爆類物品庫房。進入易燃易爆類物品庫房的電瓶車、鏟車應是防爆型的；進入可燃固體物品庫房的電瓶車、鏟車，應裝有防止火花濺出的安全裝置。（　　）

327. 安全文化的建設對安全生產的保障作用不明顯。（　　）

328. 從事劇毒化學品、易制爆危險化學品經營的企業，應當向所在地縣級人民政府安全生產監督管理部門提出申請。（　　）

329. 一次事故中死亡3~9人的是特大生產安全事故。（　　）

330. 事故發生單位主要負責人受到刑事處罰或者撤職處分的，自刑罰執行完畢或者受處分之日起，10年內不得擔任任何生產經營單位的主要負責人。（　　）

331. 互為禁忌物料的危險化學品可以裝在同一車、船內運輸。（　　）

332. 一個單位的不同類型的應急救援預案要形成統一整體，救援力量要統一安排。（　　）

333. 按易燃液體閃點的高低分為低閃點液體、中閃點液體、高閃點液體。（　　）

334. 有毒品經過皮膚破裂的地方侵入人體，會隨血液蔓延全身，加快中毒速度。因此，在皮膚破裂時，應停止或避免對有毒品的作業。（　　）

335. 在採取措施的情況下，可以利用內河以及其他封閉水域等航運渠道運輸劇毒化學品。（　　）

336. 從事使用高毒物品作業的用人單位，應當配備專職的或者兼職的職業衛生醫師和護士；不具備配備專職的或者兼職的職業衛生醫師和護士條件的，應當與依法取得資質認證的職業衛生技術服務機構簽訂合同，由其提供職業衛生服務。（　　）

337. 《氣瓶安全監察規程》規定，氣瓶必須專用。只允許充裝與鋼印標

記一致的介質，不得改裝使用。（　）

338. 從事危險化學品零售業務的店面內只許存放民用小包裝的危險化學品，其存放總量不得超過 2t。（　）

339. 持續改進是指生產經營單位應不斷尋求方法持續改進自身職業安全健康管理體系及其職業安全健康績效，從而不斷消除、降低或控制各類職業安全健康危害和風險。（　）

340. 職業安全健康管理體系是企業為了實施職業安全健康管理所需的企業機構、程序、過程和資源。（　）

341. 防凍保暖工作檢查屬於安全綜合檢查。（　）

342. 生產、儲存危險化學品的單位，應當對其鋪設的危險化學品管道設置明顯標志，並對危險化學品管道不定期檢查、檢測。（　）

343. 各類危險化學品分裝、改裝、開箱（桶）檢查等應在庫房內進行。（　）

344. 生產經營單位的應急預案由生產經營單位主要負責人簽署公布後，再進行評審或者論證。（　）

345. 事發當天上午，某加油站站長陳某在未辦理動火審批手續的情況下，帶領 2 名臨時雇來的無資格證的修理工，對裝過 90#汽油的一卧式罐扶梯進行焊補作業，在焊接過程中發生爆炸，陳某和 1 名焊工當場被炸死，另 1 人重傷。直接經濟損失 16 萬元。根據上述事實，請判斷：在加油站動火，必須嚴格執行規章制度，辦理必要的動火手續。（　）

346. 某廠油污法蘭損壞需維修。維修鉗工甲將帶有污油底閥的污油管線放入污油池內，當時污油池液面高度為 500cm，上面浮有 30cm 的浮油。在液面上的 101cm 處需對法蘭進行更換。班長乙決定採用對接焊接方式。電焊工丙去辦理動火票，鉗工甲見焊工丙辦理動火手續遲遲沒回，便開始焊接，結果發生油氣爆炸，鉗工甲掉入污油池死亡。根據上述事實，請判斷：電焊工不是特殊工種，不用按照國家有關規定經專門的安全作業培訓，取得相應資格。
（　）

347. 某危險化學品經營公司，經營範圍是一般危險化學品，危險化學品經營許可證於 2006 年 10 月 30 日到期，尚未申請換證。2007 年 4 月 5 日，裝卸工在倉庫內搬運貨物時，將一瓶甲苯二異氰酸酯（劇毒化學品）撞碎，導致多人中毒。根據上述情況，請判斷：該公司應於危險化學品經營許可證到期 1 個月前，向發證機關提出經營許可證的延期申請，並提交相關文件、資料。
（　）

348. 2007 年 11 月 24 日 7 時 51 分，某公司上海銷售分公司租賃經營的浦三路油氣加註站，在停業檢修時發生液化石油氣儲罐爆炸事故，造成 4 人死亡、30 人受傷，周圍部分建築物受損，直接經濟損失 960 萬元。事故調查組

認定，造成這次事故的直接原因是：液化石油氣儲罐卸料后沒有用氮氣置換清洗，儲罐內仍殘留液化石油氣；在用壓縮空氣進行管道氣密性試驗時，沒有將管道與液化石油氣儲罐用盲板隔斷，致使壓縮空氣進入了液化石油氣儲罐，儲罐內殘留液化石油氣與壓縮空氣混合，形成爆炸性混合氣體；因違章電焊動火作業，引發試壓系統發生化學爆炸，導致事故發生。根據上述事實，請判斷：本起事故調查組成員由有關人民政府、安全生產監督管理部門、負有安全生產監督管理職責的有關部門、監察機關、公安機關以及工會派人組成，並應當邀請人民檢察院派人參加，不可以聘請有關專家參與調查。（　　）

349. 根據348題事實，請判斷：該事故應上報至省、自治區、直轄市人民政府安全生產監督管理部門和負有安全生產監督管理職責的有關部門。

（　　）

350. 某機械製造廠儀表車間車工班的李某、徐某、陳某和徒工小張、小孟及徐某的妻子饒某，聚集在一間約18㎡的休息室內，將門窗緊閉，用一個5KW的電爐取暖。牆角存放一個盛裝15kg汽油的玻璃瓶。玻璃瓶內壓力隨著室溫升高而加大，先后兩次將瓶塞頂出，被徒工小孟先后兩次用力塞緊。由於瓶內壓力不斷增大，把玻璃瓶脹開一道裂縫，汽油慢慢向外滲出，流向電爐。坐在電爐旁的陳某、饒某發現汽油滲出后，立刻用拖布擦拭汽油。在擦拭清理過程中，拖布上的汽油濺到電爐絲上，瞬間電爐就燃燒起來，火焰順著油跡向汽油瓶燒去。屋內的幾個人見勢不妙都往門口跑，徐某用力把門打開。因屋內充滿汽油蒸氣，門一開，屋外充足的氧氣使屋內剎那間火光衝天，汽油瓶爆炸。結果造成3人被燒死，其他人被燒傷，房屋和機床被燒毀，經濟損失慘重。根據上述事實，請判斷：該事故原因是嚴重違反休息室內不準存放易燃易爆危險化學品的規定，汽油瓶受熱脹裂，遇火燃燒爆炸，發現危險后處理操作方法錯誤，缺乏有關汽油等危險物品的安全知識，遇險后不會正確處理。

（　　）

351. 2005年7月19日，某地一化工有限公司所屬分裝廠，分裝農藥。由於沒有嚴格的防護措施，幾名臨時招聘的女工在倒裝農藥時，先后發生頭暈、噁心、嘔吐等中毒症狀，相繼被送到醫院。結果因搶救及時沒有人員死亡。根據上述事實，請判斷：該公司應對招聘人員進行上崗前和在崗期間的職業衛生教育和培訓，普及有關職業衛生知識。（　　）

352. 小村和王偉是新分到化工廠的工人，小村是押運人員，王偉是駕駛員，沒經過任何安全培訓就安排上崗了。他們一起運送一批危險化學品去較遠的B城市。車走到半路，小村想抽菸但剛好菸抽完了。王偉說：「再忍耐一下，前邊就是A市了，去那裡準能買上。」於是王偉加快了車速，抄近道超速行駛，很快就到了A市。王偉把車停在一個較大的百貨商店門口，小村進去買了一包菸，他們又上路了。路上又捎上一搭車人，他們抽著菸邊開邊聊。吃

飯時間到了，可還沒到 B 市，於是他們停車吃飯。飯後，兩人一起出來，王偉問小村：「你知道車上拉的是什麼嗎？」小村說：「這容易，我馬上就能知道。」於是他拿起一瓶化學品，打開蓋，聞了聞，說：「鹽酸。」王偉誇小村：「你的鼻子還真厲害！」根據上述情況，請判斷：王偉可以私自改變行車路線，運輸危險化學品時車輛可以經過市區和人口密集的地方，停留在人口密集的百貨商店和飯店門口。　　　　　　　　　　　　　　　　　　　　　　（　）

353. 根據 352 題情況，請判斷：王偉和小村沒有上崗資格證，違反了《危險化學品安全管理條例》關於駕駛人員及押運人員必須有掌握危險化學品運輸的安全知識，並經考核取得上崗資格證，方可上崗作業的規定。（　）

354. 2006 年 4 月 19 日，某樹脂製品有限公司生產過程中大量使用有機溶劑甲苯，人工操作，沒有通風設施。員工方某發生疑似急性甲苯中毒，4 月 20 日經診斷為「輕度甲苯中毒」。經職業衛生監督人員現場檢查發現，該公司未向衛生行政部門申報存在的職業危害因素，未組織操作人員上崗前、在崗期間、離崗時的職業健康檢查，未設立職業健康監護檔案；無工作場所職業病危害因素監測及評價資料；未建立職業病防治管理制度和職業病危害事故應急救援預案；職業病危害因素崗位操作人員未佩戴有效的個人防護用品；未設立警示標志和中文警示說明。根據上述事實，請判斷：訂立勞動合同時，企業可以將工作過程中可能產生的部分職業病危害及其后果、職業病防護措施和待遇如實告知勞動者。　　　　　　　　　　　　　　　　　　（　）

355. 根據 354 題事實，請判斷：該公司使用的有機溶劑甲苯不屬於高毒物品，不需要向安全監察部門進行職業危害申報。　　　　（　）

356. 某化工有限公司未經批准擅自利用某單位空房間設置危險化學品倉庫，並大量儲存包裝不符合國家標準要求的連二亞硫酸鈉（保險粉）和高錳酸鉀等危險化學品。2006 年 5 月 10 日，由於下雨，房間漏雨進水，地面返潮，連二亞硫酸鈉（保險粉）受潮，發生化學反應引起火災。造成 7,000 多人疏散，103 人感到不適。根據上述事實，請判斷：國家規定對危險化學品的生產、儲存應實行統籌規劃、合理佈局。　　　　　　　　　（　）

357. 某市一公司將存放干雜的倉庫改造成危險化學品倉庫，庫房之間防火間距不符合標準。並將過硫酸銨（氧化劑）與硫化鹼（還原劑）在同一個庫房混存。8 月 5 日因包裝破漏，過硫酸銨與硫化鹼接觸發生化學反應，起火燃燒。13 點 26 分爆炸引起大火，1 小時后離著火區很近的倉庫內存放的低閃點易燃液體又發生第二次強烈爆炸，造成更大範圍的破壞和火災。至 8 月 6 日凌晨 5 時，這場大火被撲滅。這起事故造成 15 人死亡，200 多人受傷，其中重傷 25 人，直接經濟損失 2.5 億元。根據上述事實，請判斷：該公司倉庫內過硫酸銨（氧化劑）與硫化鹼（還原劑）混存，因包裝破漏接觸發生化學反應、起火、燃燒、爆炸，是這起事故的直接原因。　　　　　　　　　（　）

358. 某建材商店地下塗料倉庫內，存放大量不合格的「三無」產品聚氨酯塗料（塗料是苯系物）。地下倉庫內雖有預留通風口，但通風差，無動力排風設施。某日，進入庫房作業時 1 名工人昏倒在地，一同作業的另 2 名工人，在救助時也昏倒在地。經救援人員將中毒的 3 名工人送往醫院，其中兩人經搶救無效死亡。事後，又有 2 名在地下倉庫作業的工人，被發現有中毒症狀，被送到醫院住院治療。根據上述事實，請判斷：本事故的直接原因是庫存塗料是「三無」產品，含苯量嚴重超標，排毒通風差，大量有毒有害氣體積聚，對作業人員造成危害。　　　　　　　　　　　　　　　　　　　　　　　　（　　）

359. 2007 年 4 月 13 日早 8 時許，某縣某村公路旁的麥田裡發現 7 桶不明化學物品。經過專家化驗，該化學物品為「三氯化磷」，劇毒，易散發。被遺棄的 7 桶「三氯化磷」都已經過期。周圍小麥被「燒」死，造成嚴重污染。根據上述事實，請判斷：本事故違反《危險化學品安全管理條例》規定，危險化學品處置方案應當報所在地設區的市級人民政府負責危險化學品安全監督管理綜合工作部門和同級環境保護部門、公安部門備案。　　　　　（　　）

參考答案

一、選擇題

1. B	2. B	3. C	4. B	5. C
6. A	7. B	8. B	9. B	10. A
11. C	12. B	13. A	14. B	15. C
16. A	17. B	18. B	19. A	20. C
21. C	22. A	23. A	24. C	25. A
26. A	27. C	28. A	29. B	30. B
31. A	32. C	33. B	34. C	35. C
36. B	37. A	38. B	39. C	40. A
41. A	42. A	43. C	44. A	45. A
46. A	47. B	48. C	49. C	50. C
51. A	52. B	53. C	54. C	55. C
56. C	57. A	58. A	59. A	60. C
61. B	62. A	63. B	64. A	65. C
66. A	67. C	68. C	69. A	70. A
71. B	72. B	73. A	74. A	75. B
76. B	77. A	78. B	79. B	80. B
81. C	82. A	83. C	84. B	85. A
86. B	87. C	88. C	89. C	90. C
91. A	92. A	93. B	94. A	95. C
96. B	97. C	98. C	99. B	100. A
101. C	102. A	103. C	104. B	105. B
106. C	107. B	108. C	109. A	110. B
111. C	112. B	113. A	114. C	115. C
116. C	117. A	118. A	119. C	120. A
121. A	122. C	123. B	124. A	125. A
126. B	127. C	128. B	129. B	130. A

131. C	132. B	133. B	134. A	135. B
136. C	137. B	138. C	139. B	140. A
141. B	142. C	143. B	144. C	145. A
146. C	147. C	148. A	149. A	150. B
151. C	152. C	153. B	154. B	155. A
156. A	157. A	158. B	159. C	160. C
161. B	162. A	163. B	164. B	165. C
166. A	167. A	168. C	169. B	170. C
171. C	172. A	173. B	174. C	175. A
176. C	177. C	178. C	179. A	180. A
181. C	182. C	183. B	184. C	185. B
186. B	187. A	188. B	189. B	190. A
191. C	192. B	193. A	194. B	195. A
196. B	197. C	198. C	199. B	200. C
201. B	202. C	203. C	204. C	205. C
206. C	207. B	208. B	209. A	210. A
211. B	212. C	213. A	214. B	215. A
216. B	217. B	218. A	219. B	220. A
221. C	222. A	223. C	224. B	225. A
226. A	227. B	228. C	229. A	230. A
231. C	232. B	233. C	234. B	235. B
236. C	237. B	238. B	239. A	240. C
241. B	242. C	243. C	244. C	245. A
246. C	247. C	248. A	249. C	250. B
251. C	252. A	253. C	254. A	255. A
256. B	257. C	258. C	259. A	260. B
261. B	262. A	263. C	264. C	265. C
266. A	267. A	268. B	269. B	270. B
271. C	272. B	273. A	274. A	275. A
276. A	277. A	278. C	279. B	280. B
281. C	282. C	283. C	284. A	285. B
286. A	287. C	288. C	289. C	290. A

二、判斷題

1. 對	2. 對	3. 對	4. 錯	5. 錯
6. 對	7. 對	8. 對	9. 對	10. 錯

11. 錯	12. 錯	13. 對	14. 對	15. 對
16. 錯	17. 錯	18. 對	19. 錯	20. 錯
21. 對	22. 錯	23. 錯	24. 錯	25. 錯
26. 錯	27. 對	28. 對	29. 對	30. 對
31. 對	32. 對	33. 錯	34. 對	35. 對
36. 錯	37. 錯	38. 錯	39. 對	40. 對
41. 對	42. 錯	43. 對	44. 錯	45. 錯
46. 對	47. 對	48. 對	49. 對	50. 對
51. 錯	52. 對	53. 錯	54. 對	55. 對
56. 錯	57. 對	58. 錯	59. 對	60. 對
61. 對	62. 錯	63. 對	64. 對	65. 錯
66. 對	67. 對	68. 對	69. 錯	70. 對
71. 對	72. 對	73. 錯	74. 對	75. 對
76. 對	77. 對	78. 對	79. 對	80. 錯
81. 對	82. 對	83. 對	84. 錯	85. 對
86. 對	87. 對	88. 錯	89. 對	90. 對
91. 對	92. 對	93. 對	94. 對	95. 對
96. 對	97. 錯	98. 對	99. 對	100. 對
101. 錯	102. 對	103. 對	104. 錯	105. 對
106. 對	107. 錯	108. 對	109. 對	110. 錯
111. 對	112. 對	113. 錯	114. 錯	115. 對
116. 對	117. 錯	118. 對	119. 錯	120. 錯
121. 對	122. 對	123. 對	124. 錯	125. 對
126. 錯	127. 錯	128. 錯	129. 錯	130. 對
131. 錯	132. 對	133. 錯	134. 對	135. 對
136. 錯	137. 錯	138. 對	139. 錯	140. 對
141. 錯	142. 對	143. 對	144. 錯	145. 對
146. 錯	147. 錯	148. 對	149. 對	150. 對
151. 對	152. 對	153. 對	154. 對	155. 對
156. 對	157. 對	158. 錯	159. 對	160. 對
161. 錯	162. 對	163. 對	164. 對	165. 錯
166. 錯	167. 對	168. 對	169. 對	170. 對
171. 對	172. 對	173. 對	174. 對	175. 對
176. 對	177. 對	178. 對	179. 對	180. 對
181. 對	182. 對	183. 對	184. 對	185. 對
186. 錯	187. 對	188. 對	189. 對	190. 對

191. 錯	192. 對	193. 錯	194. 對	195. 對
196. 對	197. 錯	198. 對	199. 對	200. 錯
201. 錯	202. 對	203. 錯	204. 對	205. 對
206. 對	207. 對	208. 對	209. 對	210. 錯
211. 對	212. 對	213. 錯	214. 錯	215. 對
216. 錯	217. 錯	218. 對	219. 錯	220. 錯
221. 錯	222. 對	223. 錯	224. 對	225. 錯
226. 對	227. 錯	228. 錯	229. 對	230. 對
231. 對	232. 錯	233. 錯	234. 錯	235. 對
236. 錯	237. 對	238. 錯	239. 錯	240. 對
241. 錯	242. 對	243. 錯	244. 對	245. 錯
246. 對	247. 錯	248. 對	249. 對	250. 對
251. 錯	252. 對	253. 錯	254. 對	255. 錯
256. 對	257. 對	258. 對	259. 對	260. 對
261. 對	262. 對	263. 錯	264. 對	265. 錯
266. 錯	267. 錯	268. 對	269. 對	270. 對
271. 對	272. 對	273. 對	274. 對	275. 對
276. 錯	277. 對	278. 對	279. 錯	280. 對
281. 錯	282. 錯	283. 對	284. 錯	285. 對
286. 對	287. 錯	288. 對	289. 對	290. 錯
291. 對	292. 對	293. 對	294. 對	295. 對
296. 對	297. 對	298. 錯	299. 對	300. 對
301. 對	302. 對	303. 錯	304. 對	305. 對
306. 對	307. 對	308. 對	309. 對	310. 對
311. 對	312. 對	313. 對	314. 錯	315. 錯
316. 對	317. 對	318. 對	319. 錯	320. 對
321. 錯	322. 對	323. 錯	324. 對	325. 錯
326. 對	327. 錯	328. 錯	329. 錯	330. 錯
331. 錯	332. 對	333. 對	334. 對	335. 錯
336. 對	337. 對	338. 錯	339. 對	340. 對
341. 錯	342. 錯	343. 錯	344. 錯	345. 對
346. 錯	347. 錯	348. 錯	349. 對	350. 對
351. 對	352. 錯	353. 對	354. 錯	355. 錯
356. 對	357. 對	358. 對	359. 錯	

參考文獻

［1］劉景良. 化工安全技術［M］. 2 版. 北京：化學工業出版社，2008.

［2］高等院校安全工程專業教學指導委員會. 安全管理學［M］. 北京：煤炭工業出版社，2002.

［3］中國安全生產科學研究院. 危險化學品生產單位安全培訓教程［M］. 北京：化學工業出版社，2004.

［4］國家安全生產監督管理局. 危險化學品經營單位安全管理培訓教材［M］. 北京：氣象出版社，2002.

［5］國家安全生產監督管理總局宣傳教育中心. 危險化學品生產單位主要負責人和安全生產管理人員培訓教材［M］. 3 版. 北京：冶金工業出版社，2012.

［6］國家安全生產監督管理總局宣傳教育中心. 危險化學品經營單位主要負責人和安全管理人員培訓教材［M］. 4 版. 北京：冶金工業出版社，2012.

［7］國家安全生產監督管理總局. 危險化學品安全評價［M］. 北京：中國石化出版社，2003.

國家圖書館出版品預行編目(CIP)資料

中國危險化學品安全管理/李曉麗 主編.-- 第一版.
-- 臺北市：崧博出版：財經錢線文化發行，2018.10
　面；　公分
ISBN 978-957-735-523-2(平裝)
1.化學工業品 2.工業管理 3.中國
460.97　　　　107016200

書　　名：中國危險化學品安全管理
作　　者：李曉麗 主編
發行人：黃振庭
出版者：崧博出版事業有限公司
發行者：財經錢線文化事業有限公司
E-mail：sonbookservice@gmail.com
粉絲頁　　　　　　　網　址：
地　址：台北市中正區延平南路六十一號五樓一室
8F.-815, No.61, Sec. 1, Chongqing S. Rd., Zhongzheng
Dist., Taipei City 100, Taiwan (R.O.C.)
電　話：(02)2370-3310　傳　真：(02) 2370-3210
總經銷：紅螞蟻圖書有限公司
地　址：台北市內湖區舊宗路二段 121 巷 19 號
電　話:02-2795-3656　傳真:02-2795-4100　網址：
印　刷：京峯彩色印刷有限公司（京峰數位）

　本書版權為西南財經大學出版社所有授權崧博出版事業有限公司獨家發行電子書及繁體書繁體版。若有其他相關權利及授權需求請與本公司聯繫。

定價：450元
發行日期：2018 年 10 月第一版
◎ 本書以POD印製發行